DATUOYUAN GUIDAO
HECHENG KONGJING LEIDA JISHU

大椭圆轨道
合成孔径雷达技术

李财品 段崇棣 李 立 张洪太 刘 娇

—— 主编 ——

·成都·

图书在版编目(CIP)数据

大椭圆轨道合成孔径雷达技术 / 李财品等主编. —成都：电子科技大学出版社，2021.7
ISBN 978-7-5647-9059-2

Ⅰ.①大… Ⅱ.①李… Ⅲ.①大椭圆轨道卫星—合成孔径雷达—研究 Ⅳ.①V443

中国版本图书馆CIP数据核字（2021）第146719号

大椭圆轨道合成孔径雷达技术

李财品　段崇棣　李　立　张洪太　刘　娇　主编

策划编辑	葛　晋　唐祖琴	
责任编辑	唐祖琴	
助理编辑	杨梦婷	

出版发行　电子科技大学出版社
　　　　　成都市一环路东一段159号电子信息产业大厦　邮编　610051
主　　页　www.uestcp.com.cn
服务电话　028-83203399
邮购电话　028-83201495

印　　刷　成都市火炬印务有限公司
成品尺寸　185mm×260mm
印　　张　11
字　　数　400千字
版　　次　2021年7月第一版
印　　次　2021年7月第一次印刷
书　　号　ISBN 978-7-5647-9059-2
定　　价　45.00元

版权所有　侵权必究

序 言 FOREWORD

合成孔径雷达（Synthetic Aperture Radar，SAR）是一种高性能遥感工具，与传统的光学遥感相比，它不仅具有全天时、全天候、高分辨、远作用距离、宽测绘带和抗干扰能力强等优点，还具有穿透一定深度地表和植被以获取大面积遥感图像的能力。在灾害监测、环境监测、海洋观测、资源勘查、农作物调查估产、森林调查、测绘和军事等方面具有独特的应用效果。自第一颗星载SAR卫星成功发射以来，各国迫切希望进一步发展和提高SAR卫星的技术水平和性能指标，以拓宽其应用领域。为此，近50年来，很多国家投入了大量资金，使SAR卫星在高分辨率、多极化、多波段、多工作模式、动目标检测能力等方面取得了长足的进步，新体制SAR雷达不断被提出。

大椭圆轨道合成孔径雷达作为一种新体制SAR雷达，远地点轨道高度可达到上万千米，偏心率大，且相对运动缓慢，可视时间长，可提供高仰角优势，适用于针对特定高纬度区域长时间连续观测。另外，在近地点可实现高分辨成像，通过合理的轨道选择与多星协同可兼顾高时间、空间分辨率以及宽幅成像的功能。然而，大椭圆轨道SAR由于时变轨道高度、时变速度等特性使得其与常规的圆轨道SAR具有较大区别，目前有关大椭圆轨道SAR的公开文献报告很少。而这里奉献给读者的将是一本较为全面和深入阐述大椭圆轨道SAR雷达系统理论和设计思路的学术专著，对研究大椭圆轨道SAR雷达具有一定的参考价值。

全书共分为七章：第1章概论介绍合成孔径雷达原理和国内外研究情况，并对应用场景及模式开展了设想；第2章详细描述了轨道的基本知识；第3章至第6章为合成孔径雷达（SAR）相关知识，其中，第3章对大椭圆轨道SAR雷达成像机理进行了阐述；第4章论述了系统总体设计，具体包括各种雷达参数设计等；第5章构想了大椭圆轨道SAR存在的几种工作模式；第6章阐述了几种适用于大椭圆轨道SAR的成像算法；第7章论述了大椭圆轨道的空间环境效应及防护设计方案。

参加本书撰写工作的还有李锦伟、张升、左伟华、雷博持，以及航天五院总体部为空间环境适应章节提供了大量的理论和仿真分析素材，在此表示诚挚的感谢。

由于大椭圆轨道合成孔径雷达卫星的研究工作尚在继续进行中，本书只是对先期研究成果的总结，同时受作者水平的限制，本书难免存在一些缺点和错误，希望广大读者批评指正。

编　者

目 录 CONTENTS

1 概论 ·· 1
　1.1 合成空间孔径雷达原理 ·· 2
　1.2 国内外研究情况 ·· 5
　1.3 应用设想 ·· 18
　参考文献 ·· 19

2 轨道特性 ·· 21
　2.1 轨道动力学基础 ·· 21
　2.2 常见轨道类型 ··· 30
　2.3 轨道仿真分析 ··· 32
　参考文献 ·· 34

3 成像特性 ·· 35
　3.1 空间几何关系 ··· 35
　3.2 地面波束足迹 ··· 37
　3.3 变速运动 ·· 40
　3.4 多普勒频率历程和多普勒带宽 ··· 42
　3.5 姿态导引 ·· 44
　3.6 分辨率 ··· 49
　3.7 合成孔径时间 ··· 50
　参考文献 ·· 54

4 系统总体设计 ··· 55
　4.1 系统设计思路 ··· 55
　4.2 系统参数设计 ··· 58
　4.3 系统性能分析 ··· 72
　参考文献 ·· 79

5 工作模式设计 ·········· 80
5.1 单星工作模式设计 ·········· 81
5.2 新型工作模式设计 ·········· 94
5.3 多星工作模式设计 ·········· 100
参考文献 ·········· 104

6 成像处理算法 ·········· 106
6.1 大椭圆轨道SAR斜距模型研究 ·········· 106
6.2 频域算法空变性及局限性分析 ·········· 109
6.3 时域算法成像 ·········· 114
6.4 快速时域算法 ·········· 121
6.5 定轨精度对时域算法的影响分析 ·········· 126
参考文献 ·········· 135

7 空间环境适应性 ·········· 137
7.1 空间环境特点 ·········· 137
7.2 空间环境效应分析 ·········· 144
7.3 空间环境效应防护 ·········· 162
参考文献 ·········· 166

1 概 论

近年来微波遥感技术发展迅猛，应用范围也越来越广泛。从天气预测到地质勘探再到战场侦察，微波遥感技术都发挥着重大的作用，而合成孔径雷达正是遥感技术中较为重要的一项技术，也是发展较为迅速和较为有效的一种技术。第一，合成孔径雷达具有全天候的工作能力，不受天气条件和光照条件的影响，不仅能够昼夜工作并且可以穿透云层、烟雾等各种障碍，还能够经受住各种恶劣天气的考验；第二，合成孔径雷达具有防区外探测的能力，可以不直接飞跃某一地区而对该地区进行探测，因此，比一般的红外传感器和光电传感器具有更远的探测能力；第三，合成孔径雷达具有较高的分辨率，并且合成孔径雷达的分辨率与距离无关，不会随着距离的增加而降低；第四，合成孔径雷达能够进行目标的自动识别，这极大减轻了人工判断所需的繁重工作，并且随着各种目标识别算法的发展，目标识别的效果将会越来越好；第五，合成孔径雷达信号能够穿透地表和植被获得地下信息，实现地下探测。以上这些特点使得合成孔径雷达的应用变得更加广泛和深入，也极大地促进了合成孔径雷达的发展。

随着雷达任务的多样化发展和技术水平的进步，新体制 SAR 雷达不断被提出。目前，在轨的合成径雷达卫星均集中在 500～1000 km 的低轨道空间，为低轨道（Low Earth Orbit，LEO）SAR，受轨道特性限制，其可覆盖区域较小，测绘带较窄，重返周期较长，通常在若干天后，且单次过顶可观测时间较短，一般为几秒到几十秒量级。虽然低轨 SAR 具有技术成熟、实现技术难度较低的优点，但利用低轨 SAR 提高时间分辨率需要多颗卫星组网观测，且其对特定区域的连续监视能力受轨道特性制约。

为克服低轨 SAR 系统在高时间分辨率观测方面的不足，可以通过提升 SAR 轨道高度来提高时间分辨率，其中，大椭圆轨道远地点轨道高度达到上万公里，且偏心率大，在远地点附近相对运动缓慢，可视时间长，可提供高仰角优势，适合于针对特定高纬度区域长时间连续观测。另外，在近地点可实现高分辨成像，通过合理的轨道选择与多星协同可兼顾高时间、空间分辨率以及宽幅成像功能，在未来航天领域具有极大的应用潜力，值得深入分析。世界上传统的航天强国都对大椭圆 SAR 开展了研究，但目前世界上还没有工程实施的先例。

本章首先概述了合成孔径雷达的基本原理，其次着重对国内外研究现状展开了分析，最后对大椭圆轨道 SAR 卫星的未来应用场景进行了设想和展望。

大椭圆轨道合成孔径雷达技术

1.1 合成空间孔径雷达原理

合成孔径雷达的概念最早出现在20世纪50年代，1951年6月美国Good Aerospace公司的Carl Wiley通过多普勒分析发现，利用多普勒频移处理可以改善波束垂直向的分辨率，成为雷达获取二维地表图像的依据。这种信号分析技术通过空间采样构建一个等效长天线的思想称为合成孔径雷达（Synthetic Aperture Radar，SAR）。与此同时伊利诺伊大学的Sherwin等人也独立地进行实验，并于1953年7月获得了第一张非聚焦型的合成孔径雷达图像。1953年夏，在美国密歇根大学的一个暑期讨论会上，许多学者提出了合成孔径的新概念，并认识到合成孔径的工作方式有聚焦和非聚焦之分。1957年8月，密歇根大学雷达和光学实验室的Cutrona和Leit等人对研制的合成孔径雷达进行了飞行实验，获得了第一张大面积的聚焦型合成孔径雷达图像。从此，合成孔径雷达得到了世界上的广泛承认，并开始迅速发展。

20世纪70年代后期，已开始将合成孔径雷达安装在卫星上对地面进行大面积成像。1978年6月，美国国家航空宇航局（NASA）成功地发射了海洋卫星（Seasat-A），Seasat-A SAR工作在L波段，入射角为47°，分辨率为25 m×25 m（距离×方位），测绘带宽为100 km。它的主要任务是论证海洋动力学测量的可靠性。Seasat-A的成功远远超出人们的预想，它向人们展示了星载SAR的巨大潜力，从而揭开了星载SAR飞速发展的序幕。从20世纪80年代到90年代，除美国以外的国家和组织，如苏联、欧洲共同体和日本、加拿大以及中国等都在着手发展各自的星载合成孔径雷达计划。1987年7月，苏联发射了钻石-I号（ALMAZ-I）星载SAR系统。1991年3月，苏联发射的钻石-Ⅱ号（ALMAZ-Ⅱ），在设计上与钻石-I类似，但采用地面数字成像方式。1991年7月，欧洲航天局（以下简称"欧空局"）发射了第一颗欧洲遥感卫星（ERS-1），主要用于科学研究，它没有星上记录设备，但它在全球设有20余个地面接收站。当卫星进入这些地面站的接收范围时，由地面站记录数据。1995年4月，欧空局发射了ERS-2接替已超服役期的ERS-1。1992年2月，日本发射了一颗地球资源卫星（JERS-1），它同时携带了光学传感器和SAR系统。其SAR系统为L波段，HH极化（同向极化），它的测绘带宽度为75 km，距离向和方位向均可达到18 m的分辨率。1995年11月，加拿大成功发射了第一颗资源监测卫星（Radarsat-1），工作于C波段和HH极化方式。由于其天线具有一维（距离向）电扫描、波束成形和波束快速切换能力，使得该卫星的工作模式多达7类和25种之多，是目前应用工作模式最多的SAR卫星。2002年3月1日，欧空局发射了对地观测卫星ENVISAT，卫星上载有多个传感器，分别对陆地、海洋、大气进行观测，其上载有先进的合成孔径雷达ASAR，采用了全新的T/R组件的固态有源相控阵天线，使得多极化、可变观测角度、宽幅成像成为可能。2005年，日本发射ALOS卫星，其SAR仍工作于L波段，但能以多极化、多视角、多模式工作，其空间分辨率也有了明显改进（可达10 m以下）。

与传统的雷达相比较，合成孔径雷达能够形成方位高分辨率的原因在于方位向上能够依靠雷达运动形成长的"虚拟孔径"，等效形成很窄的雷达波束，从而获得方位向上的高分辨率。而距离向分辨率与常规的雷达一致，都是通过发射一定带宽的线性调频信号采用脉冲压缩的方式来实现。这里的方位向一般指的是沿着卫星飞行的方向，而距离向一般指的是垂直于卫星飞行的方向。

如图 1-1 和图 1-2 所示，SAR 在运动过程中，以一定的 PRT（Pulse Repitition Time，脉冲重复周期）发射和接收脉冲，天线波束照射到地面上，天线波束区域内各散射元（点）对入射波后向散射，经目标和天线方向图的调制，形成 SAR 回波信息。

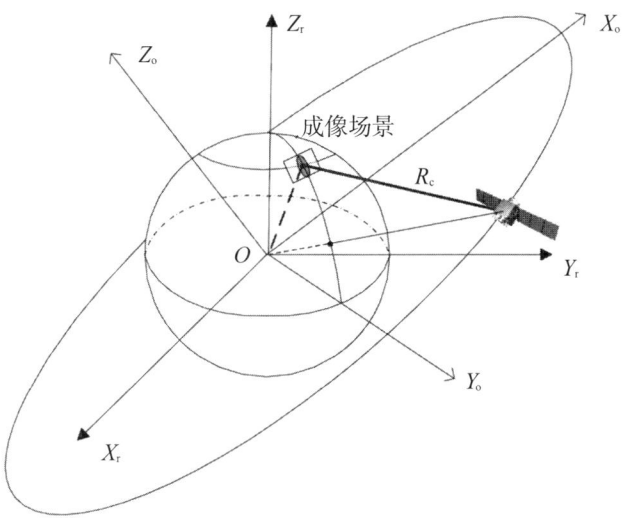

图 1-1　星地几何模型关系图

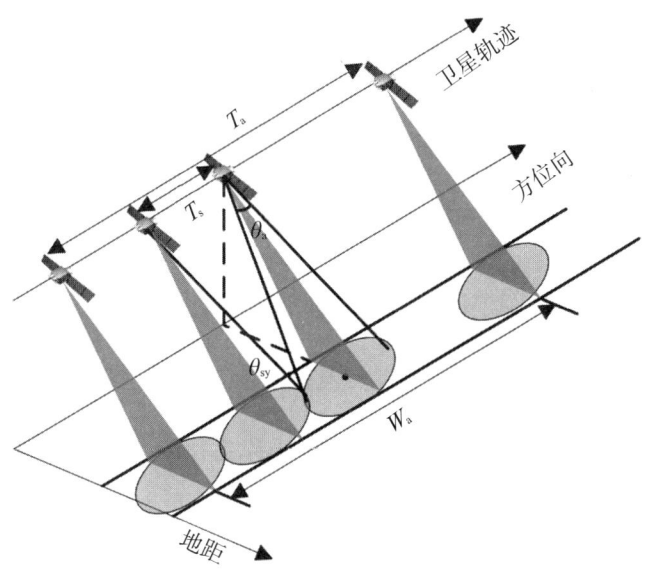

图 1-2　条带模式工作示意图

设雷达发射信号的数学表达式为

$$s(t) = \sum_{n=-\infty}^{\infty} \text{rect}(\frac{t_r}{T_p}) e^{j\pi K_r t_r^2} e^{j2\pi f_c t_r} \quad (1\text{-}1)$$

式中，
　　rect —— 矩形信号；
　　t_r —— 距离向时间；
　　T_p —— 信号脉冲宽度；
　　K_r —— 距离向 chirp 信号的调频斜率；
　　f_c —— 信号载频。

回波信号由发射信号波形、天线方向图、目标斜距、目标 RCS、环境等因素共同决定，则单点目标雷达回波信号可写成：

$$s_r(t) = \sum_{n=-\infty}^{\infty} \sigma \cdot w_a \cdot w_r \cdot \sum_{n=-\infty}^{\infty} \text{rect}(\frac{t_r}{T_p}) e^{j\pi K_r \left(t_r - \frac{2R(t_a;r_0)}{c}\right)^2} e^{j2\pi f_c \left(t_r - \frac{2R(t_a;r_0)}{c}\right)} \qquad (1\text{-}2)$$

式中，
　　σ —— 点目标的雷达散射截面；
　　w_a —— 点目标方位向天线方向图幅度加权；
　　w_r —— 点目标距离向天线方向图双向幅度加权；
　　t_a —— 方位向时间。

为了理论分析方便，一般称 t_a 为慢时间变量（Slow Time），称 t_r 为快时间变量（Fast Time）。$R(t_a;r_0)$ 为雷达与目标点的瞬时斜距，r_0 为雷达与目标点的最近距离。

公式中 $\exp\left[j\pi K_r \left(t_r - \frac{2R(t_a;r_0)}{c}\right)^2\right]$ 为调频信号分量，它决定距离向分辨率；

$\exp[-j\frac{4\pi}{\lambda}R(t_a;r_0)]$ 为多普勒分量，它决定方位向分辨率。

经过正交解调去除载波后，单点目标的回波可写成：

$$\begin{aligned} s_r(s,t;r_0) &= \sigma \cdot \text{rect}\left(\frac{t_r - 2R(t_a;r_0)/c}{T_p}\right) \exp\left[j\pi K_r \left(t_r - 2R(t_a;r_0)/C\right)^2\right] \cdot \\ &\quad \text{rect}(\frac{t_a}{T_a}) \exp\left(-j\frac{4\pi}{\lambda}R(t_a;r_0)\right) \end{aligned} \qquad (1\text{-}3)$$

式中，
　　T_a —— 合成孔径时间。

从信号与系统的角度来看，SAR 回波可看作目标的散射特性通过一个二维线性系统的输出。点目标的信号与系统模型如图 1-3 所示。

图 1-3　点目标信号与系统模型

模型的数学表达式为

$$s_r(s,t;r_0) = [\sigma \cdot \delta(t_a)\delta(t_r)] \otimes h(t_a,t_r;r_0) \quad (1-4)$$

式中，$\sigma \cdot \delta(t_a)\delta(t_r)$ 表示点目标的散射特性，$h(t_a,t_r;r_0)$ 表示等效系统，设 $p(t)$ 为发射的 chirp 信号，则

$$h(t_a,t_r;r_0) = p\left(t_r - \frac{2R(t_a;r_0)}{c}\right) \quad (1-5)$$

上式表明 $h(t_a,t_r;r_0)$ 只在 (t_a,t_r) 维是线性时不变（Linear Time Invariant，LTI）的，在 r_0 维是时变的，相同的 (t_a,t_r)，不同的 r_0，响应 $h(t_a,t_r;r_0)$ 不一样。但通常情况下可近似认为 r_0 不变，即 $r_0 = R_0$，这时，系统等效为一个二维 LTI 系统。

SAR 成像的实质是从目标回波信号中提取地表的后向散射特性系数 $\sigma \cdot \delta(t_a)\delta(t_r)$，通过上面的流程图我们可以得到 SAR 图形函数的表达式：

$$\sigma \cdot \delta(t_a)\delta(t_r) = s_r(s,t;r_0) = \otimes h^{-1}(t_a,t_r;r_0) \quad (1-6)$$

在一定条件下，SAR 距离向和方位向可以分开考虑。系统冲激响应函数 $h(x,r)$ 可以近似分解成方位向冲激响应 $h_a(t_a,t_r;r_0)$ 和距离向冲激响应 $h_r(t_a,t_r;r_0)$ 的卷积。

$$h(t_a,t_r;r_0) = h_a(t_a,t_r;r_0) * h_r(t_a,t_r;r_0) \quad (1-7)$$

那么，大椭圆 SAR 成像系统可分解为方位向和距离向冲激响应的级联，其理论模型如图 1-4 所示。

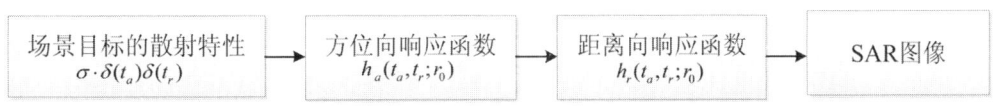

图 1-4　目标信号分成方位、距离向模型

1.2　国内外研究情况

1.2.1　国外研究现状分析

1.2.1.1　大椭圆轨道卫星的情况

大椭圆轨道卫星在空间探测、通信与电子侦察方面都有广泛的应用。其早期应用的代表如俄罗斯的"闪电"卫星系列，美国的各种电子侦察卫星，以及 20 世纪 80 年代国际日地物理计划中作为重要组成部分的大椭圆空间探测卫星系列。可以说，虽然当今世界各国都以中、低圆/近圆轨道卫星的应用为主导，但由于大椭圆轨道卫星自身的轨道特点，作为现在卫星系统的有力补充，发挥了不可替代的重要作用。

1. 俄罗斯大椭圆轨道卫星现状

20 世纪 60 年代，苏联依靠其空前强盛的经济、科技尤其是军事实力，与美国在太空中开展了激烈竞争。苏联解体以后，俄罗斯以航天作为其军事复兴的突破口，投入巨资以重筑航天辉煌。90 年代，俄罗斯的主要航天任务是继承和保持其太空军事优势，加紧更新太空基础设施。目前，俄罗斯的航天军事任务主要集中在通信、

大椭圆轨道合成孔径雷达技术

导航、光学侦察、信号情报以及预警等领域。由于俄罗斯大部分国土处于高纬度地区，大椭圆轨道卫星对于俄罗斯经济发展和军事战略都具有重要的意义。其通信卫星有军用型和军民合用型两种。俄罗斯继承并发展了苏联的两大导弹预警系统，即"眼睛"预警系统和"闪电"预警系统。

苏联从20世纪70年代开始研制卫星预警系统，1976年开始发射"眼睛"预警卫星系列，主要目的是探测美国和西欧发射的弹道导弹。这类卫星都是从普列谢茨克发射场由"闪电"系列运载火箭发射入轨，利用这种轨道，卫星能够对北半球大多数国家的航天发射场和弹道导弹基地实施全天时监控。除了能够实现对北极及附近区域的长时间跟踪和探测，采用大椭圆轨道也有信号处理方面的需要。由于这种轨道能够使卫星从太空向下"俯视"从地表发射的导弹，而此时背景是冰冷的太空，有利于星载红外探测系统从地面复杂的红外信号源中分辨出弹道导弹，从而极大地提高分辨能力。90年代以来，由于旧卫星的退役，"眼睛"系列在轨正常工作的卫星已经很少。为了能够在美军导弹发射后20秒内对其进行发现、识别和跟踪并通知防空部队，保证对美军导弹发射基地连续监视，俄罗斯近年相继补发了"眼睛"系列卫星及后续型号。例如2002年发射的"宇宙"2388、"宇宙"2393，2007年10月发射的"宇宙"2430和2008年12月发射的"宇宙"2446。2010年9月30日，为了"增强俄罗斯在轨军用卫星群的力量"，俄罗斯航天部队又成功发射"宇宙"2469，与原有卫星群共同构成了新的导弹预警系统。

军民合用型通信卫星为"闪电"卫星，共发展了三代。"闪电"号卫星的用途是向苏联全国转播电视广播，并提供电报、电话、传真等服务，以及完成国际通信及广电节目交换，同时担任军事通信任务。"闪电"系列卫星是苏联第一个卫星通信网络，属于苏联国际卫星系统和轨道通信卫星系统，部署在大倾角的椭圆轨道上，包括闪电Ⅰ号~闪电Ⅲ号等3种型号的卫星。由于苏联大部分领土位于高纬度地区，所以"闪电"型通信卫星采用倾角65°的大椭圆轨道。卫星每轨道周期约有2/3的时间位于高北纬区上方，此时相对于地面站的视运动非常缓慢，有利于地面测控。由于卫星在近地点停留时间极短，在远地点及其附近轨道上停留的时间很长，所以相比静止轨道卫星能够更好地覆盖高纬度地区。一颗卫星能完成包括苏联的大部分北半球国家每天8~10小时通信，三颗卫星适当分布就可实现昼夜通信。将八颗"闪电"卫星进行在轨组网，轨道平面相互成45°间隔，就能够实现北半球昼夜连续的通信，并具有一定的冗余备份功能。"闪电-Ⅲ"还担负着莫斯科—华盛顿的直接卫星通信任务。

近年来，由于设备老化等原因，陈旧的"闪电"卫星逐渐由"子午线"系列卫星所取代。"子午线"通信卫星为军民两用卫星，由俄罗斯ISS-Reshetnev公司建造，采用了与"格洛纳斯-M"卫星相似的平台。2006年12月24日，俄罗斯发射了第一颗"子午线"通信卫星。2009年5月21日，俄罗斯发射了第二颗"子午线"卫星，但是因为程序故障，"弗雷盖特"上面级燃料消耗速度过快，导致第二次点火提前中断，未能将卫星送入预定的轨道，此次发射任务宣告失败。2010年11月2日，第三颗"子午线"卫星发射，卫星进入预定轨道并正常运行。发射任务成功后，俄罗斯宣布"联盟2-1a"火箭投入使用并为军方提供服务。"子午线-4"卫星是俄罗斯发射的第四颗"子午线"系列军用通信卫星。2011年5月4日，由"联盟-2"运载火箭于普列谢茨克航天发射场顺利送入预定轨道。该卫星上设备工作正常，已经开始提供军用与民用服务。

除了通信应用卫星，俄罗斯研发的科学卫星系列普遍利用大椭圆轨道，典型代表有"电子"号系列卫星。其主要目的是通过对近地空间的探测，获得地球内部辐射带和外部辐射带的粒子及其他空间环境数据。俄罗斯研发的科学卫星通过一箭多星技术，同时将两颗"电子"号卫星发射进入不同空间范围的轨道上，从而获得较为完整的地球空间环境信息。该系列卫星成功获得了地球辐射带、磁场、带电粒子的特性、空间分布和能谱的大量数据。

北极地区富含丰富的天然气资源，为了解决国内能源短缺的问题，俄罗斯政府将目光投向了北极地区，并投入大量资金研制了"北极"卫星群。该卫星群初步计划发射5颗卫星，其中包含2颗通信卫星、2颗检测卫星和1颗装有雷达系统的监测卫星，它的监测范围可以完全覆盖所有的北极区域。该卫星群的第一阶段计划在2015年发射完成。在第一阶段计划中，负责收集水文和气象信息的"北极-M"系统是由2颗HEO卫星组成的，它们可以提供电视服务和监测北极冰面的情况。

2. 美国大椭圆轨道卫星现状

1962年5月至今，美国已经研发了多代不同功能的卫星。这些卫星在侦察、监视、预警、通信和气象等领域发挥着重要作用。在科索沃战争中，美军利用电子侦察卫星系统（由8颗卫星组成，包括"折叠椅"大椭圆轨道卫星、"雪貂-D"极地轨道卫星以及"大酒瓶"静止轨道卫星）、成像侦察卫星系统（由10～12颗卫星组成，包括"太阳神-1""长曲棍球""KH-12"及其他小卫星）、"国防支援计划（Defense Support Program，DSP）"卫星系统以及海洋监视卫星系统，获取了大量有价值的军事情报。在这些卫星中，大椭圆轨道卫星的代表是20世纪70年代的"折叠椅"卫星和80年代的"军号"卫星，以及最新的天基红外预警系统（Space-Based Infrared System，SBIRS）。

"折叠椅"卫星作为美国第二代电子侦察卫星，自1971年3月21日开始到1985年共发射6颗，采用了"闪电"卫星式大椭圆轨道，能够实现对苏联西伯利亚地区长达8小时的侦察时间。"折叠椅"卫星通常采用2～3颗卫星编队组网的方式进行工作，既可以监测俄罗斯和中国的无线通信，又可以对其反导雷达信号实施探测和跟踪。由于对高纬度地区覆盖的时间很长，所以能够使美国充分地获取高北纬区的无线通信信号以及地面向通信卫星发射的上行信号。在海湾战争中，"折叠椅"卫星作为美军使用的三种电子侦察卫星之一，该卫星在海湾地区上空每天飞经一次，每次完成数小时的侦查，用于截获通信卫星的通信情报和侦收反弹道导弹相控阵雷达以及空间跟踪雷达的信号。

随着电子侦察卫星在战争中的作用日益凸显，美国不断加大新型电子侦察卫星的研发投入，并于20世纪90年代成功发射了"军号"卫星。据相关报道，该卫星直接为美国国家侦查局提供服务，由大力神-4A和半人马座火箭于1997年11月成功发

大椭圆轨道合成孔径雷达技术

射。"军号"卫星装备了当今最高技术的星载电子系统、天线系统和数据传输系统。该卫星的研制计划是高度的国防机密,鲜有披露。根据美国相关部门推测,这是"军号"系列已发射的第三颗卫星,前两次卫星的秘密发射分别在1994年5月和1995年7月进行。这次发射后,美国就有3颗"军号"卫星在轨组网工作。该系列的卫星由休斯空间与通信公司研发,展开后的天线直径约为100米,造价为7亿~10亿美元,由美国中央情报局和美国空军共同使用。该卫星轨道类似于"折叠椅"卫星,因而有人称其为"高级折叠椅",其主要目的是对俄罗斯及中国北部等高纬度地区进行监控。该系列卫星不仅可以截获位于莫斯科郊外的反弹道导弹的雷达信号,而且可以截收无线电话信号,甚至能收听到中国和其他国家的手机通话。"军号"卫星代表了美国电子侦察卫星的最高水平,装备有先进的电子设备、数传设备、极高频中继系统以及大规模宽频相控阵天线。该卫星能实现对大量地面信号的同时监听,使美军夺取信息权的能力得到了极大的提升。

2005年,美国国防部批准了超支的美国空军"天基红外系统"导弹预警卫星计划,试图从根本上提高探测能力。该系统涉及为数众多的高轨卫星和低轨卫星。其中,高轨道部分主要由2颗大椭圆轨道卫星、4颗地球静止轨道卫星和1颗备份卫星构成。2颗大椭圆轨道卫星已经由委托商洛克希德·马丁公司分别于2004年8月和2005年9月交付。这2颗卫星由于飞行在高度较高的北极上空,所以能实现较广范围的北半球覆盖,并且能够穿透地球大气对大范围(包括极区)的导弹发射进行探测,增加了预警信息的总量。SBIRS高轨道卫星主要依靠红外探测设备,对发射时的弹道导弹进行探测,并依靠其先进的红外传感器以及凝视传感器等设备,共同完成对导弹红外尾焰的探测及跟踪。利用该系统,导弹预警中心能够在十几秒内获得预警信息,从而帮助美军实现快速战术防御。

除了军事应用,美国与欧空局合作研制的"国际日地探险者"卫星(International Sun-Earth Explorer,ISEE),是观测日地关系的天文卫星系列。该系列卫星从1977年到1978年共发射3颗。其主要目的是根据国际磁层研究计划(International Magnetospheric Study,IMS),进行日地关系探测、太阳风和磁层交接面的激波探测、行星际宇宙线及太阳耀斑探测等探测任务。国际日地探险者一号和二号是"母女"卫星,两者同时发射,二号由一号弹射出来。一号和三号卫星由美国制造,卫星本体成16边棱柱形。二号卫星由欧空局制造,成圆柱体,在太空中以19.8转/分自旋稳定。三号卫星是世界上第一个环绕距地球约150万千米的拉格朗日平动点运行的卫星,该卫星比一号和二号早一小时探测到太阳风,并能够采集银河宇宙射线源以及γ射线爆发的科学数据。

表1-1列出了各国主要椭圆轨道卫星的情况。

1.2.1.2 SAR卫星的研究情况

各国带有合成孔径雷达的典型卫星系统见表1-2所列。

表1-1 各国椭圆轨道卫星

名称	国别及组织	首次发射时间	倾角/°	周期/h	近地点/km	远地点/km	重量/kg	用途
"宇宙"系列	俄罗斯	1976年	62.8	12	600	40000	1900～2400	导弹预警通信
"闪电"系列	俄罗斯	1965年	65	12	500	40000	1000～1200	军民两用通信
"子午线"系列	俄罗斯	2006年	65	12	500	40000	—	军民两用通信
"电子"号	苏联	1964年	—	—	400/460	7000/68000	400～544	空间物理探测
"折叠椅"系列	美国	1971年	63.4	12	320	38700	—	电子侦察
"军号"系列	美国	1997年	63		300～400	36800	5000～6000	电子侦察
"SBIRS"预警系统	美国	—	—	—	—	—	—	导弹预警
"国际日地探险者"1号、2号	美国、欧空局	1977年	28.7	57.5	280	140000	340～166	日地关系科学探测

表1-2 带有合成孔径雷达的典型卫星系统

名称	发射时间	国家或组织	波段(工作频率)/GHz	最高分辨率(距离×方位)/m	最大幅宽/km
Seasat	1978	美国	L波段	25×25	100
SIR-A	1981	美国	L波段	40×40	50
SIR-B	1984	美国	L波段	16×20	40
SIR-C/X-SAR	1994	美国、德国、意大利	L/C/X波段	10×30	90
Lacrosse-1	1988	美国	X波段	1	—
Lacrosse-2	1991	美国	X波段	1	—
Lacrosse-3	1997	美国	X波段	1	—
Lacrosse-4	2000	美国	X波段	1	—
Lacrosse-5	2005	美国	X波段	0.3	—
LightSAR	2002	美国	X波段	3	280
Magellan	1989	美国	S波段	150×150	28
Cassini	1996	美国	Ku波段	400×600	311
GESS	待定	美国	L波段	20×2	400

续表

名称	发射时间	国家或组织	波段(工作频率)/GHz	最高分辨率(距离×方位)/m	最大幅宽/km
Capella-SAR	2018	美国	X波段	0.3×0.3	30
Umbralab-SAR	待定	美国	X波段	0.25×0.1	4
NISAR	计划2021	美国、印度	L/S波段	—	—
Cosmos-1870	1987	苏联	S波段	15×30	40
Almaz-1	1991	苏联	S波段	10	45
Arkon-2	2007	俄罗斯	X/L/P波段	1	450
Kondor-E	2010	俄罗斯	S波段	1	500
Smotr	2010	俄罗斯	X波段	1	100
Radarsat-1	1995	加拿大	C波段	10	500
Radarsat-2	2007	加拿大	C波段	3×3	500
RCM	2013	加拿大	C波段	5	500
OptiSAR	计划2021	加拿大	X/L波段	1×3.5	140
RCM卫星	2019	加拿大	C波段	3×1	500
ERS-1/2	1991/1995	欧空局	C波段	26.3×30	100
ENVISAT(ASAR)	2002	欧空局	C波段	10	400
Sentinel-1	2014	欧空局	C波段	5×5	400
Biomass	计划2020	欧空局	P波段	50×60	—
Ka-Interferometer SAR	待定	欧空局	Ka波段	1	8
SAR-Lupe系列	2006	德国	X波段	0.5	—
TerraSAR-X	2007	德国	X波段	1.2×1	100
TanDEM-X	2010	德国	X波段	—	—
TerraSAR-X Next Generation	2014	德国	X波段	0.25	100
Tandem-L	—	德国	L波段	20	349
SARah	计划2021	德国	—	0.5	—
PAZ雷达卫星	2016	西班牙	X波段	—	—
COSMO-SkyMed系列SAR	2007	意大利	X波段	1×1	200
ICEYE-X1/X2	2018	芬兰	X波段	1×1	—
AstroSAR-UK雷达卫星	在研	英国	X波段	1×1	200

续表

名称	发射时间	国家或组织	波段(工作频率)/GHz	最高分辨率(距离×方位)/m	最大幅宽/km
NovaSAR-S	2018	英国	S波段	6	400
Oberon	计划2022	英国	—	—	—
TecSAR 雷达卫星	2008	以色列	X波段	1×1	100
JERS-1	1992	日本	L波段	18×18	75
ALOS-PALSAR	2006	日本	L波段	7	350
ALOS-2	2014	日本	L波段	3×1	490
IGS-1B/3B	2003/2007	日本	X波段	3	—
SAOCOM-1/2	2013/2013	阿根廷	L波段(1.275)	10	350

上述的低轨合成孔径雷达载荷中，我们总结具有对极地观测载荷的发展态势主要体现在以下几个方面。

（1）高时空分辨率。极地航道监测不仅要求SAR载荷具有高空间分辨率，还要求SAR载荷具有高时间分辨率。为了提高时间分辨率，多国采用卫星组网技术，如加拿大后续发展的RCM卫星，可实现对极地的高重访观测，如图1-5所示。

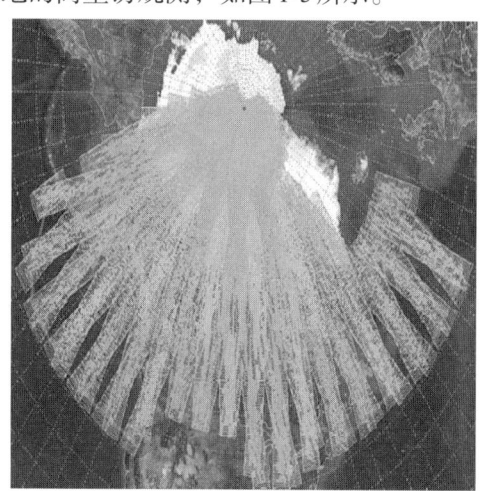

（a）RCM卫星组网　　　　　　　（b）星座极区部分时间覆盖图

图1-5　加拿大RCM卫星组网及覆盖示意图

（2）干涉测量技术。德国TanDEM-X于2010年6月发射，与在轨的TerraSAR-X构成双星编队，测高精度达2米，同时可针对极地冰川进行速度测量。NASA针对极地地形与冰雪探测，提出了Signal载荷，利用Ka波段双天线干涉SAR系统，进行极地DEM（数字高程模型）获取。国外利用双天线干涉SAR体制，进行机载校飞试验，获取了极地的DEM以及冰雪厚度，如图1-6所示。

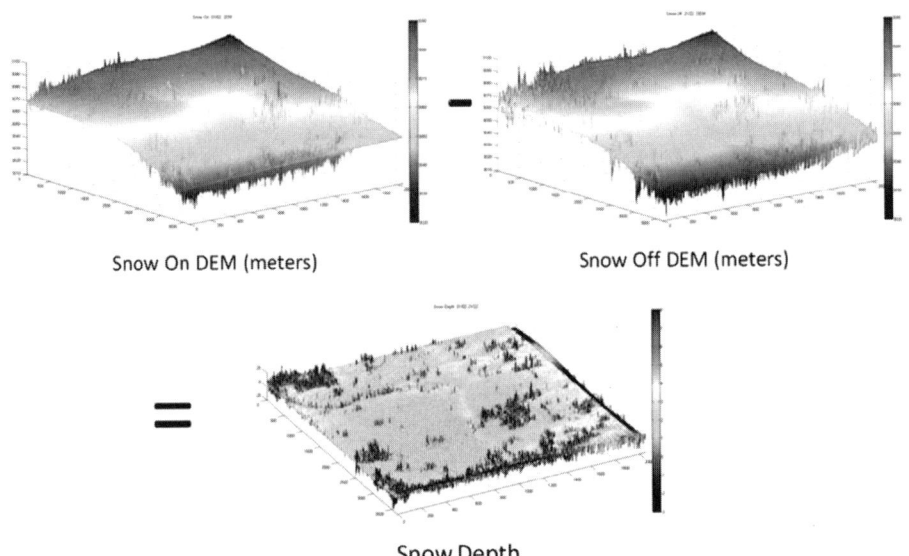

图 1-6 极地 SAR 干涉获取 DEM 及冰雪厚度

（3）多极化 SAR。在多极化 SAR 方面，由于不同频段和不同极化对冰雪的不同探测要素敏感性不同，所以需要多极化 SAR 载荷对冰雪要素进行覆盖。国外利用 Radatsat 的 C 波段极化 SAR 数据进行冰雪消融等研究，如图 1-7 所示。

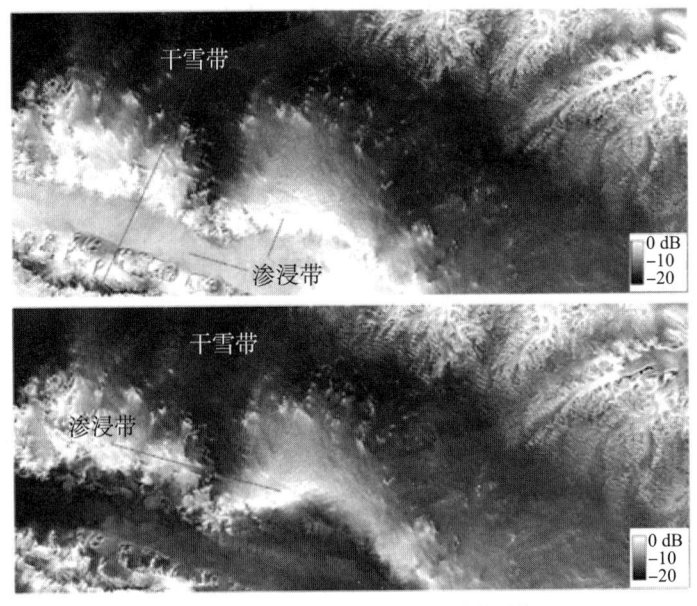

图 1-7 Radatsat 获取的冰雪覆盖图像

1.2.2 国内研究现状分析

1.2.2.1 大椭圆轨道卫星研究现状

1994 年 2 月 8 日，我国长征三号甲火箭成功将"实践四号"卫星发送到大椭圆轨道上。"实践四号"卫星是通过对近地空间带电粒子的分布和能谱进行探测,从而研究由其引起的卫星充电效应和单粒子效应等现象。卫星外形接近直径1.6米的圆柱体,高度为2.176米。"实践四号"探测卫星自1994年2月8日进入同步地球转移轨道按预定计划顺利飞行到9月上旬,绕地飞行将近500圈,获取的工程试验和空间探测信息约1 000 MB,圆满完成了飞行大纲要求的任务。

采用大椭圆轨道设计的"实践四号"卫星,每天会多次穿越近地空间辐射带,因而非常适合进行带电粒子探测。该卫星平均每天有两次机会探测到随高度分布的辐射带的完整剖面,从靠近地球的辐射带内部,经过辐射最强的辐射带中部,一直到辐射带外沿。这样,卫星上设备可以探测到非常完整的辐射分布数据。另外,该卫星在同步地球轨道附近运行的时间很长,由于该轨道上热等离子体充电现象最为突出,所以能够对其进行充分的探测。"实践四号"卫星在研发中设计了专门的空间环境辐射和辐射效应等实验项目,以应对同步转移轨道的空间环境。通过七个月的在轨飞行实验,"实践四号"利用星上单粒子监测设备获得了大量空间单粒子数据,使我国获得了200~36 000千米大量有价值的空间环境数据和高能粒子相关资料。

此外,国内某研究所主持的地球空间双星探测计划中,"探测一号"赤道星和"探测二号"极地星,也都采用了大椭圆轨道。双星与欧空局磁层探测计划已发射的4颗"团星-Ⅱ"(Cluster-Ⅱ)卫星进行联合探测,在太阳到地球的空间中形成对地球空间的六点立体探测体系。这2颗卫星运行于世界上空间物理探测卫星未能覆盖的地球空间重要活动区,采用垂直于黄道面自旋稳定方式,是我国首次在这类轨道上长期工作的卫星。双星计划的主要目标是通过对赤道近地空间和两极近地空间磁层活动区的空间粒子以及电磁场的变化规律进行探测,进而研究磁层粒子暴、磁层暴以及磁层亚暴的产生过程及其对太阳/行星扰动响应的规律,从而建立较为精确的动态空间环境模型。该计划的实施有利于我国提高空间环境预报的精度,提高空间军事等航天活动的安全性,以及提高导航与通信的技术水平。该计划同样能够推动我国空间探测技术尤其是有效载荷研制技术的快速发展,并缩小与发达国家在空间探测技术方面存在的差距。2颗卫星上总共装备了十几台先进的探测设备,尤其是"探测二号"装备的中性原子成像仪。该成像设备能实现对磁暴环电流以及极光的成像探测,为科研人员研究磁暴及亚暴等空间现象提供有价值的数据。利用这些先进设备,双星计划取得了大量有价值的科学探测成果,包括双星和团星联合探测首次发现太阳风中的空洞,首次探测到向阳面磁层顶分量磁重联及行星际磁场北向磁联等现象的证据,首次发现带电粒子投掷角分布的双环结构等具有重大意义的成果。

1.2.2.2 SAR卫星研究现状

我国星载SAR经过十几年的发展也取得了长足的发展,到目前为止已经有HJ-1C卫星(如图1-8所示)、高分三号卫星等卫星在轨运行。

大椭圆轨道合成孔径雷达技术

HJ-1C卫星于2012年发射成功。该卫星上搭载了我国首颗民用合成孔径雷达，雷达工作在S波段，条带模式分辨率为5 m，幅宽为40 km；扫描模式分辨率为20 m，幅宽为100 km，采用网状抛物面天线，天线尺寸为6.2 m×2.8 m。其性能指标见表1-3所列。

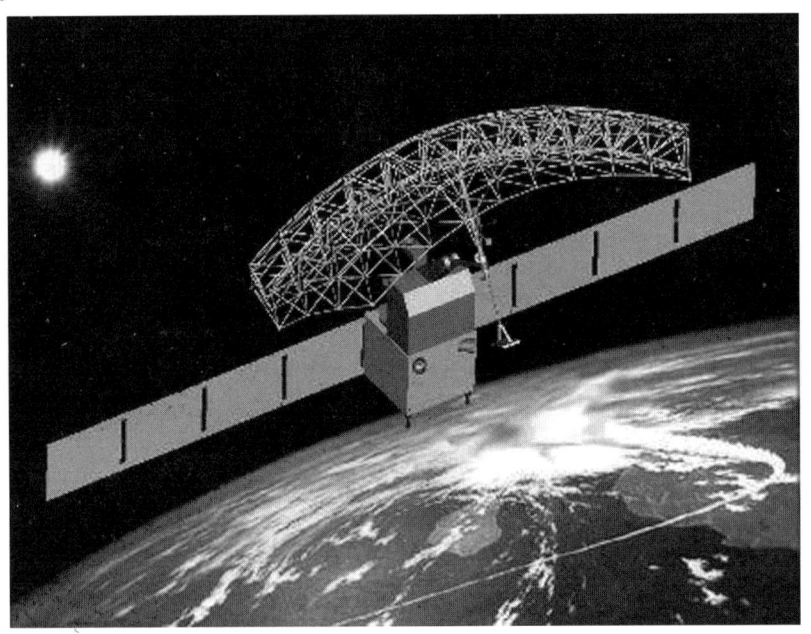

图1-8 HJ-1C卫星

表1-3 HJ-1C卫星性能指标

轨道高度/km	500		极化方式	VV
降交点地方时	6:00 am		数传码速率/Mbps	2×160
工作频段	S		整星质量/kg	890
工作模式	条带	扫描	天线尺寸	6 m×2.8 m
地面分辨率/m	5	20	整星功耗/W	峰值1800
观测带宽/km	40	100	寿命/年	3

高分三号卫星于2016年8月发射成功，如图1-9所示。该卫星是一颗C频段多极化SAR卫星，卫星发射重量约2 779 kg，在轨设计寿命8年。卫星运行在轨道高度约755 km的太阳同步回归晨昏轨道，采用侧视成像飞行状态。系统共设计聚束、条带、扫描、双孔径等12种成像模式，最长连续工作时间为50 min，能够获取分辨率为1～500 m，成像幅宽为10～650 km的C频段多极化SAR图像，图像辐射分辨率优于2 dB，辐射精度最高可达1 dB，系统配置15 m×1.232 m四极化波导缝隙相控阵SAR天线。

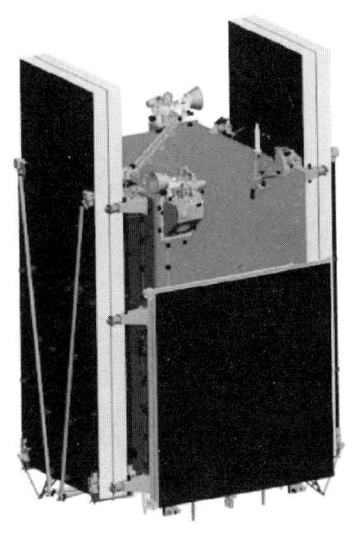 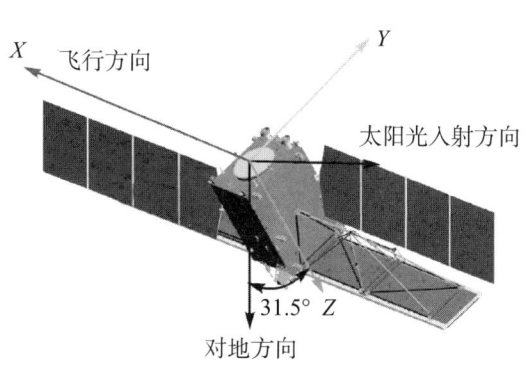

（a）卫星发射前压紧状态示意图　　　　　　（b）卫星右侧视状态示意图

图1-9　高分三号卫星示意图

"珠海一号"卫星星座是由珠海欧比特宇航科技股份有限公司发射并运营的商业遥感微纳卫星星座，是我国首家由民营上市公司建设并运营的卫星星座。整个星座由34颗卫星组成，包括视频卫星、高光谱卫星、雷达卫星、高分光学卫星和红外卫星。"珠海一号"卫星星座01组有2颗卫星，2017年6月15日在酒泉卫星发射中心发射升空。02组有5颗卫星，2018年4月26日在酒泉卫星发射中心由长征十一号固体运载火箭以"一箭五星"方式成功发射，5颗卫星进入预定轨道，与在轨的2颗卫星形成组网。2019年9月19日，03组的5颗卫星在酒泉卫星发射中心用长征十一号运载火箭，采取"一箭五星"的方式成功将卫星发射升空，卫星顺利进入预定轨道，与在轨的7颗卫星形成组网，实现12颗卫星在轨运行。12颗卫星包括8颗高光谱卫星，4颗视频卫星，尚未有雷达成像的SAR卫星入轨。

欧比特公司打造的基于"珠海一号"遥感微纳卫星星座的"卫星空间信息平台"，由珠海、漠河、石河子、贵阳、上海、青岛等卫星地面站组成卫星测控/接收网络；由珠海、贵阳、上海、青岛、澳门等数据中心组成的卫星大数据存储/处理/分发网络。"卫星空间信息平台"建成后，将具备每2天左右完成对全球观测一遍的能力，卫星大数据接收/存储/处理/分发能力将达到每年7 000 TB，将为国土资源、农林牧渔、环境保护、交通运输、智慧城市、现代金融、个人消费等领域提供高效的卫星大数据产品及服务，如图1-10所示。

大椭圆轨道合成孔径雷达技术

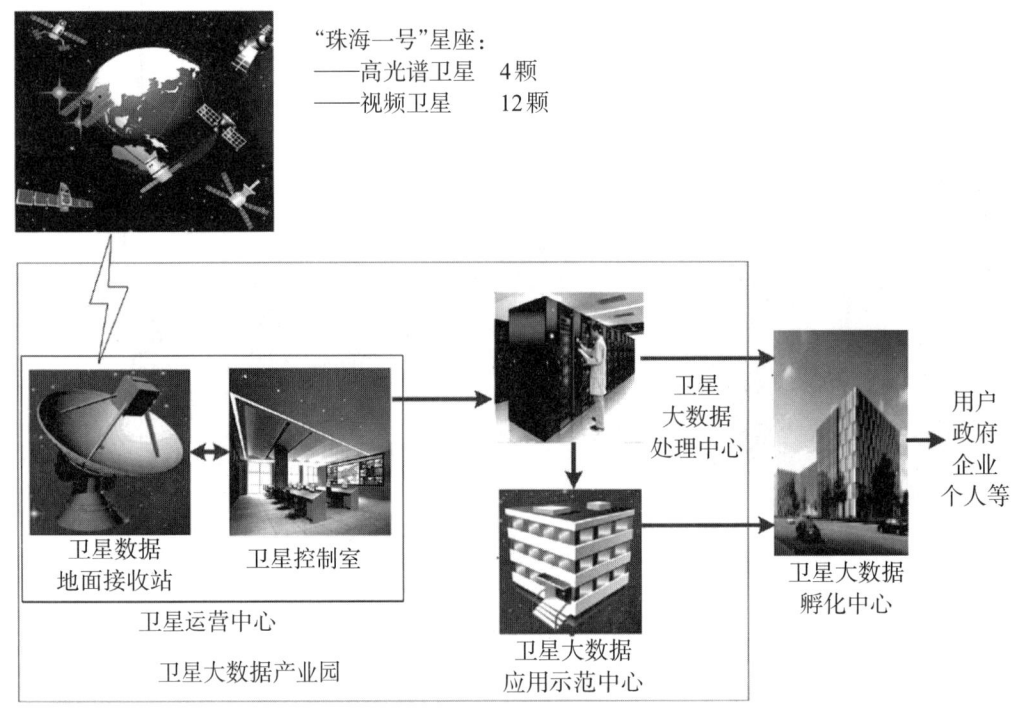

图1-10 "珠海一号"卫星大数据产业园框架图

"海丝一号"卫星是国内高校首颗面向海洋和海岸带科学观测的SAR遥感卫星，是由厦门大学等单位根据海洋科学研究与遥感应用市场需要提出，天仪研究院为卫星总体，中国电子科技集团公司第三十八研究所为载荷总体，联合负责卫星的研制。同时，卫星平台配备智能化信息处理模块，用于在轨智能图像处理方法的技术探索，该模块由首都师范大学研制。

"海丝一号"卫星发射时间为2020年12月22日，是基于有源相控阵天线的百公斤级（整星<185 kg）、1 m分辨率、C波段商业SAR遥感卫星，可以穿透云层，不受时间和恶劣条件的限制，获取全天时、全天候的二维雷达成像数据，为海洋动力环境参数的遥感反演、海洋灾害监测、洪水监测和地表形变分析等提供支持，如图1-11所示。

国内在轨SAR卫星均处于圆轨道或者近圆轨道上，对于大椭圆轨道SAR卫星研究尚处于起步阶段。

2004年，国内学者以椭圆轨道为基础，对不同轨道角度下的多普勒中心频率和多普勒调频斜率进行了估计，考虑了卫星不同姿态误差对它的影响，并与圆轨道下的情况进行了对比，最后讨论了椭圆轨道下零多普勒点的偏角情况。

2008年，电子科技大学研究任意椭圆轨道下星载SAR多普勒参数的精确计算，将航迹角的影响因素考虑在内，推导出可在任意偏心率轨道下使用的计算公式。针对小偏心率和大偏心率轨道，电子科技大学分别设计了一组仿真试验并进行了对比，结果表明在大偏心率轨道下，航迹角对多普勒参数确实有重要的影响。

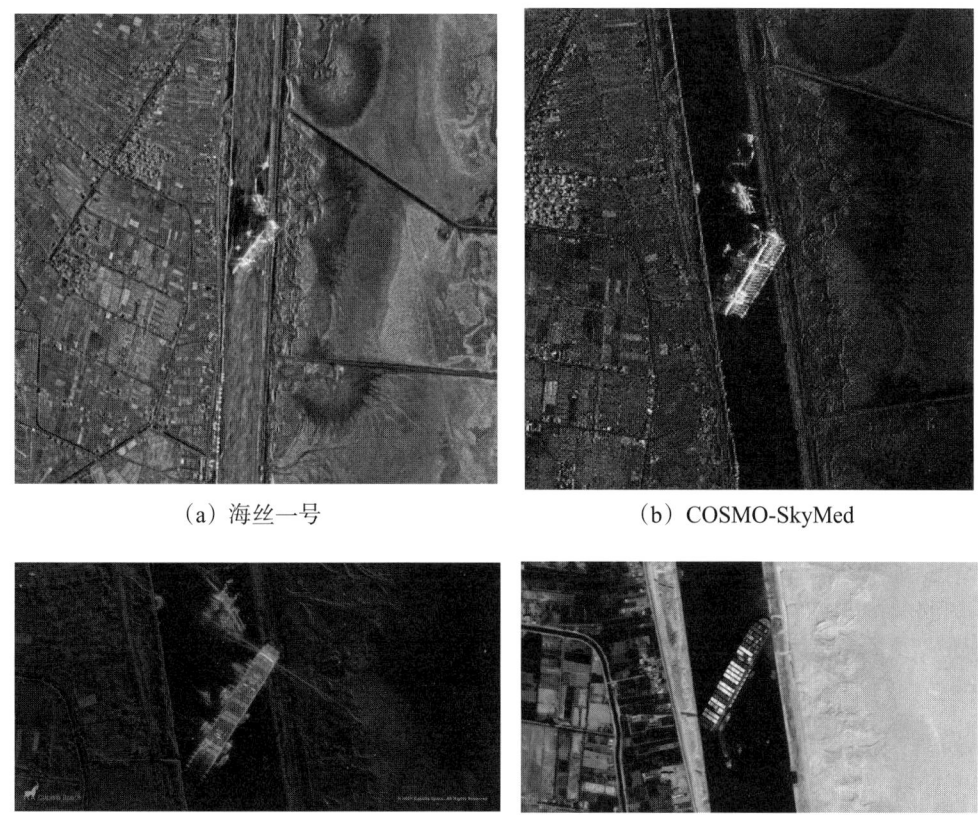

(a) 海丝一号　　　　　　　　　(b) COSMO-SkyMed

(c) Capella-SAR　　　　　　　(d) 光学图像

图 1-11 "海丝一号"与其他卫星图像对比（苏伊士运河区域"天赐"号货轮搁浅区域）

2010 年，西安空间无线电技术研究所与西安电子科技大学建立了同步轨道合成孔径雷达（GEO SAR）的椭圆轨道模型，对其特殊的运动特性进行了分析，重点研究了椭圆轨道条件下目标的多普勒特性。针对卫星姿态误差对多普勒参数的影响从而导致成像质量下降的问题，通过推导存在姿态误差情况下的多普勒参数表达式，发现在 GEO SAR 中俯仰角和横滚角对多普勒参数的影响比较大，为了保证成像质量，应尽量提高俯仰角和横滚角的测量精度，并控制它们的扰动。针对 GEO SAR 非线性运动给成像带来的困难，对 SPECAN 算法、结合运动补偿的 RD 算法和后向投影算法进行了比较和分析。

2010 年，国防科技大学开展了椭圆轨道全零多普勒导引律研究。基于轨道动力学理论，在椭圆轨道情况下，该文导出了同时考虑偏航控制和俯仰控制的多普勒中心频率解析表达式，分别分析了偏航控制和俯仰控制对多普勒中心的影响，提出一种基于椭圆轨道的全零多普勒方法，并用 TerraSAR-X 轨道参数进行了数值仿真，仿真结果表明，使用该方法后，多普勒中心频率被减小到不超过 5 Hz，比传统的偏航导引方法缩小了约一百倍，比基于瞬时圆轨道的全零多普勒方法缩小了 5 倍，表明了该方法有效。

2011 年，中国空间技术研究院利用椭圆轨道下多普勒中心频率的表达式，将多

大椭圆轨道合成孔径雷达技术

普勒中心频率分为仅与俯仰角相关部分，以及与俯仰角和偏航角都相关的部分，令两部分分别等于零，首先求得俯仰角，再利用俯仰角得到偏航角，从而有效地减小了残余多普勒中心频率。中国空间技术研究院利用德国"陆地合成孔径雷达-X"（TerraSAR-X）卫星参数进行仿真，使用该方法后，残余多普勒中心频率约为0.03 Hz，远小于采用瞬时圆轨道全零多普勒导引方法的25 Hz。

2017年，北京理工大学研究了椭圆GEO SAR的成像质量、成像特性，指出了椭圆轨道下多普勒中心频率不为零，从而造成了地面方位分辨率与距离分辨率两维耦合严重，需要采取新的成像质量评估方法。

然而，上述研究的椭圆轨道均属于小偏心率及远地点、近地点高度差别不大的轨道，对于真正大椭圆轨道SAR的研究鲜有报道。

1.3 应用设想

大椭圆轨道偏心率大，在远地点附近相对运动缓慢，可视时间长，可提供高仰角优势，适合于针对特定高纬度区域长时间连续侦察监视。另外，大椭圆轨道SAR卫星同时具有低轨详查与中高轨普查监视的特点，在近地点可实现高分辨成像，在远地点可长时间连续监视地区。因此，大椭圆轨道特别适合于对南北极等高纬度地区的长时间观测，对中低纬度区域实现高分辨率的成像。具体地说有如下几点。

一是可实现南北极航道的观测要素监测能力，包括对中高纬度积雪覆盖监测、极区海冰监测、南北极航道的舰船等目标的监测。

二是具备对中低纬度区域及热点区域观测能力，包括对中低纬度区域（四海两洋）海上目标的观测以及中低纬度区域陆地目标的高分辨率观测能力。

应用模式的设计应该结合观测的目标及系统的可实现性进行综合的设计与分析。一般来说，轨道位置越高，分辨率越高，所需的雷达功率孔径积也越大，所以大椭圆轨道SAR分辨率设计的原则是低纬度区域实现高分辨率，高纬度区域实现中等分辨率，其他位置的分辨率处于两者之间。

表1-4根据大椭圆轨道SAR的应用定位及系统特点，给出了几种典型的应用模式。

表1-4 主要应用模式

序号	应用模式	主要特点和用途
1	中幅宽中等分辨率观测模式	成像覆盖能力中等,主要用于北极航道、中低纬度区域(四海两洋)大中型舰船的发现
2	中幅宽高分辨率观测模式	主要对冰岛、阿拉斯加等中高纬度区域、低纬度海陆目标进行观测;对北极航道、四海两洋的大中型舰船进行识别确认,目标源头的观测;对南北极航道浮冰、冰山的观测进行观测
3	大幅宽粗分辨率观测模式	成像覆盖广,主要用于南北极地区及南北极航道冰雪覆盖观测、南北极航道、四海两洋舰船目标的广域搜索
4	小幅宽精细观测模式	成像覆盖小,主要对低纬度地区的陆地目标及舰船目标进行高分辨率观测,可实现对低纬度地区中等小型船只进行精细描述

（1）中幅宽中等分辨率观测模式

该模式下，卫星飞行在大椭圆轨道的远地点位置，天线发射高增益的窄波束来实现地面成像测绘带。雷达系统成像体制工作在条带模式下，通过卫星的运动形成飞行方向宽的测绘带，理论上来说，其飞行方向的测绘带只取决于载荷系统的开关机时间以及波束在地面的速度。这种方式是传统SAR载荷常用的使用方式，其应用领域十分广泛，例如对于陆地目标的普查，海上动目标的搜索发现等。

（2）中幅宽高分辨率观测模式

该模式下，通过天线发射高增益的波束及波束方位向扫描来实现。雷达系统成像体制工作在滑动聚束模式下，通过天线波束在地面的滑动形成飞行方向的测绘带。该模式可以满足对高纬度等区域陆地目标的观测，对南北极航道的大中型舰船进行识别确认，对南北极航道浮冰、冰山进行观测。

（3）大幅宽粗分辨率观测模式

在大幅宽粗分辨率观测模式，可实现对南北极区域冰雪覆盖及南北极航道浮冰情况的观测，同时可兼顾对南北极航道上大型舰船目标的搜索。该模式下，卫星飞行在大椭圆轨道的远地点轨道位置附近，通过天线波束的组合切换实现地面成像测绘带。该模式可以实现对南北极区域大覆盖范围的观测，满足大椭圆轨道远地点宽覆盖观测需求。

（4）小幅宽精细观测模式

小幅宽精细观测模式下，通过提升波束的驻留时间来获得高分辨率，借助波束在地面的滑动来实现测绘带。在该模式下，需要雷达有较大的发射功率及较高的天线增益。在该模式下，主要用来实现中低纬区域陆地海上目标的精细成像，例如对于低纬度区域海上舰船识别，对于陆地目标如城市基础设施、无线通信设施等进行识别，对静态飞机等进行确认。

参考文献

[1] 张澄波.综合孔径雷达原理、系统分析与应用[M].北京:科学出版社,1989.

[2] 杨士中.合成孔径雷达[M]. 北京:国防工业出版社,1981.

[3] 袁孝康.星载合成孔径雷达导论[M]. 北京:国防工业出版社,2003.

[4] F.T 乌拉比,等.微波遥感[M]. 侯世昌等,译.北京:科学出版社.1988.

[5] 潘科炎.航天器自主导航技术[J].航天控制,1994(2):18-27.

[6] 吴勤.透视俄罗斯军用卫星发展现状[J].太空探索,2008(12):46-49.

[7] 魏晨曦.俄罗斯的空间目标监视、识别、探测与跟踪系统[J].中国航天,2006(8):39-41.

[8] 冯如.美国电子侦察卫星的发展概况[J].国际太空,2000(10):6-8.

[9] 庞之浩.太空之耳——美国的电子侦察卫星[J].现代军事,2002(2):29-30.

[10] 鲁红权,冯晓晖.天基红外卫星系统研制进展[J].核武器与高技术,2001(2):36-54.

[11] 都亨."实践四号"实践哪些项目[J].中国航天,1994(6):5-6.

[12] 刘仕君.中国启动地球空间双星探测计划[J].中国航天,2011(5):29.

[13] 张永维,袁仕耿.中国的地球空间双星探测计划[J].中国航天,2008(5):12-17.

[14] 秦振华. 美国80年代的航天测控网[J]. 无线电工程, 1989(2): 14-21.
[15] 许东. 实践四号卫星的跟踪、测量和控制[J]. 航天器工程, 1995(3): 36-39.
[16] Jackson R. F. Autonomous Navigation of USAF Spacecraft[D]. Austin: The University of Texas, 1983: 20-25.
[17] Mikelson Dale. Design and Laboratory Testing of Self-Contained HighAltitude Navigation System, Phase 1-the Space Sextant AutonomousNavigation Attitude Reference System(SS-ANARS)[R]: Defense TechnicalInformation Center, 1977: 1-8.
[18] 潇潇. "长曲棍球"(Lacrosse)合成孔径雷达成像卫星[J]. 电子信息工程, 2005, (4): 51-52.
[19] MATAR J, LOPEZ-DEKKER P, KRIEGER G. Potentials and Limitations of MEO SAR[C]//11th European Conference on Synthetic Aperture Radar, Hamburger, Germany: VDE, 2016: 1035-1039.

2 轨道特性

大椭圆轨道SAR轨道高度变化大,轨道跨越低中高轨,因此兼顾低中高轨的成像特性,如低轨的高分辨率成像、中高轨的长合成孔径时间宽测绘带成像;在成像时间内受地球自转影响大;轨道参数特性时变。上述特点主要在于椭圆轨道本身带来特殊性,因此,我们有必要对大椭圆轨道的基础理论进行研究。本章将详细阐述轨道动力学基础和常见轨道类型,根据大椭圆轨道SAR的应用需求及轨道特点,围绕大椭圆轨道特性开展典型参数的轨道仿真分析与比较工作。

2.1 轨道动力学基础

航天器动力学采用一般力学的基本原理,研究航天器在外层空间受力情况下的运动规律和控制策略。将航天器本身抽象为刚体,基于理论力学中刚体的运动规律及基本特性,由刚体运动来描述航天器的运动规律。航天器动力学的理论体系以理论力学和飞行动力学为基础,涉及物理基础知识及矢量代数、线性代数等数学基础。

按照刚体运动规律,可将航天器运动分为两个方面:一方面质心在空间的运动情况,这类问题称为轨道问题;另一方面是航天器绕其质心的转动运动,这类问题称为姿态问题。通常将航天器动力学分为轨道动力学和姿态动力学,本章仅给出轨道动力学的简要介绍。

航天器在万有引力(中心引力场)作用下的运动是其基本的运动状态,此时其运动特性完全遵循天体力学中的开普勒轨道运动三大定律。除了中心引力场之外,航天器还受到其他微小力的作用,如地球形状引起的非中心引力、大气阻力、其他天体引力等,这些微小力造成的航天器相对开普勒轨道的偏离称为轨道摄动。

为了对航天器的运动状态进行描述,需要建立特定的时间系统及空间系统,空间系统通常为坐标系的定义,时间系统即定义各种时间基准。下面给出几个常用的地球坐标系,时间系统这里不再详细列出。

2.1.1 轨道要素

1. 轨道六要素

轨道六要素或根数(如图2-1所示),定义见表2-1。

大椭圆轨道合成孔径雷达技术

表 2-1 轨道要素定义

轨道要素	定义
半长轴 a	轨道圆或椭圆长轴的一半
偏心率 e	轨道扁率
倾角 i	轨道平面与赤道平面之间的夹角
升交点赤经 Ω	轨道面内由春分点向东转到升交点的角度
近地点幅角 ω	轨道面内由升交点转到近地点的角度
真近点角 θ	卫星当前位置与近地点的夹角

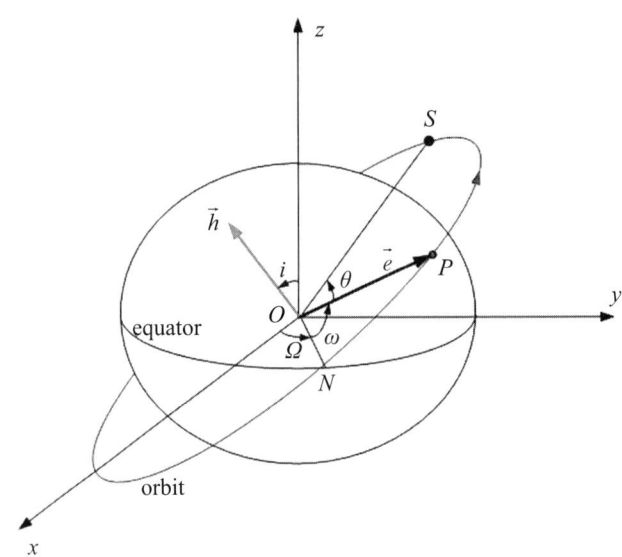

图 2-1 轨道要素示意图

半长轴 a 和偏心率 e 确定了轨道的大小和形状;轨道倾角 i 和升交点赤经 Ω 确定了轨道面在惯性空间的取向,定义了轨道面相对于赤道面的位置;近地点幅角 ω 确定了拱线在轨道平面内的取向;真近点角 θ 确定了初始时刻卫星在轨道面内的位置。

需要说明的是,除了真近点角之外,通常也用偏近点角和平近点角表示卫星在轨道平面内的位置。图 2-2 是真近点角与偏近点角的关系,可以看出,以椭圆轨道的长半轴为半径画一个圆,卫星当前位置与轨道拱线在该圆上对应的夹角为偏近点角。平近点角表征了轨道的平均运动,定义为轨道平均角速度与卫星相对近地点运行时间的乘积。真近点角与近地点幅角之和通常称为纬度幅角。

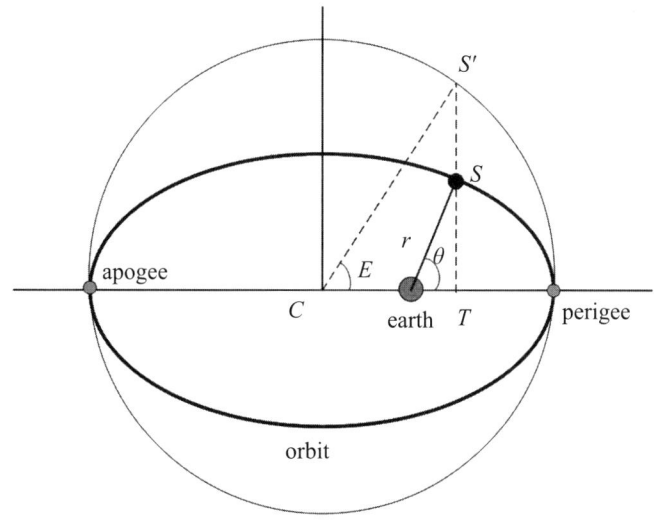

图2-2 真近点角与偏近点角

2. 瞬时轨道根数与平均轨道根数

（1）瞬时轨道根数定义

由任意时刻卫星的位置速度矢量通过位置速度矢量与轨道根数的转换关系所计算出的轨道根数，称为瞬时轨道根数，即该时刻的实际轨道根数，对应的轨道也称为该点的密切轨道。

（2）平均轨道根数定义

在摄动影响下，轨道根数不再是常量或者均匀变化量，而是长期项、长周期项和短周期项的复杂叠加。此时，某一时刻的瞬时轨道根数已经无法表现卫星受摄运动的本质，需要利用平均轨道根数来代表卫星轨道演化的长期趋势。平均轨道根数指仅包含长期项，略去了周期项的影响。

图2-3是平均轨道根数和瞬时轨道根数示意图，其中 $\sigma(t)$ 代表瞬时轨道根数，$\bar{\sigma}(t)$ 代表平均轨道根数。由图2-3可知，瞬时轨道根数波动性比较大，而平均轨道根数更能反映轨道的长期演化情况。

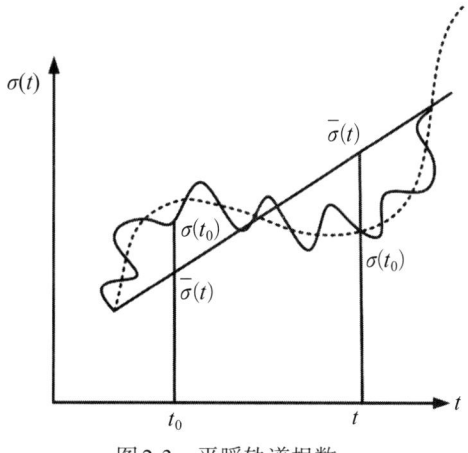

图2-3 平瞬轨道根数

（3）平均轨道根数向瞬时轨道根数转换

任意时刻的平均轨道根数和瞬时轨道根数是一一对应的，可以实现相互转换。平均轨道根数向瞬时轨道根数转换，具有解析解，可以实现初始时刻平均轨道根数向任意时刻瞬时轨道根数的转换。

2.1.2 常用坐标系

星载SAR空间几何关系复杂，无法用简单的解析表达式对其进行描述，目前星载SAR普遍使用六个直角坐标系，利用这些坐标系之间的平移和旋转关系，可以方便地对星载SAR星地相对运动关系、距离历程模型，以及多普勒历程模型进行描述。这六个直角坐标系分别为：地心地固坐标系 E_0（earth-centered earth-fixed coordinate system，ECF）、地心惯性坐标系 E_g（earth-centered inertial coordinate system，ECI）、卫星轨道平面坐标系 E_v、卫星平台坐标系 E_r、卫星星体坐标系 E_e 和天线坐标系 E_a。其转换关系如图2-4所示。

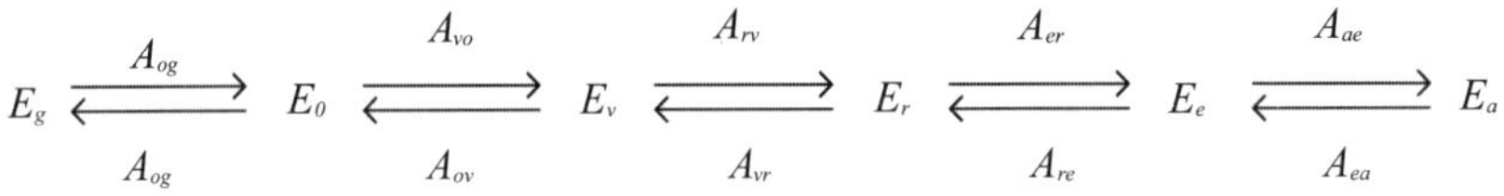

$$E_g \underset{A_{og}}{\overset{A_{og}}{\rightleftarrows}} E_0 \underset{A_{ov}}{\overset{A_{vo}}{\rightleftarrows}} E_v \underset{A_{vr}}{\overset{A_{rv}}{\rightleftarrows}} E_r \underset{A_{re}}{\overset{A_{er}}{\rightleftarrows}} E_e \underset{A_{ea}}{\overset{A_{ae}}{\rightleftarrows}} E_a$$

图2-4 六个空间坐标系之间的转换关系和转换矩阵

其中 A_{og}、A_{go}、A_{vo}、A_{ov}、A_{rv}、A_{vr}、A_{er}、A_{re}、A_{ae} 和 A_{ea} 六个直角坐标系之间的相互转换矩阵。

（1）地惯坐标系 $E_g \rightarrow$ 地固坐标系 E_0

地固坐标系 E_0：坐标原点位于地心，XY平面位于赤道面内，X轴指向春分点，Z轴与地球自转角速度方向一致。如图2-5所示，将 E_0 绕Z轴逆时针转过一个格林威治时间角 H_G 就得到地惯坐标系 E_g。设 t_0 时刻 E_0 和 E_g 重合，则 t 时刻 $H_G = w_e(t - t_0)$，其中 $w_e \approx 7.29211 \times 10^{-5}$ rad/s 为地球角速度，E_g 到 E_0 的转换矩阵 A_{og} 为

$$A_{og} = \begin{bmatrix} \cos H_G & -\sin H_G & 0 \\ \sin H_G & \cos H_G & 0 \\ 0 & 0 & 1 \end{bmatrix} \tag{2-1}$$

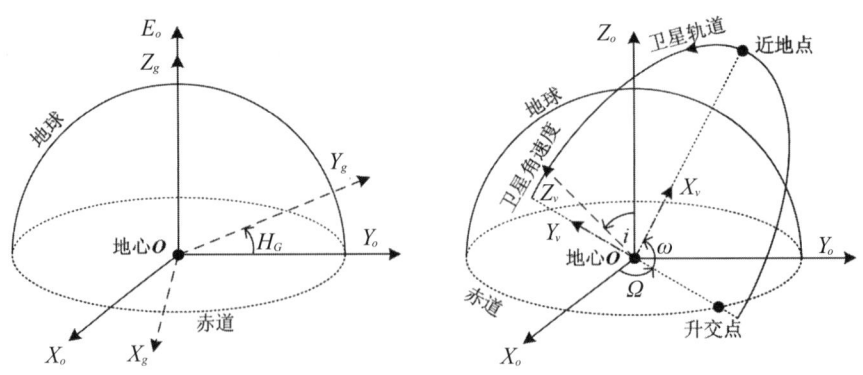

图2-5 E_g 和 E_0、E_0 和 E_v 的旋转几何关系示意图

(2) 地固坐标系 $E_0 \rightarrow$ 卫星轨道平面坐标系 E_v

卫星轨道平面坐标系 E_v：坐标原点位于地心，XY 平面位于卫星轨道面内，X 轴指向近地点幅角，Z 轴与卫星角速度方向一致。如图 2-5 所示，E_0 转换到 E_v 需要经过三次坐标系旋转：绕 Z 轴逆时针旋转赤经 Ω；绕 X 轴逆时针旋转轨道倾角 i，绕 Z 轴逆时针旋转近地点幅角 w。E_0 到 E_v 的转换矩阵 A_{vo} 为

$$A_{vo} = \begin{bmatrix} \cos w & \sin w & 0 \\ -\sin w & \cos w & 0 \\ 0 & 0 & 1 \end{bmatrix} \begin{bmatrix} 1 & 0 & 0 \\ 0 & \cos i & \sin i \\ 0 & -\sin i & \cos i \end{bmatrix} \begin{bmatrix} \cos \Omega & \sin \Omega & 0 \\ -\sin \Omega & \cos \Omega & 0 \\ 0 & 0 & 1 \end{bmatrix} \quad (2\text{-}2)$$

(3) 卫星轨道平面坐标系 $E_v \rightarrow$ 卫星平台坐标系 E_r

如图 2-6 所示，将 E_v 绕 Z 轴逆时针旋转一个角度 $90° + \theta - \gamma$，且坐标原点位于卫星质心即得到 E_r。其中 θ 为真心地角，γ 为航迹角，E_v 到 E_r 的转换矩阵 A_{rv} 为

$$A_{rv} = \begin{bmatrix} \sin(\theta - \gamma) & \cos(\theta - \gamma) & 0 \\ -\cos(\theta - \gamma) & \sin(\theta - \gamma) & 0 \\ 0 & 0 & 1 \end{bmatrix} \quad (2\text{-}3)$$

其中，位置矢量与轨道法向量的夹角 γ 为

$$\tan \gamma = \frac{e \sin \theta}{1 + e \cos \theta}, |\gamma| \leq 90° \quad (2\text{-}4)$$

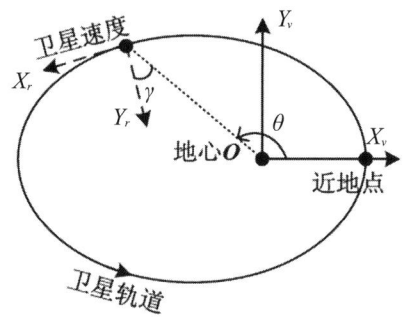

图 2-6 E_v 和 E_r 之间的旋转几何关系示意图

(4) 卫星平台坐标系 $E_r \rightarrow$ 卫星星体坐标系 E_e

如图 2-7 甲所示，E_r 变换到 E_e 需要经过三次坐标系旋转：绕 Y 轴顺时针转过偏航角 θ_y，绕 Z 轴顺时针转过俯仰角 θ_p，绕 X 轴逆时针转过横滚角 θ_r。E_r 到 E_e 的转换矩阵 A_{re} 为

$$A_{er} = \begin{bmatrix} 1 & 0 & 0 \\ 0 & \cos \theta_r & \sin \theta_r \\ 0 & -\sin \theta_r & \cos \theta_r \end{bmatrix} \begin{bmatrix} \cos \theta_p & \sin \theta_p & 0 \\ -\sin \theta_p & \cos \theta_p & 0 \\ 0 & 0 & 1 \end{bmatrix} \begin{bmatrix} \cos \theta_y & 0 & -\sin \theta_y \\ 0 & 1 & 0 \\ \sin \theta_y & 0 & \cos \theta_y \end{bmatrix} \quad (2\text{-}5)$$

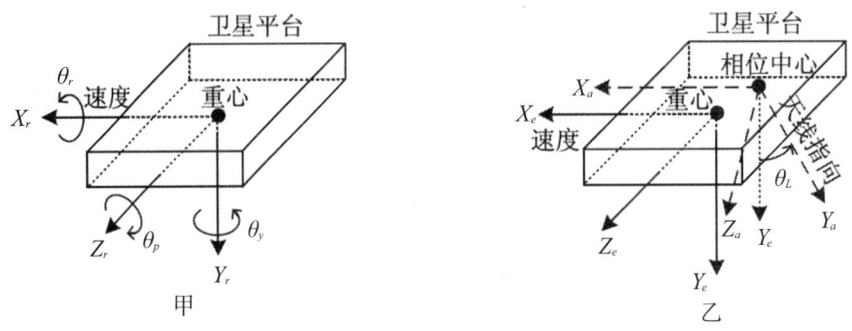

图 2-7　E_r 和 E_e、E_e 和 E_a 之间的旋转几何关系示意图

（5）卫星星体坐标系 E_e → 天线坐标系 E_a

天线坐标系 E_a：坐标原点位于天线相位中心，X 轴与 E_e 相同，Y 轴与天线波束中心指向相同。如图 2-7 乙所示，将 E_e 绕 X 轴逆时针转过一个天线视角 θ_L 就得到 E_a。则 E_e 到 E_a 的转换矩阵 A_{ae} 为

$$A_{ae} = \begin{bmatrix} 1 & 0 & 0 \\ 0 & \cos\theta_L & \sin\theta_L \\ 0 & -\sin\theta_L & \cos\theta_L \end{bmatrix} \tag{2-6}$$

2.1.3　二体问题

在轨道动力学中，把研究两个天体（质点）在它们之间的万有引力作用下的运动问题称为二体问题，也就是忽略其他天体的作用，只研究某一影响最大的星球对航天器的作用；把航天器在多个天体的万有引力共同作用下的运动问题称为 N 体（$N \geqslant 3$）问题。

二体问题可以得到形式简单的解析解，而多体问题需要依靠数值积分方法计算得到。下面给出航天器在地球中心引力场中的运动描述：

$$\ddot{r} = -\frac{\mu}{r^3} r \tag{2-7}$$

式中，r 为卫星地心距矢量；μ 为地球引力常数，其值为 398 600 km³/s²。

二体问题具有解析解。轨道运动存在三个常量：能量矢量、动量矩矢量、拉普拉斯矢量，轨道运动也满足开普勒三大定律。经推导可得开普勒轨道为圆锥曲线，根据偏心率的不同，可分为圆轨道、椭圆轨道、抛物线及双曲线轨道。

航天器与主引力体构成二体系统，均可看作质点，航天器的质量相对于引力体的质量可以忽略不计，在以该引力体为中心的惯性坐标系下，航天器的运动方程为

$$\left. \begin{array}{l} \ddot{x}_p + \dfrac{\mu}{r^3} x_p = 0 \\[2mm] \ddot{y}_p + \dfrac{\mu}{r^3} y_p = 0 \\[2mm] \ddot{z}_p + \dfrac{\mu}{r^3} z_p = 0 \end{array} \right\} \tag{2-8}$$

式中，x_p, y_p, z_p 表示航天器在惯性坐标系下的位置坐标。

方程组（2-8）如果有解，则可写成如下形式：

$$\left.\begin{aligned} x_p &= x_p(\sigma_i, t) \\ y_p &= y_p(\sigma_i, t) \\ z_p &= z_p(\sigma_i, t) \\ \dot{x}_p &= \dot{x}_p(\sigma_i, t) \\ \dot{y}_p &= \dot{y}_p(\sigma_i, t) \\ \dot{z}_p &= \dot{z}_p(\sigma_i, t) \end{aligned}\right\} (i = 1, 2, \cdots, 6) \tag{2-9}$$

式中，$\sigma_i (i=1,2,\cdots,6)$ 为六个独立的积分常数。

式（2-9）给出了积分常数和航天器的位置、速度之间的关系。如果知道了 $t=t_0$ 时刻航天器的位置（x_{p0}, y_{p0}, z_{p0}）和速度（$\dot{x}_{p0}, \dot{y}_{p0}, \dot{z}_{p0}$），就可以唯一地确定积分常数 $\sigma_i = \sigma_i(x_{p0}, y_{p0}, z_{p0}, \dot{x}_{p0}, \dot{y}_{p0}, \dot{z}_{p0}, t_0) \ (i=1,2,\cdots,6)$。

二体运动是平面运动，以该引力体为坐标原点，航天器在轨道平面坐标系下的运动方程可以写成：

$$\left.\begin{aligned} \frac{\mathrm{d}^2 x_t}{\mathrm{d}t^2} + \frac{\mu x_t}{r^3} &= 0 \\ \frac{\mathrm{d}^2 y_t}{\mathrm{d}t^2} + \frac{\mu y_t}{r^3} &= 0 \end{aligned}\right\} \tag{2-10}$$

式中，x_t, y_t——表示航天器在轨道平面坐标系中的坐标，$z_t = 0$。

做极坐标变换，$x_t = r\cos\theta$，$y_t = r\sin\theta$（θ 为真近点角），代入式（2-10），可得

$$\left.\begin{aligned} \ddot{r} - r\dot{\theta}^2 &= -\frac{\mu}{r^2} \\ r\ddot{\theta} + 2\dot{r}\dot{\theta} &= 0 \end{aligned}\right\} \tag{2-11}$$

式（2-11）中的第二式可以直接积分，得到

$$r^2 \dot{\theta} = h \tag{2-12}$$

式中，h 为积分常数，代表单位质量的角动量大小。

做 $\dfrac{1}{r} = u$ 的变换，以 θ 为自变量，可得

$$\frac{\mathrm{d}^2 u}{\mathrm{d}\theta^2} + u = \frac{\mu}{h^2} \tag{2-13}$$

方程（2-13）的一般解为

$$u = \frac{\mu(1 + e\cos\theta)}{h^2} \tag{2-14}$$

即

$$r = \frac{h^2}{\mu(1+\vec{e}\cos\theta)} \tag{2-15}$$

式中，$\vec{e}$ 为积分常矢量，位于轨道平面内，方向平行于 r 最小时的 $\vec{r}$ 方向，称为偏心率矢量。

式（2-15）即为圆锥曲线方程。

当 $e=0$ 时，航天器的运动轨迹为以引力体为中心圆周；

当 $0<e<1$ 时，运动轨迹为椭圆，引力体处于椭圆的一个焦点上，e 为椭圆的偏心率；

当 $e=1$ 时，运动轨迹为抛物线；

当 $e>1$ 时，运动轨迹为双曲线。

2.1.4 轨道摄动

二体问题中只考虑中心天体的影响，在实际中，航天器的运动方程中还需要考虑摄动力的影响，主要摄动力有地球非球形摄动、大气阻力摄动、第三体引力摄动、太阳光压摄动等。

对于近地轨道航天器，主要摄动力为地球非球形摄动的 J_2 项及大气阻力摄动。

2.1.4.1 地球非球形摄动

如果地球是理想球体，地球的引力可以等效为中心质点引力。但实际上，地球并非理想球体，而是一个不规则椭球体。该椭球体的长轴在赤道附近，短轴在南北极。赤道半径约为 6 378 km，两极半径约为 6 357 km。地球质量分布也是不均匀的。

综合考虑地球形状不规则性和质量不均匀性后，地球的引力势函数可以写成如下形式：

$$V(r,\phi,\lambda) = -\frac{\mu}{r}\left\{1 - \sum_{n=2}^{\infty}[(\frac{R_e}{r})^n J_n P_n \sin\phi + \sum_{m=1}^{n}(\frac{R_e}{r})^n (C_{nm}\cos m\lambda S_{nm}\sin m\lambda)P_{nm}\sin\phi]\right\} \tag{2-16}$$

式中，r 为地心到观察点的矢径，ϕ 为经度，λ 为纬度，R_e 为赤道半径，P_{nm} 为正则勒让德多项式，C_{nm} 和 S_{nm} 为引力场系数。

根据 m 和 n，地球的引力场系数可以分为以下三类。

① $m=0$，重力势函数仅与纬度相关，称为带谐项，通常称 C_{n0} 为 J_n。带谐项反映出地球是扁平的椭球体。

② $m=n$，重力势函数仅与经度相关，称为田谐项，通常也称 C_{nm} 为 J_{mm}。田谐项能反映海洋和陆地的质量不均匀性。

③ 如果 $m\neq n$，且 $m\neq 0$，重力势函数与经纬度都相关，称为扇谐项。扇谐项用来反映地球某处重力集中，比如高山。

对势函数求梯度，可以求得卫星在固连坐标系的加速度，转换到惯性坐标系后即可进行积分计算。其中，影响最大是 J_2 项，比其他项的影响要大 100 倍以上。如果只考虑 J_2 项，可以得到在惯性坐标系的动力学方程。

$$\ddot{x} = -\frac{\mu x}{r^3}\left[1 + J_2 \frac{3}{2}\left(\frac{R_e}{r}\right)^2\left(1 - 5\frac{z^2}{r^2}\right)\right]$$

$$\ddot{y} = -\frac{\mu y}{r^3}\left[1 + J_2 \frac{3}{2}\left(\frac{R_e}{r}\right)^2\left(1 - 5\frac{z^2}{r^2}\right)\right] \quad (2\text{-}17)$$

$$\ddot{z} = -\frac{\mu z}{r^3}\left[1 + J_2 \frac{3}{2}\left(\frac{R_e}{r}\right)^2\left(3 - 5\frac{z^2}{r^2}\right)\right]$$

在理想的二体问题模型下，半长轴、偏心率、轨道倾角、升交点经度、近心点幅角等五个轨道根数保持不变，平近点角均匀变化。

在地球非球形项摄动的影响下，半长轴、偏心率、轨道倾角不存在长期漂移，但存在长周期项和短周期项，升交点经度、近心点幅角、平近点角既存在长期项也存在长周期项和短周期项。

2.1.4.2 大气阻力摄动

大气阻力沿卫星运行方向的逆向。大气阻力是非保守力，在大气阻力摄动下，卫星轨道会发生衰减，轨道高度不断降低，直至再入稠密大气层。

大气摄动最明显的效应是引起轨道的半长轴不断降低。大气阻力还会引起轨道的偏心率不断减小，即轨道越来越圆，这也是在阻尼作用下，能量耗散的一种表现，这种耗散效应是低轨地球卫星寿命长短的决定性因素。此外，还会引起轨道倾角、升交点经度、近心点幅角和平近点角的长期漂移。

$$\vec{F}_D = -\frac{1}{2}C_D A \rho V^2 \left(\frac{\vec{V}}{V}\right) \quad (2\text{-}18)$$

$$\vec{V} = \vec{v} - \vec{v}_a \quad (2\text{-}19)$$

其中，$\vec{v}$ 和 $\vec{v}_a$ 分别为卫星和大气相对地心坐标系的速度矢量，ρ 为大气密度，C_D 为阻力系数。$BC = \dfrac{m}{C_D A}$ 通常称为弹道系数，$\dfrac{A}{m}$ 通常称为面质比参数。

在计算大气阻力时，必须考虑以下几点不确定性。

（1）阻力系数 C_D。阻力系数与卫星表面材料相关，一般取 2.2。当轨道高度降低后，特别是在 150 km 以下，大气状态将处于自由分子流和连续介质流之间的过渡状态，阻力系数随高度的变化，没有严格的公式计算。

（2）面质比参数 $\dfrac{A}{m}$。大气阻力是表面力，卫星承受阻力的截面积 S 很重要，对阻力加速度而言，即面质比参数 $\dfrac{A}{m}$。要严格给出相应的面质比参数，必须考虑卫星的形状和姿态。如果缺乏这种信息，只能采用一个等效的面质比。

（3）大气运动速度 $\vec{v}_a$。通常大气运动表现为旋转运动，旋转角速度 ω_a 比较复杂，其值有一个范围，即 $\omega_a \approx (0.8 \sim 1.4)n_e$，其中 n_e 为地球自转角速度。一般可简化取为 $\omega_a \approx n_e$。

（4）大气密度 $\rho = \rho(r,t)$。大气密度是极其复杂的问题，与轨道高度、温度、太阳活动指数等密切相关，变化幅值非常大。

2.1.4.3 第三体引力摄动

除了地球非球形摄动、大气阻力摄动之外，太阳系其他天体的引力也会对卫星有摄动力，称为第三体引力摄动。第三体引力摄动是保守力，不会引起轨道半长轴的衰减，但会改变轨道的角动量。

在第三体引力作用下，半长轴会有短周期变化；偏心率和轨道倾角会有长短周期项变化；升交点经度、近心点幅角、平近地点角不仅有长短周期项，还会有长期漂移。轨道倾角的长周期项的周期可达15～30年，一般情况下可以作为长期项处理。

在第三体引力摄动中，由于距离地球最近，月球的第三体引力摄动最大，其次是太阳。对于低轨卫星，其他行星的引力摄动可以忽略。

第三体引力的摄动加速度如下式

$$\ddot{\vec{r}} = GM\left(\frac{\vec{s}-\vec{r}}{|\vec{s}-\vec{r}|^3}\right) - \frac{\vec{s}}{|\vec{s}|^3} \qquad (2\text{-}20)$$

式中，G 为万有引力常量，M 为航天器的质量，$\vec{s}$、$\vec{r}$ 分别为太阳和卫星的位置矢量。

2.1.4.4 太阳光压摄动

太阳光压是由于卫星表面吸收和反射光子造成的。光压对高轨卫星影响较大，对低轨卫星的影响可以忽略。

光压引起的加速度如下式

$$\ddot{\vec{r}} = C_r \frac{A}{m} \frac{K\varphi}{c} \frac{r_0^2}{r_s^3} \vec{r}_s \qquad (2\text{-}21)$$

式中，C_r 为反射系数，A 为航天器的面积，m 为航天器的质量，K 为阴影系数（全部被遮挡为0，无遮挡为1），φ 为1 AU处的光压通量，c 为光速，r_0 为1 AU，$\vec{r}_s$ 为从太阳到航天器的位置矢量。

光压是表面力，与承受辐射压的卫星表面形状和大小有关，因此光压摄动效应与卫星姿态有关，通常只能估算。

在不考虑阴影的条件下，光压可以近似地处理为有心斥力，力心即作为质点的太阳。但常会遇到地影问题，在地影存在条件下，光压实为间断力。通常地影模型可以考虑圆柱模型以及圆锥模型。在锥形地影模型中，卫星的阴影又分为本影和半影。在本影区，卫星完全处于黑暗之中；在半影区，卫星可以感知部分阳光，反映在阴影系数 K 中。

不考虑地影时，在太阳光压的影响下，半长轴会发生短周期摄动，其他五个轨道根数会发生长周期摄动和短周期摄动。

2.2 常见轨道类型

本节从一般分类、轨道动力学特性分类等几个方面对常见轨道进行了归类。

2.2.1 一般分类

按照轨道倾角的不同可分为赤道轨道、倾斜轨道和极地轨道。赤道轨道的轨道倾角为0°，适用于赤道附近区域对地覆盖；倾斜轨道适用于某纬度范围区域对地覆盖；极地轨道的轨道倾角等于90°，适用于全球对地覆盖。

按照运行方向，当轨道倾角小于90°时，卫星运行方向与地球自转方向相同，称为顺行轨道；反之，称为逆行轨道。

按照轨道高度，通常将轨道分为低轨轨道、中轨轨道及高轨轨道。大致上可以用1 000 km作为低轨和中轨的分界，用20 000 km作为中轨和高轨的分界。

2.2.2 轨道动力学特性分类

按照偏心率，分为圆轨道与椭圆轨道，偏心率大于0.25小于1时，通常为大椭圆轨道，一般大椭圆轨道的远地点高度可以达到高轨的高度。

在地球非球形摄动的影响下，依据轨道动力学特性，存在一些典型的常用轨道，主要为太阳同步轨道、回归轨道、临界倾角轨道、冻结轨道；目前常用的轨道如下文所述。

2.2.2.1 太阳同步轨道

平太阳是常用的计量时间的一个标记，假设在地球赤道上运动，其角速度为0.9856°/d。如果有一条轨道升交点赤经的进动角速度与它一致，将会得到这样的结果：轨道升交点赤经和平太阳赤经之间的差为常数，即为太阳同步轨道。轨道上每一点和平太阳的赤经差也是固定的，这样卫星经过每一点的地方时固定。

$$\dot{\Omega} = \frac{1}{a}\sqrt{\frac{\mu}{a}} \left(-\frac{3}{2} J_2 \left(\frac{R_e}{a(1-e^2)}\right)^2 \cos i \right)$$
$$\dot{\Omega} \times \frac{360}{2\pi} \times 86400 = 0.9856$$
（2-22）

从式（2-22）可以看出，太阳同步轨道倾角大于90°，为逆行轨道；地面高度不会大于6 000 km；对圆轨道而言，当轨道高度确定时，倾角相应地唯一确定。

太阳同步轨道本质上是对轨道面在惯性空间的定向性提出了要求，主要有以下几方面优势：①可以保证良好的光照条件；②太阳同步轨道倾角接近90°，能够覆盖所有纬度范围，可以实现全球观测；③太阳同步轨道的降交点地方时规定了降交点和平太阳的赤经差，卫星经过每一点的地方时确定。对地观测、气象应用等卫星常选择太阳同步轨道。

需要说明的是，太阳同步晨昏轨道。降交点地方时在早上6点或者下午6点左右的太阳同步轨道称为晨昏轨道。对于晨昏轨道，太阳接近于直射轨道平面，光照角相对较小。

2.2.2.2 回归轨道

星下点轨迹周期性重复的轨道定义为回归轨道，每间隔相同的时间，卫星会出

大椭圆轨道合成孔径雷达技术

现在相同地方的上空,这个时间间隔称为回归周期。

假设卫星在赤道上的星下点的地理经度相同时,卫星星下点轨迹就会处处重叠。卫星在赤道上的星下点地理经度,一圈后的经度差为

$$\Delta\lambda = T_N(\omega_e - \dot{\Omega}) \tag{2-23}$$

如果存在 N 和 D 两个既约整数使得下面的回归条件成立,则在 D 天后,也就是卫星运行 N 圈后,星下点轨迹重叠。D 为回归周期(天)。

$$N\Delta\lambda = 2\pi D \tag{2-24}$$

回归轨道本质上对卫星在地心固连坐标系中的空间运动特性提出了要求,回归轨道的星下点周期性重复。

2.2.2.3 临界倾角轨道

在地球非球形摄动 J_2、J_3 项影响下,轨道近地点幅角和偏心率的变化率如下:

$$\dot{\omega} = -\frac{3nJ_2R_e^3}{2a^2(1-e^2)^2}(\frac{5}{2}\sin^2 i - 2) \times \left[1 + \frac{J_3R_e}{2J_2a(1-e^2)}(\frac{\sin^2 i - e\cos^2 i}{\sin i})\frac{\sin\omega}{e}\right] \tag{2-25}$$

$$\dot{e} = \frac{3nJ_3R_e^2\sin i}{4a^3(1-e^2)^2}(\frac{5}{2}\sin^2 i - 2)\times\cos\omega$$

可以看出,当 $\frac{5}{2}\sin^2 i - 2 = 0$ 时,近地点幅角和偏心率的变化率都为0,此时的倾角 $i = 63.43°$ 或 $116.57°$,这两个倾角称为临界倾角。

临界倾角的轨道常用于解决高纬度地球的地面通信问题,比如,选用近地点幅角为270°、近地点高度1 000 km左右、远地点40 000 km左右的轨道(大椭圆轨道),这样卫星可以大部分时间位于高纬度上空。

2.2.2.4 冻结轨道

对于近地的地球观测卫星,临界倾角不一定适合,上式中若做如下选取:

$$\omega = 90°$$

$$e = \frac{\sin i}{\dfrac{\cos^2 i}{\sin i} - \dfrac{2J_2 a}{J_3 R_e}} \tag{2-26}$$

对于 e 取为小量时,可以忽略二次项,这样同样可实现偏心率和近地点幅角的变化率同时为0,这种轨道称为冻结轨道。该轨道是一种近圆轨道,其近地点始终在北半球的最高纬度处,卫星经过相同经度时的高度近似不变。

2.3 轨道仿真分析

在大椭圆轨道的偏心率大于0.25小于1的情况下,其轨道通常存在近地点与远地点,且两者与地球的高度存在较大的差异。假设椭圆轨道近地点高度≤1 000 km,远地点高度≥20 000 km,在远地点对区域的可持续观测时间优于2小时,满足高纬度区域覆盖(例如北极航道)。下面对于不同轨道倾角进行仿真分析,轨道倾角在40°

至80°之间，按照每10°的步进进行遍历，表2-2给出不同轨道倾角对远地点可持续观测的情况。

表2-2 大椭圆轨道SAR平均持续观测时间统计

大椭圆轨道倾角	平均持续观测时间
倾角40°	北纬约83°以北区域，绝大部分4~5小时，极少部分3~4小时 北纬55°~83°区域在3~4小时 北纬45°~55°区域在2~3小时 北纬0°~45°区域在1~2小时 北纬约0°以南区域在0~1小时
倾角50°	北纬约68°以北区域4~5小时 北纬63°~68°区域在3~4小时 北纬45°~63°区域在2~3小时 北纬15°~45°区域在1~2小时 北纬约15°以南区域在0~1小时
倾角60°	北纬约76°以北区域4~5小时 北纬72°~76°区域在3~4小时 北纬45°~72°区域在2~3小时 北纬12°~45°区域在1~2小时 北纬约12°以南区域在0~1小时
倾角63.4°	北纬约80°以北区域4~5小时 北纬76°~80°区域在3~4小时 北纬45°~76°区域在2~3小时 北纬13°~45°区域在1~2小时 北纬约13°以南区域在0~1小时
倾角70°	北纬约86°以北区域，大部分4~5小时，少部分2~3小时，极少部分3~4小时 北纬83°~86°区域在3~4小时 北纬40°~83°区域在2~3小时 北纬10°~40°区域在1~2小时 北纬约10°以南区域在0~1小时
倾角80°	北纬约85°以北区域，大部分0~1小时，少部分1~2小时 北纬80°~85°区域在1~2小时 北纬33°~80°区域在2~3小时 北纬5°~33°区域在1~2小时 北纬约5°以南区域在0~1小时

由表2-3可见，对于高纬度及北极区域的可持续观测，50°倾角较好，但若想兼顾对海冰运动的观测需求，需要卫星重轨的基线保持在一定的范围内，63.4°轨道倾角可以实现二者兼顾。在63.4°轨道倾角时，可实现北纬45°以上区域2个小时的可持续观测，在轨道的远地点位置处可实现对北纬约80°以北区域4~5小时的可持续观测。

表2-3 不同轨道倾角时的回归情况及基线统计

轨道倾角	是否回归	回归或近似回归时的基线/km
40°	否	2 210.8 462
50°	否	581.8 395
60°	否	32.3 265
63.4°	是	3.4 876
70°	否	43.4 262
80°	否	157.5 468

参考文献

[1] 章仁为.卫星轨道姿态动力学与控制[M].北京：北京航空航天大学出版社，1997.

[2] 刘林.航天器轨道理论[M].北京：国防工业出版社，2000.

[3] J.W.科尼利斯，H.F.R斯科耶尔.火箭推进与航天动力学[M].北京：宇航出版社，1922.

[4] 郗晓宁,王威.近地航天器轨道基础[M].长沙：国防科技大学出版社，2003.

[5] 杨颖，王琦.STK在计算机仿真中的应用[M].北京：国防工业出版社，2005.

[6] 黄丽佳.中高轨道SAR成像算法研究[D].北京：中国科学院大学研究生院，2011.

3 成 像 特 性

大椭圆轨道SAR系统空间运动轨迹复杂,与传统机载SAR和低轨SAR系统特性相比,其系统成像特性分析方法变得更加复杂,不仅需要考虑卫星自身运动,在高轨道段还应考虑地球自转带来的影响,一些传统的计算思想已不再适用。因此本章将集中讨论这些差异,详细地对大椭圆轨道SAR系统成像特性进行分析研究,具体包括空间几何关系、地面波束足迹、变速运动、多普勒频率历程和多普勒带宽、姿态导引、分辨率、合成孔径时间等。

3.1 空间几何关系

使用经典天体力学方法可得到卫星轨道方程

$$r = \frac{a(1-e^2)}{1+e\cos\theta} \tag{3-1}$$

式中,a为轨道长半轴,e为偏心率,θ为真近心点角,通过坐标系转换可得到卫星在地心固连坐标系E_0和地心惯性坐标系E_g下的位置

$$\begin{bmatrix} x_o \\ y_o \\ z_o \end{bmatrix} = A_{ov} \begin{bmatrix} r\cos\theta \\ r\sin\theta \\ 0 \end{bmatrix} \tag{3-2}$$

$$\begin{bmatrix} x_g \\ y_g \\ z_g \end{bmatrix} = A_{go} \begin{bmatrix} x_o \\ y_o \\ z_o \end{bmatrix} \tag{3-3}$$

本书主要轨道参数见表3-1所列,图3-1和图3-2分别为转动地心坐标系和不转动地心坐标系下的卫星的空间轨迹。

表3-1 大椭轨道SAR轨道参数

半长轴a	16 878 137m	升交点赤经Ω	0°
偏心率e	0.56286	近地点幅角ω	270°
倾角i	63.4°	E_0和E_g重合时刻	0 s

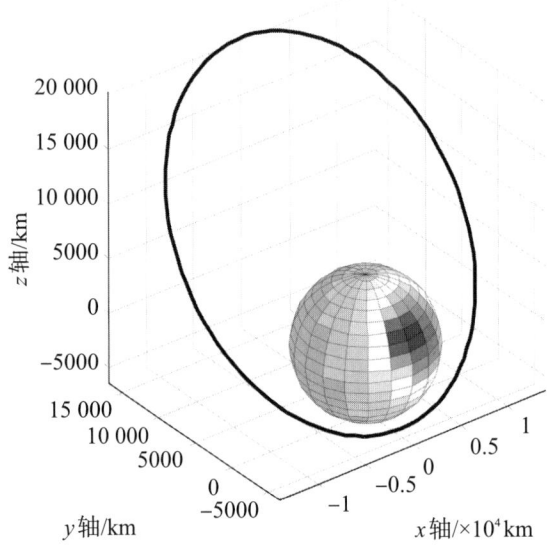

图3-1 Matlab仿真的转动地心坐标系下卫星的空间轨迹

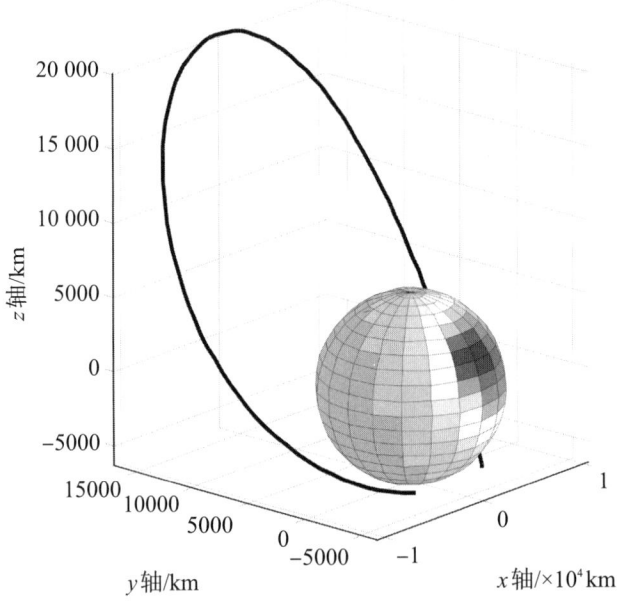

图3-2 Matlab仿真的不转动地心坐标系下卫星的空间轨迹

在卫星运行于不同的轨道段时,由于轨道的高度不同,导致对相应位置目标成像时的相对运动轨迹不同。不同的运行轨迹导致了点目标完全不同的斜距历程,不同的斜距历程造成了成像处理严重的空变性,这极大增加了成像处理的难度。

按照轨道参数得到卫星全轨轨道高度变化如图3-3所示。

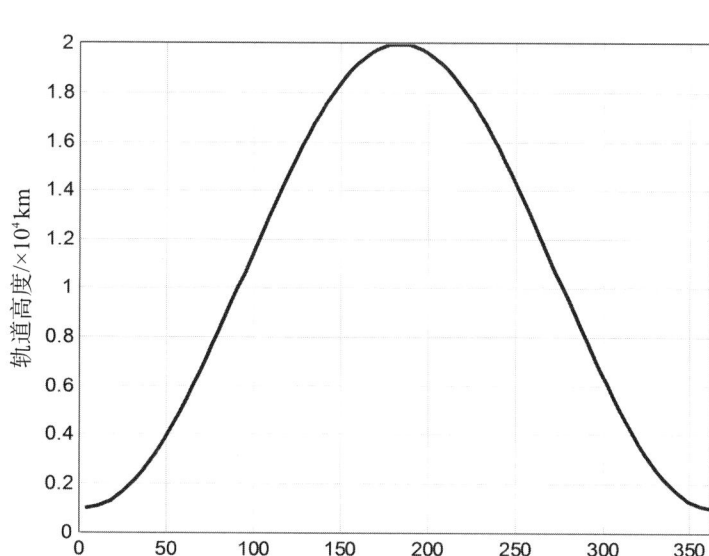

图3-3 卫星全轨轨道高度变化

3.2 地面波束足迹

波束中心指向在地面瞄准点的位置可以在地心惯性坐标系 E_g 下表达式为

$$\begin{bmatrix} x_{bg} \\ y_{bg} \\ y_{bg} \end{bmatrix} = A_{go}A_{ov}A_{vr}A_{re}A_{ea} \begin{bmatrix} 0 \\ R \\ 0 \end{bmatrix} + A_{go}A_{ov} \begin{bmatrix} r\cos\theta \\ r\sin\theta \\ 0 \end{bmatrix} + A_{go}A_{ov}A_{vr}A_{re} \begin{bmatrix} x_e \\ y_e \\ z_e \end{bmatrix} \quad (3\text{-}4)$$

其中，R 为雷达到波束中心指向在地面瞄准点的斜距，瞄准点的经度 Λ 和纬度 Φ 可以描述为

$$\tan\Lambda = \frac{y_{bg}}{x_{bg}} \quad (3\text{-}5)$$

$$\sin\Phi = \frac{z_{bg}}{\sqrt{x_{bg}^2 + y_{bg}^2 + z_{bg}^2}} \quad (3\text{-}6)$$

若不考虑地球扁率，认为地球是一个理想球体，则雷达到波束中心指向在地面瞄准点的斜距 R 可以直接计算 $R = r - h$，但真实的地球是有扁率的椭球体，通常采用WGS-84模型对地球进行描述，其椭球体的地球方程如下

$$\frac{x_{bg}^2}{R_e^2} + \frac{y_{bg}^2}{R_e^2} + \frac{z_{bg}^2}{R_p^2} = 1 \quad (3\text{-}7)$$

其中，$R_e = 6\,378.137$ km，$R_p = 6\,356.752$ km，因此，设雷达达到波束中心指向在地面瞄准点的斜距 R 为未知数，把式（3-4）所求的瞄准点位置代入式（3-7）WSG-84

大椭圆轨道合成孔径雷达技术

椭球体的地球方程中，从而求出斜距 R 和瞄准点位置 $\begin{bmatrix} x_{bg} & y_{bg} & z_{bg} \end{bmatrix}^T$。当下视角 $\theta_L = 0°$ 时，所求瞄准点位置即为星下点轨迹。

有无偏航牵引时地面波束中心点位置变化如图3-4所示。

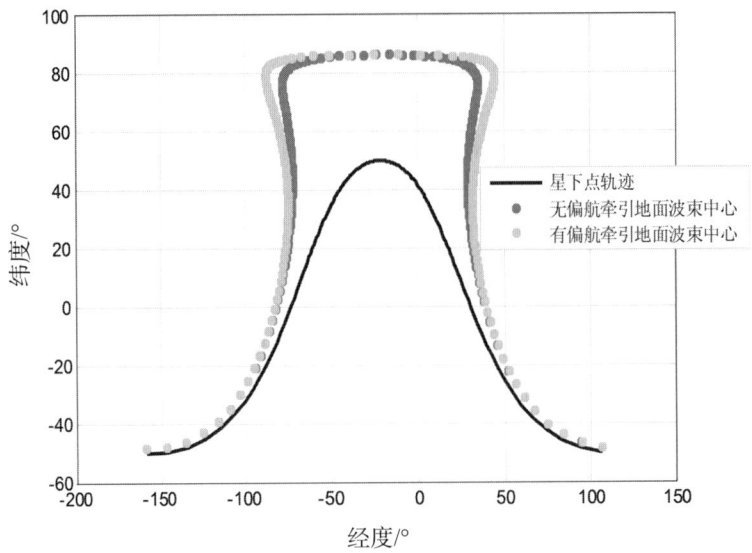

图3-4　有无偏航牵引时地面波束中心点位置变化

图3-5和3-6为过近地点2小时，时间间隔5 min 有无偏航牵引时地面波束足迹位置变化示意图。

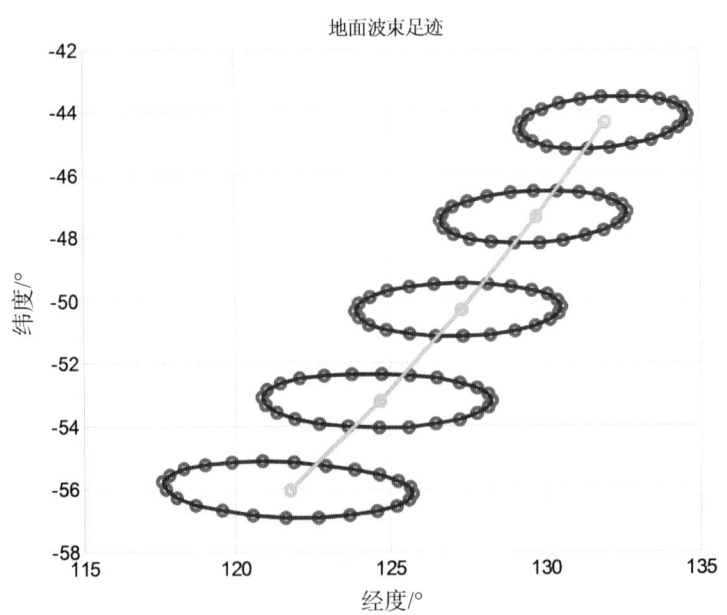

图3-5　过近地点2小时有偏航牵引时地面波束足迹位置变化

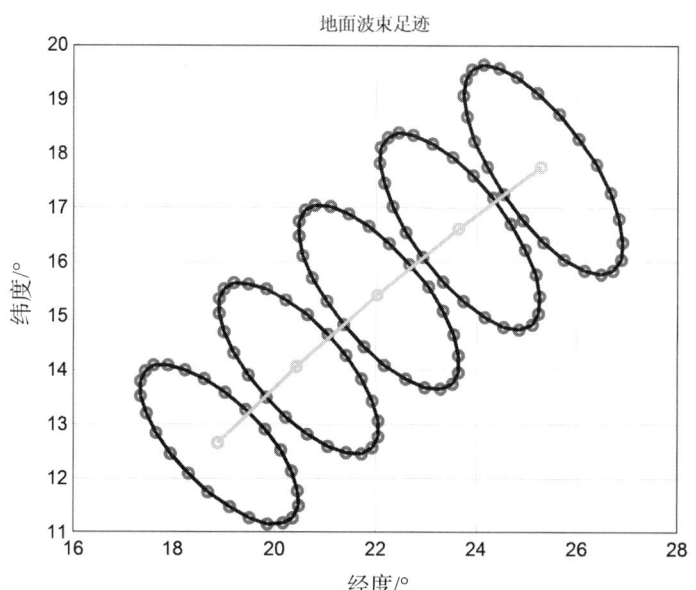

图3-6 过近地点2小时无偏航牵引时地面波束足迹位置变化

按照轨道参数得到单轨的卫星地面波束足迹如图3-7所示,其中下视角为6°,俯仰向波束宽度为8°。

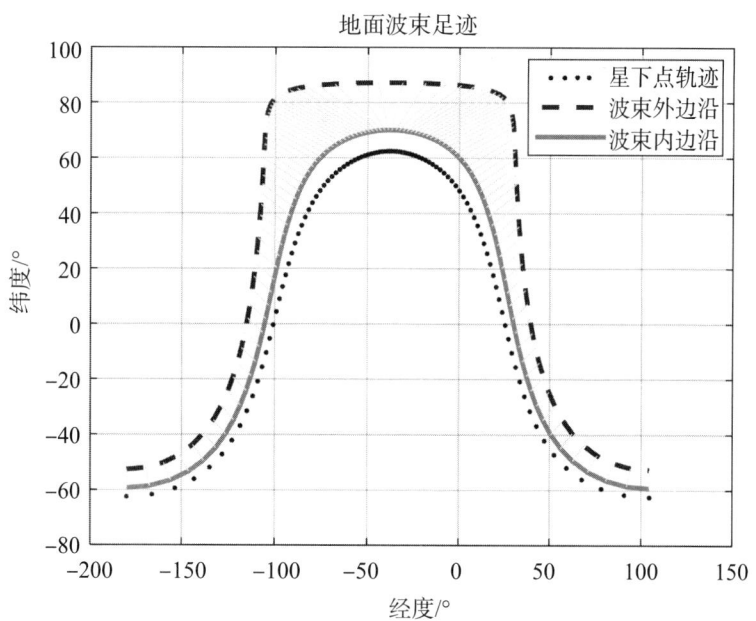

图3-7 卫星左侧视的地面波束足迹

由图3-7可见,在一定的视角下,在不同的纬度区域天线波束宽度对应的成像测绘带宽度不一致,因此需要根据不同轨道位置处所能达到的成像测绘带来确定成像的距离空变性。另外,观察地面的波束足迹可知,在靠近远地点的位置处出现了两个波束足迹的拐点,这两个拐点将出现多普勒特性的变化。

3.3 变速运动

在SAR信号处理中,常用的速度为卫星相对地心速度V_s和地面波束足迹速度V_b两种。大椭圆轨道SAR卫星相对地心速度计算方法和传统低轨SAR相同,在地心惯性坐标系E_g下,卫星相对地心的速度V_s可表示为

$$\begin{bmatrix} V_{gx} \\ V_{gy} \\ V_{gz} \end{bmatrix} = \sqrt{\frac{u}{a(1-e^2)}} A_{ov} \begin{bmatrix} -\sin\theta \\ e+\cos\theta \\ 0 \end{bmatrix} \tag{3-8}$$

对应的速度标量可以写成

$$V_s = \sqrt{V_{gx}^2 + V_{gy}^2 + V_{gz}^2} \tag{3-9}$$

地面波束足迹速度V_b为卫星速度投影到地球表面切面上的速度和卫星自转速度的合速度。在传统计算模型中,卫星轨道被近似视为正圆轨道,V_b利用同心圆比例关系求得,其计算公式可表示为

$$V_b = \frac{R_e \cos\beta}{R_s} V_{st} \tag{3-10}$$

$$V_{st} = V_s - [w_e \times R_s] \tag{3-11}$$

其中,R_e为波束足迹照射处地球半径,R_s为卫星到地心距离标量,β为波束的地心角,V_s为卫星速度矢量,地球自转角速度矢量为$W_e = (0 \ 0 \ w_e)$,R_s为卫星到地心距离矢量。

上述计算方法忽略了波束足迹的径向速度,在传统低轨SAR中,轨道偏心率e较小,这种忽略可以容忍。但是大椭圆轨道SAR的轨道偏心率e较大,造成所计算的地面波束足迹速度V_b不在地球表面的切面上,而是有一定的夹角,因此需要计算出该夹角,并将式(3-10)所计算的V_b投影到该切面上,夹角θ_{bt}和真实地面波束足迹速度V_{bt}可描述为

$$\theta_{bt} = a\cos(\frac{\boldsymbol{R_T} \cdot \boldsymbol{V_b}}{|\boldsymbol{R_T}| \cdot |\boldsymbol{V_b}|}) \tag{3-12}$$

$$V_{bt} = |\boldsymbol{V_b}| \cdot \sin(\theta) \tag{3-13}$$

变速运动包含两方面含义:一方面是卫星运行一周过程中相对于地面的速度变化;另一方面是SAR卫星对特定区域目标成像时,在一个合成孔径时间内卫星相对于地面的速度变化。

图3-8(a)给出了大椭圆轨道SAR卫星的等效航迹速度。卫星在远地点具有最小的航迹速度2 600 m/s,在近地点的航迹速度为9 000 m/s,在全轨范围内变化明显。相对来说,低轨SAR卫星全轨范围内速度变化比较小,图3-8(b)给出了TerraSAR-X 的航迹速度。由图 3-8 可以看出,卫星在运行一周过程中速度基本平稳,全轨变化只有 0.2%。

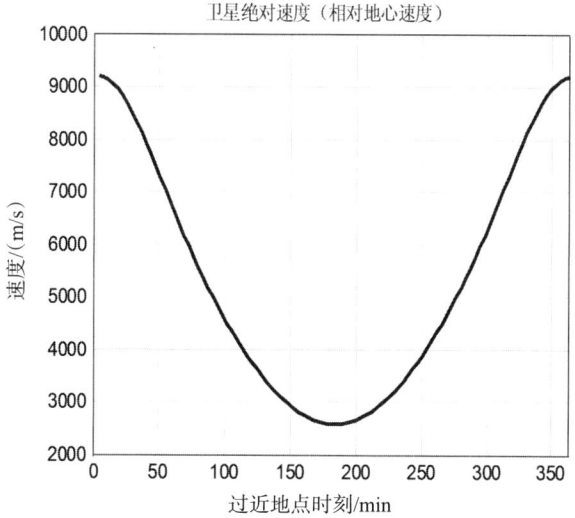

(a) 大椭圆轨道 SAR 航迹速度

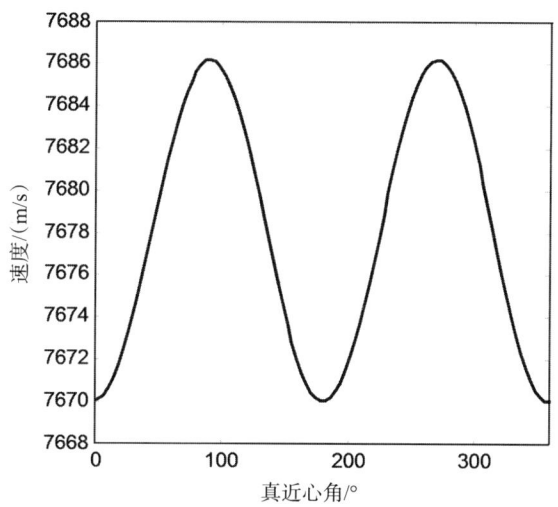

(b) TerraSAR-X 航迹速度

图 3-8 地心固连坐标系下,卫星的等效航迹速度

大椭圆轨道 SAR 卫星相对于地面的波束足迹速度的变化同样也会给成像的多普勒特性带来影响,造成多普勒特性的变化。

按照轨道参数得到卫星全轨相对地面速度和波束足迹速度如图 3-9 和 3-10 所示。

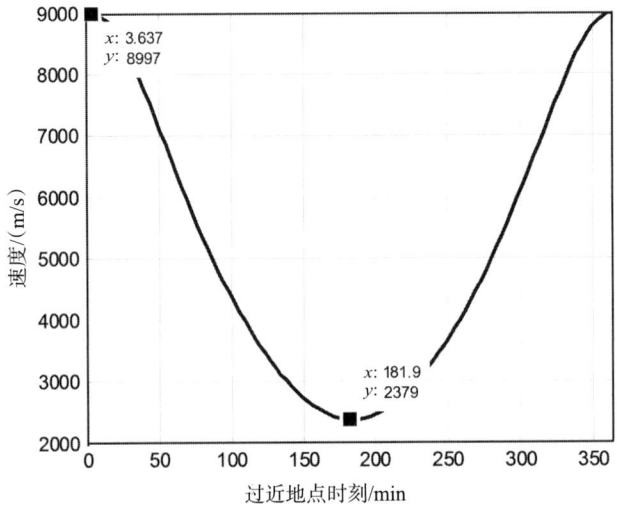

图 3-9　卫星全轨相对地面速度

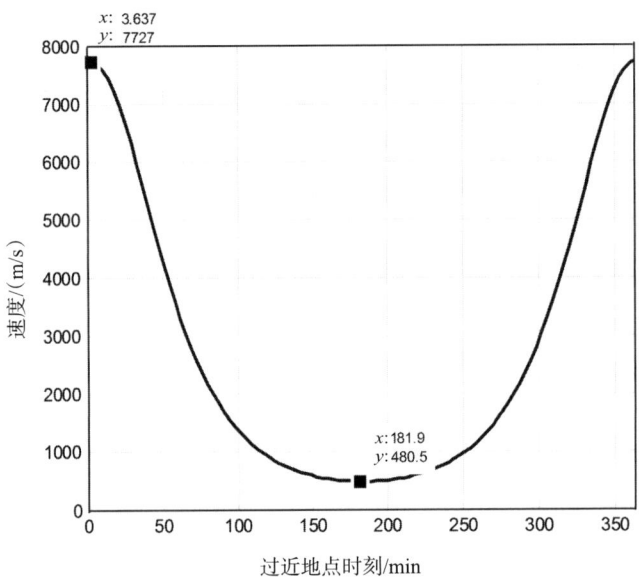

图 3-10　卫星全轨波束足迹速度

由图 3-9 及 3-10 可以看出，椭圆轨道 SAR 卫星相对地球速度与卫星波束足迹速度在全轨不同位置处存在较大的差别，在近地点较小而在远地点速度的差别更大。由于在远地点位置处卫星波束足迹速度远比卫星相对地球速度慢，所以波束足迹驻留地面的时间更长，带来了更好的可持续观测时长。

3.4　多普勒频率历程和多普勒带宽

多普勒特性是 SAR 卫星成像的关键因素，它与卫星轨道、雷达视角、天线指向、地球自转等因素有关。多普勒特性包括多普勒频率历程与多普勒带宽两方面。

卫星运行于轨道不同位置时的多普勒频率历程不同，多普勒带宽也不同。下面对大椭圆轨道SAR的多普勒特性进行分析，包括两方面内容：回波瞬时多普勒特性与全轨道段对应目标点的全孔径多普勒特性。

这里采用了基于星地几何关系的多普勒参数计算方法，考虑了偏心率和椭圆地球模型，没有任何几何近似，其多普勒参数计算公式如下：

$$f_d = -\frac{2}{\lambda R}\left[(\boldsymbol{R}_s - \boldsymbol{R}_t)(\boldsymbol{V}_s - \boldsymbol{V}_t)\right] \tag{3-14}$$

$$f_a = -\frac{2}{\lambda}\left[\frac{(\boldsymbol{V}_s - \boldsymbol{V}_t)^2}{R} + \frac{(\boldsymbol{A}_s - \boldsymbol{A}_t)(\boldsymbol{R}_s - \boldsymbol{R}_t)}{R} - \frac{(\boldsymbol{R}_s - \boldsymbol{R}_t)^2(\boldsymbol{V}_s - \boldsymbol{V}_t)^2}{R^3}\right] \tag{3-15}$$

式中，f_d 为多普勒中心频率，f_a 为多普勒调频率，$\boldsymbol{R}_s$、$\boldsymbol{V}_s$ 和 $\boldsymbol{A}_s$ 分别表示卫星位置矢量、速度矢量和加速度矢量，$\boldsymbol{R}_t$、$\boldsymbol{V}_t$ 和 $\boldsymbol{A}_t$ 分别表示目标位置矢量、速度矢量和加速度矢量，R 为卫星到目标的距离标量。

1. 多普勒频率历程

图3-11为C波段（5.4 GHz）大椭圆轨道SAR全轨不同位置时刻多普勒中心频率示意图。

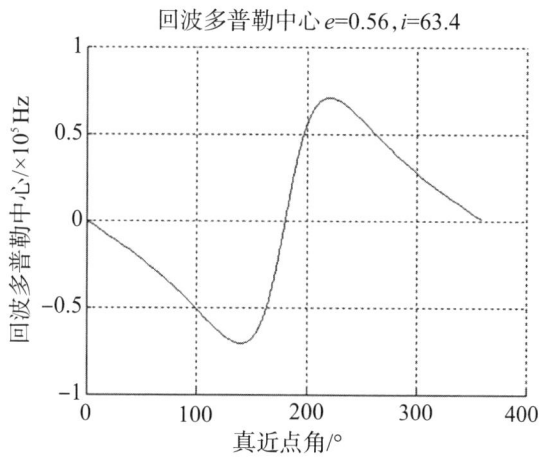

图3-11　全轨多普勒中心频率变化

由图3-11可以看出，在全轨范围内多普勒历程与时间呈现近似线性的关系，有两个位置处出现了拐点的变化，主要是由于在远地点附近处天线波束地面足迹出现了拐点变化。

图3-12为C波段（5.4 GHz）大椭圆轨道SAR全轨不同位置时刻多普勒调频率变化的示意图。

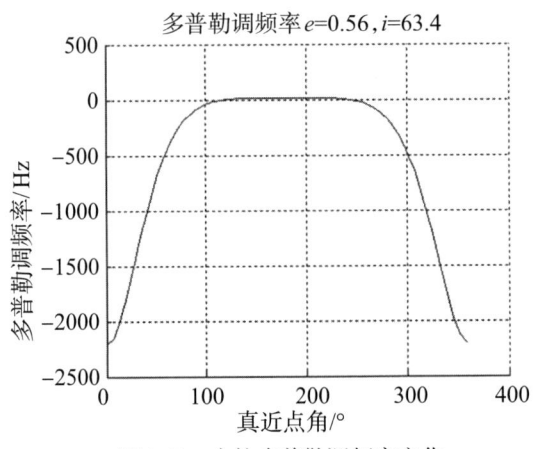

图3-12 全轨多普勒调频率变化

由图3-12可以看出，多普勒调频率在近地点附近的值比较大，主要因为近地点附近卫星相对地面波束足迹速度大，并且作用距离小；在远地点附近，卫星地面波束足迹速度小，作用距离远，因此多普勒调频率比较小。在一定的时间内，多普勒调频率并非为恒定值，而且在卫星运行的不同轨道段具有不同的变化形式。多普勒调频率的变化会造成成像处理方位向的空变性。

2. 多普勒带宽

图3-13给出了天线口径为40 m情况下全轨多普勒带宽的结果示意。

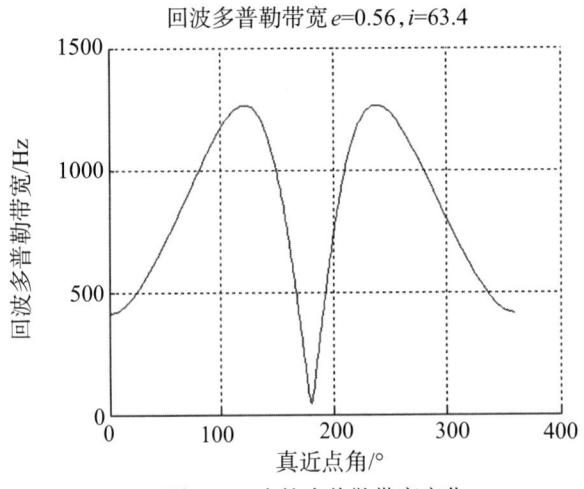

图3-13 全轨多普勒带宽变化

图3-13给出了卫星运行一周过程中，在不同轨道位置处的多普勒带宽变化。多普勒带宽在卫星运行于远地点时相对较小，在近地点时较大。多普勒带宽将对成像分辨率以及成像脉冲重复频率的选择带来影响。

3.5 姿态导引

由于轨道的偏心率，使得卫星速度方向和轨道切线不重合，产生所谓的俯仰角。卫星自身速度和地球自转速度合成以后会使卫星实际飞行方向偏离原轨迹，即导致所谓的偏航角。一维偏航控制间接改变波束指向，从而对回波多普勒特性产生影响。在圆轨道下，一维偏航能很好地补偿由于地球自转引起的多普勒频移。

1986年，Raney RK 提出了适用于 LEO SAR 的圆轨道一维偏航导引方法，即

$$\theta_y = -\arctan\left(\frac{\sin i \cos(\theta + w)}{w_s/w_e - \cos i}\right) \quad (3\text{-}16)$$

该方法只有一维偏航控制，虽然能抵消部分地球自转的影响，但是完全没有受轨道偏心率的影响，因此，在轨道偏心率增加时导引效果下降。对于正圆轨道星载 SAR 该方式可以实现零多普勒中心。

在椭圆轨道下，一维偏航控制后，多普勒中心频率仍然较大，还存在较大的等效斜视角。在大椭圆轨道参数下，不同视角条件下卫星一维偏航牵引仿真结果如图3-14和图3-15所示，可以看出，一维偏航控制后波束等效斜视角和回波多普勒中心频率仍然较大。

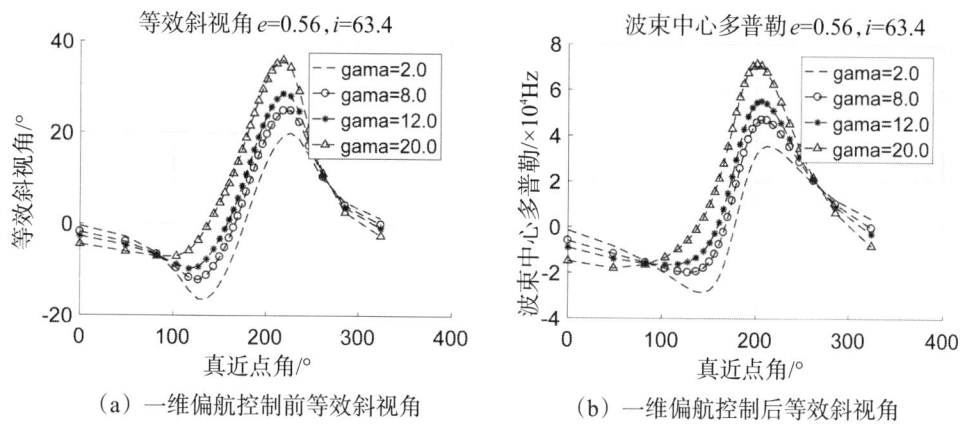

图3-14　一维偏航控制前后波束等效斜视角

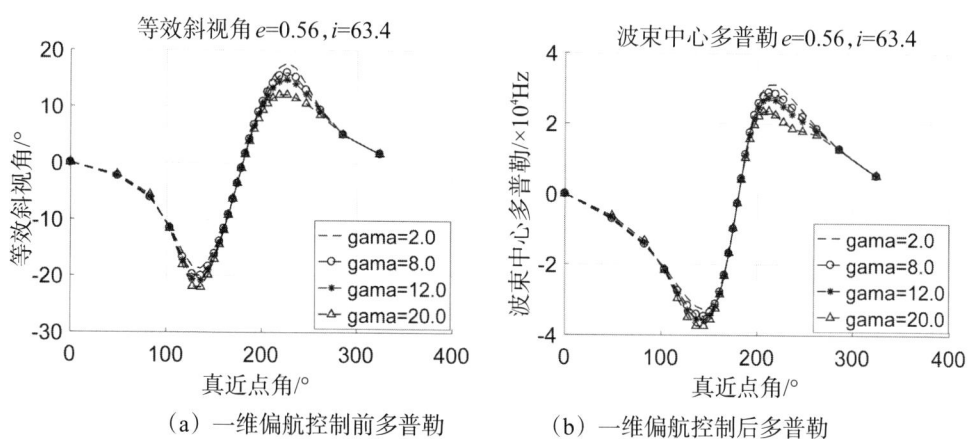

图3-15　一维偏航控制前后波束中心多普勒

大椭圆轨道合成孔径雷达技术

在椭圆轨道以及大偏心率条件下,一维偏航牵引无法有效补偿多普勒中心偏移影响,因此,有必要引入一种新的二维偏航控制方法。这里的二维偏航控制我们引入零多普勒面和地球虚拟球的概念,将波束中心对应的多普勒中心频率校准到最小,同时保证波束能照射到地球上。当零多普勒面与地球虚拟球相交时,该交线的波束指向对应的多普勒频率都为0;当零多普勒面不与地球虚拟球相交时,考虑一个和地球虚拟球相切的平面,指向该切平面与地球交点的波束对应的多普勒频率最小,同时波束能全部照射到地球上。考虑到实际成像需求,设置初始多普勒波束指向,根据波束平缓变化的原则,得到卫星在其他卫星轨道位置处的多普勒波束指向,实现二维偏航控制的目的。

2005年,Fiealer H在文献中提出了应用于TerraSAR-X的二维导引方式,在偏航角牵引的基础上添加了俯仰角,即

$$\theta_y = -\arctan\left(\frac{\sin i \cos(\theta + w)}{w_s/w_e - \cos i}\right) \tag{3-17}$$

$$\theta_p = \arccos\left(\frac{1 + e\cos\theta}{\sqrt{1 + e^2 + 2e\cos\theta}}\right) \tag{3-18}$$

其中,$w_s = \sqrt{a^3/\mu}$ 为真近点角的平均速度。该方式运用于TerraSAR-X时可以使残余多普勒中心处于±25 Hz以内。从式(3-17)、式(3-18)可以看出,该方法是在Raney RK基础上增加了俯仰控制。

该方法在一维偏航导引上有所改进,增加了俯仰控制,但是,由于俯仰角采用了近似公式,不能使波束指向时刻垂直于相对速度方向。

2009年,于泽提出了基于矢量分析法得到的偏航与俯仰角,可以实现在任意偏心率下全轨道周期内多普勒中心为0,与轨道高度无关的TZDS(Total Zero Doppler Steering)方法。即

$$\theta_y = \arctan\left(\frac{K_2 \sin i \cos(\theta + w)}{K_1 + K_2 \cos i}\right) \tag{3-19}$$

$$\theta_p = \arctan\left(\frac{K_4 K_3}{\sqrt{(K_1 + K_2 \cos i)^2 + [K_2 \sin i \cos(\theta + w)]^2}}\right) \tag{3-20}$$

其中

$$K_1 = -\sqrt{\frac{\mu}{a(1-e^2)}}(1 + e\cos\theta)^2 \tag{3-21}$$

$$K_2 = a(1-e^2)w_e \tag{3-22}$$

$$K_3 = e\sqrt{\frac{\mu}{a(1-e^2)}}\sin\theta(1 + e\cos\theta) \tag{3-23}$$

$$K_4 = \begin{cases} +1, K_1 + K_2 \cos i > 0 \\ -1, K_1 + K_2 \cos i < 0 \end{cases} \quad (3\text{-}24)$$

该方法不受偏心率和地球自转的影响能够实现全轨道周期内多普勒中心为0，但是该方法会产生较大的姿态导引角。

在大椭圆轨道参数下，零多普勒面二维偏航牵引仿真结果如图3-16所示，其中，图3-16（a）为地心到零多普勒面的距离，由图中可以看到，在部分轨道时刻地心到零多普勒面的距离超过地球半径，在这种情况下进行偏航牵引，波束将无法照射到地球表面。图3-16（b）和图3-16（c）分别为等效斜视角最小时波束中心对应的方位角和下视角，也就是姿态牵引需要将波束中心调整到这两个角度，图中同样用灰色线条标示了波束无法照射到地球表面的轨道时刻。图3-17（a）～（d）分别给出了偏航牵引前后波束等效斜视角和多普勒中心，由图3-17可知，在波束无法照射到地球表面的轨道时刻，等效斜视角和多普勒中心只能被补偿到最小，而无法被完全补偿到零。

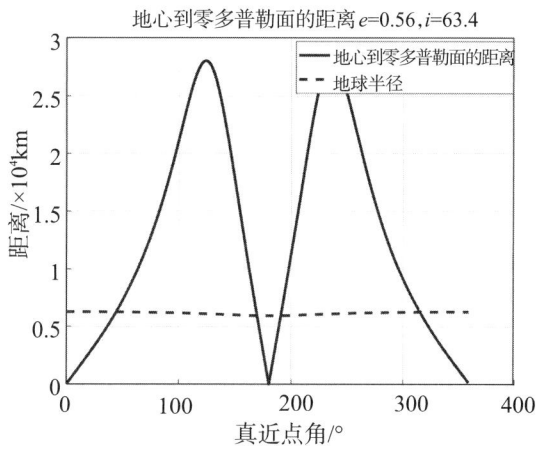

（a）地心到零多普勒面的距离

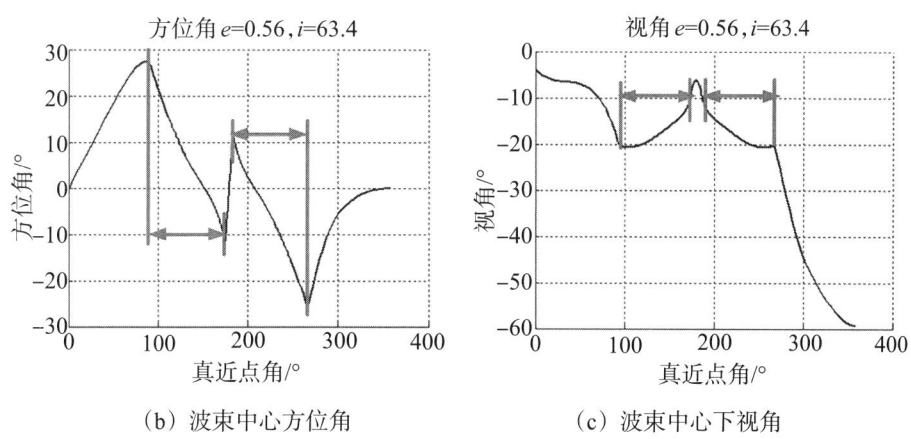

（b）波束中心方位角　　　　　（c）波束中心下视角

图3-16　利用天线二维波束扫描进行二维姿态导引

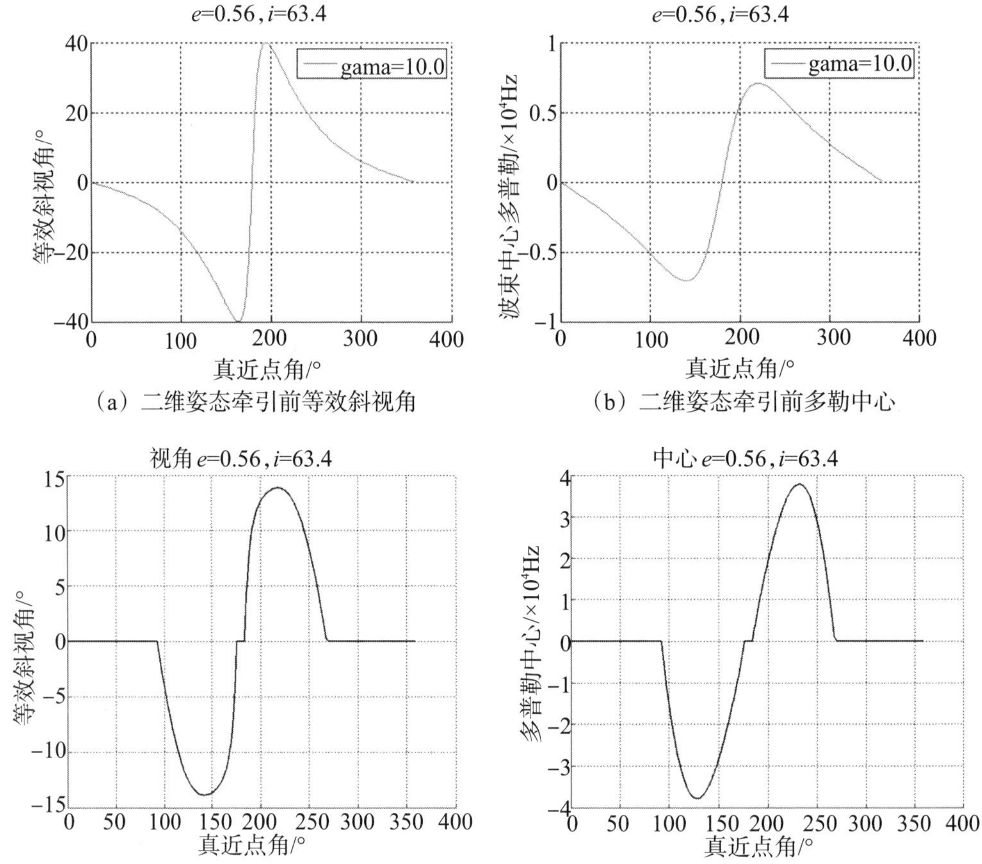

(a) 二维姿态牵引前等效斜视角   (b) 二维姿态牵引前多普勒中心

(c) 二维偏航牵引后等效斜视角   (d) 二维偏航牵引后多普勒中心

图3-17 零多普勒面二维偏航牵引仿真结果

波束中心指向的控制也可以通过姿态调整实现，在上述仿真中，假设波束初始方位角和视角都为0°，且仅采用偏航和俯仰二维控制，也就是横滚角也为0°，在得到零多普勒波束中心指向后，就可以反推出所需的二维姿态调整角，仿真中得到的俯仰角和偏航角如图3-18所示。

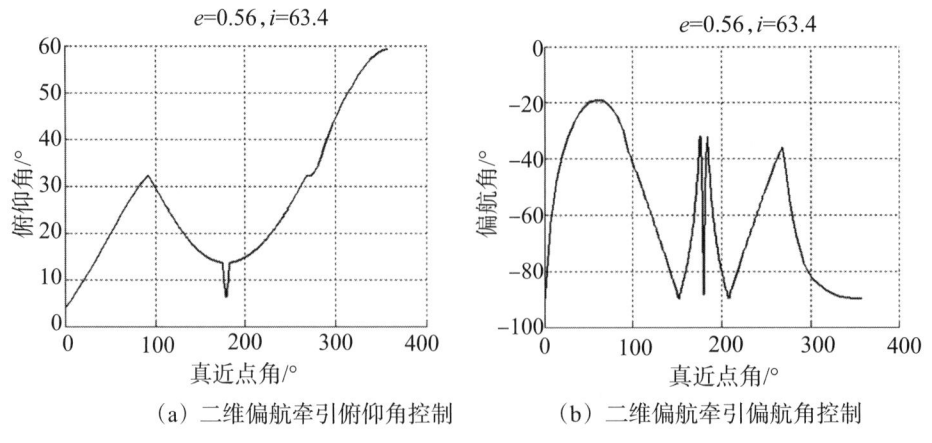

(a) 二维偏航牵引俯仰角控制   (b) 二维偏航牵引偏航角控制

图3-18 零多普勒面二维偏航牵引等效姿态角控制

3.6 分辨率

分辨率是图像特征的重要指标。空间分辨率是指雷达遥感图像上能够识别的两个相邻地物之间的最小距离，即遥感数据中像元所能表现的最小单元。空间分辨率是衡量成像系统对空间细节的辨别能力，空间分辨率越高，包含的图像的细节越清晰越丰富，所包含的特征信息越多，越适合对物体的描述。

大椭圆轨道多普勒频率、调频率等变化剧烈，加之不同轨道高度受地球自转影响不同，导致方位向分辨率计算复杂，简单的低轨SAR方位分辨率解析表达式存在一定的误差。模糊函数（Ambiguity Function，AF）是评估雷达系统分辨能力最准确的手段之一。模糊函数定义为两个相邻目标回波信号的相关函数。因此，根据模糊函数定义，点目标A与点目标B之间的模糊函数可表示为

$$\chi(A,B) = \frac{\int_{f_r}\int_{t_a} S_A(f_r,t_a) S_B^*(f_r,t_a) \mathrm{d}t_a \mathrm{d}f_r}{\sqrt{\int_{f_r}\int_{t_a} |S_A(f_r,t_a)|^2 \mathrm{d}t_a \mathrm{d}f_r} \sqrt{\int_{f_r}\int_{t_a} |S_B(f_r,t_a)|^2 \mathrm{d}t_a \mathrm{d}f_r}} \tag{3-25}$$

式中，S_A表示为目标A的函数，S_B表示为目标B的函数，f_r为距离向频率，t_a为方位向时间。

当点目标A和点目标B之间的距离变小时，A和B的相关系数会随之变大。如果A和B过于靠近，此时点目标A和点目标B难以区分开来。因此，为了能够将A和B区分开来，A和B之间必须相隔一个最短距离，即一个分辨单元。下面通过雷达模糊函数推导得到C波段（5.4 GHz）全轨50 s合成孔径时间达到的方位向分辨率如图3-19所示。

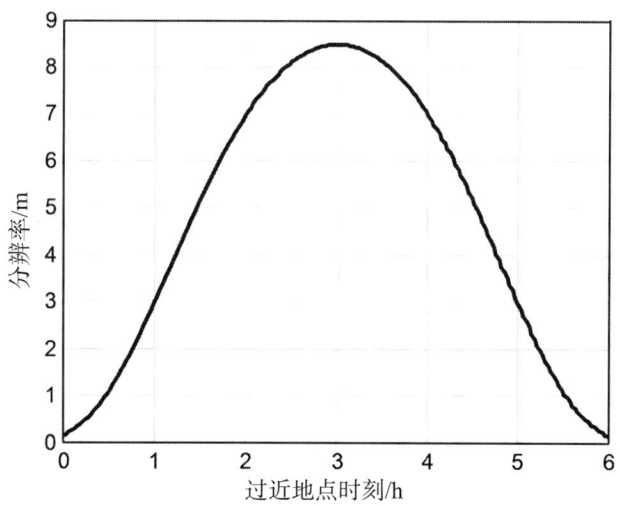

图3-19　全轨50 s合成孔径时间达到方位向分辨率变化

由图3-19可知，方位向分辨率与不同的轨道位置有关，即使在同一的合成孔径时间内不同轨道位置处方位向分辨率也不同。在近地点处可获得较好的分辨率，在远地点处可获得的分辨率比较差。

图3-20给出了方位向一定波束宽度（40 m天线口径）下全轨分辨率的变化。

大椭圆轨道合成孔径雷达技术

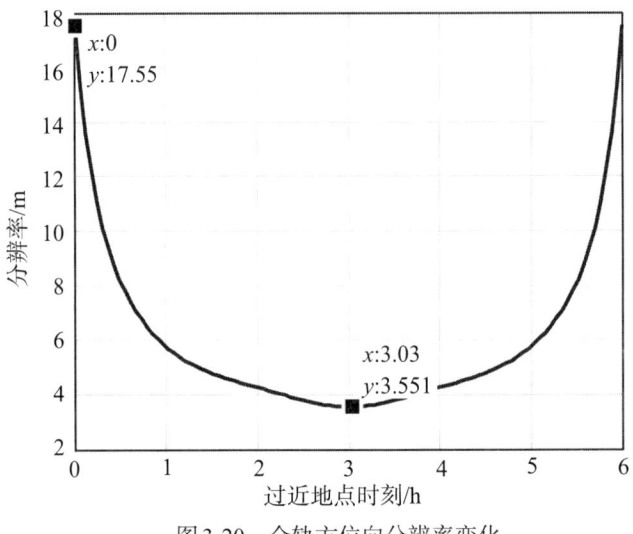

图 3-20 全轨方位向分辨率变化

由图 3-20 可知,在一定的波束宽度下,方位向分辨率与不同的轨道位置有关。在远地点处可获得较好的分辨率,在近地点处可获得的分辨率比较差,这是由于在远地点处由于受地球自转影响大,其卫星相对于地面的速度与天线波束足迹地面速度差异大,从而带来的分辨率改善效果也好。

3.7 合成孔径时间

合成孔径时间 T_a 定义为目标处于雷达 3 dB 波束范围内的时间跨度,传统低轨 SAR 合成孔径时间 T_a 计算公式可以表示为

$$T_a = \frac{R_0 \theta_{bw}}{V_{bt}} \tag{3-26}$$

其中,R_0 表示卫星到波束中心指向点距离,θ_{bw} 表示波束宽度,V_{bt} 为波束地面足迹速度。该公式假设合成孔径轨迹为直线轨迹,且在该直线轨迹内速度 V_{bt} 为匀速直线运动,但是大椭圆轨道 SAR 运动轨迹弯曲严重,且速度时变性强,因此上式不再适用。

合成孔径时间 T_a 计算可以采用最直观方法:判断地面参考目标是否在雷达 3 dB 波束范围内,逐点计算卫星位置来累加求得 T_{sym}。常规波束为椭圆锥体,即方位向波束宽度 θ_{az} 和距离向波束宽度 θ_{rg} 不一致,因此可以通过如下不等式判断雷达到目标视角是否在波束照射范围内。

$$\frac{(\gamma - \gamma_0)^2}{\theta_{rg}^2} + \frac{\theta_a^2}{\theta_{az}^2} \leqslant 1 \tag{3-27}$$

其中,γ 为雷达到目标距离向视角,γ_0 为雷达下视角,θ_a 为雷达到目标方位向视角。图 3-21 表示方位向波束宽度为 0.08°时,大椭圆轨道 SAR 全轨最大合成孔径时

间，由图中可以看出合成孔径时间变化剧烈，近地点段仅为0.5 s，远地段达到119.2 s。

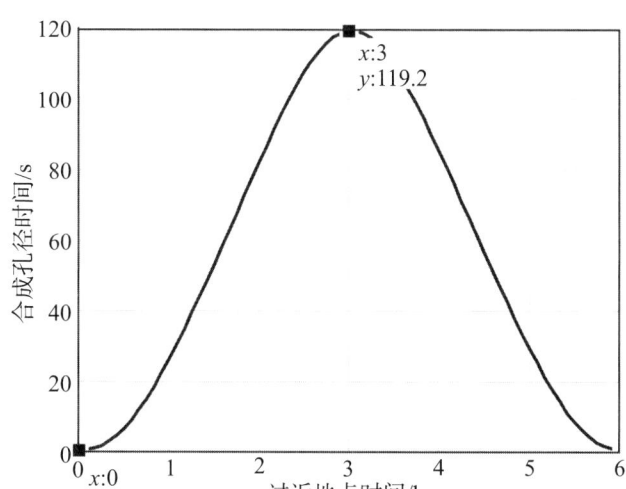

图 3-21　大椭圆轨道 SAR 全轨在一定波束宽度下的合成孔径时间

大椭圆轨道 SAR 不同轨道位置处相同的分辨率其合成孔径时间也不同，卫星运行一周过程中，合成孔径随时间变化而变化。在实际处理中，我们仅需达到分辨率要求的合成孔径时间长度即可。

图 3-22 给出了不同轨道位置处不同分辨率所需要的合成孔径时间。C 波段（5.4 GHz）全轨达到 5 m 方位向分辨率所需合成孔径时间如图 3-22 所示。

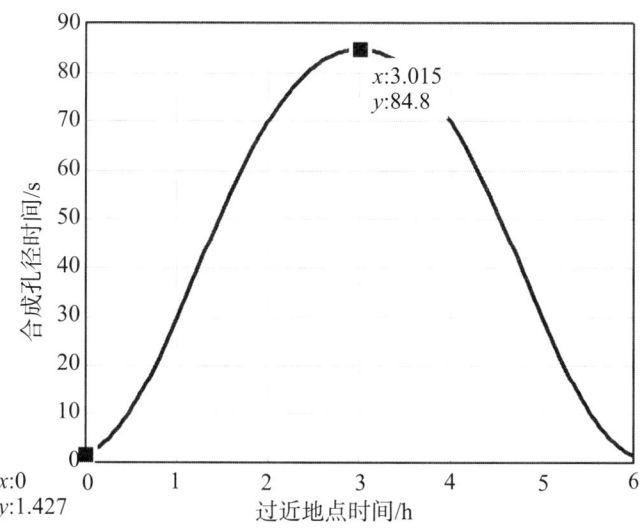

图 3-22　全轨达到 5 m 方位向分辨率所需合成孔径时间

C 频段（中心频点 5.4 GHz）下，考虑到工程实践中有一定的系统误差，加入扩展因子后的全轨 0.3 m、0.5 m、1 m、2 m、10 m、20 m 方位向分辨率所需合成孔径时间如图 3-23～图 3-28 所示。

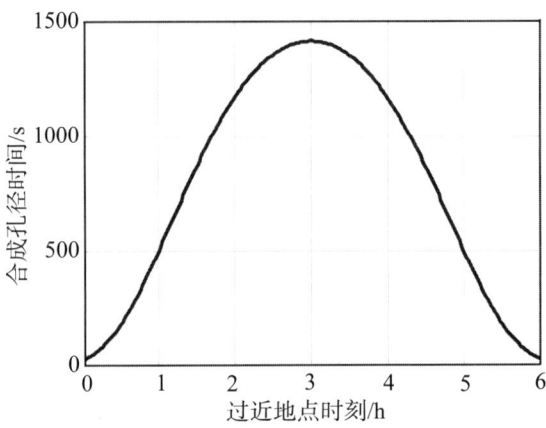

图 3-23 全轨达到 0.3 m 方位向分辨率所需合成孔径时间

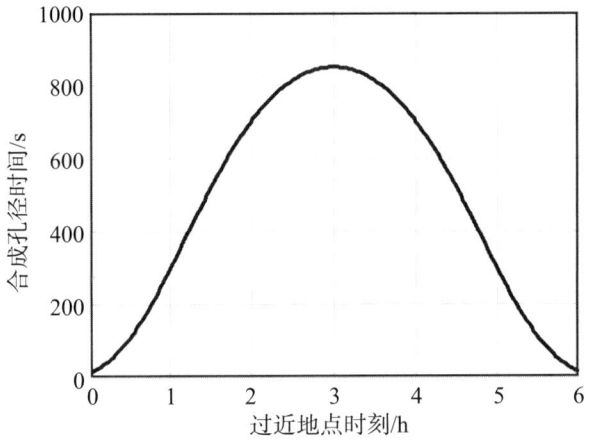

图 3-24 全轨达到 0.5 m 方位向分辨率所需合成孔径时间

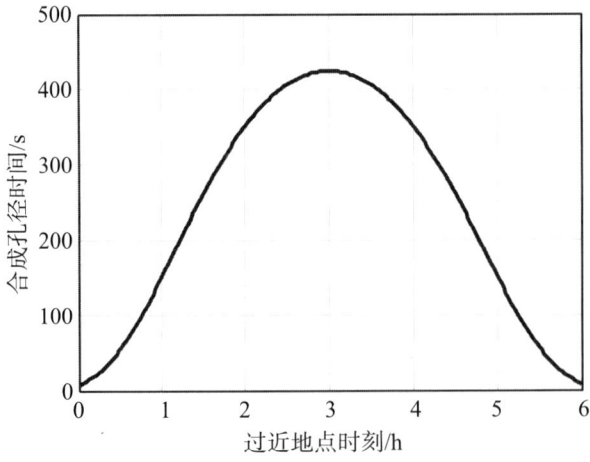

图 3-25 全轨达到 1 m 方位向分辨率所需合成孔径时间

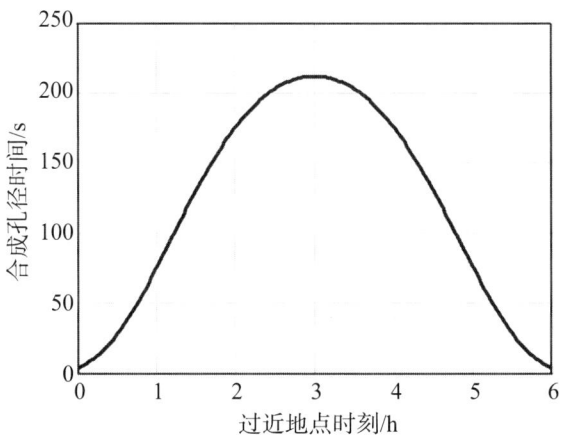

图 3-26　全轨达到 2 m 方位向分辨率所需合成孔径时间

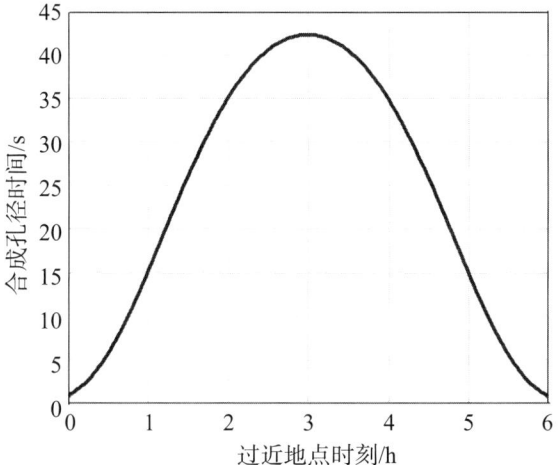

图 3-27　全轨达到 10 m 方位向分辨率所需合成孔径时间

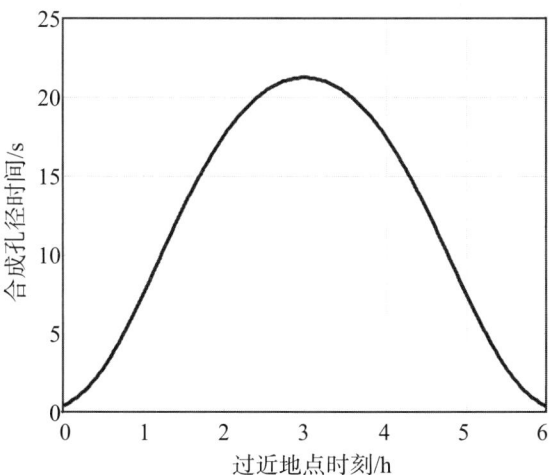

图 3-28　全轨达到 20 m 方位向分辨率所需合成孔径时间

大椭圆轨道合成孔径雷达技术

如图3-22所示,远地点达到5 m分辨率所需的合成孔径时间为85 s左右,近地点则不到2 s。如图3-24所示,近地点处达到0.5 m分辨率所需合成孔径时间为15 s左右。如果远地点要实现0.5 m分辨率,则合成孔径时间达到了上千秒。因此,可以看出在远地点面临着长合成孔径时间成像的问题。

参考文献

[1] 李立,李财品,何明一.中轨SAR海面运动舰船回波建模研究[J].电子科技大学学报,2019,(6):838-846.

[2] 李财品,张洪太,陈文新.地球同步轨道SAR回波建模与仿真[J].中国雷达,2009,2(3):46-50.

[3] Li C,He M. Signal characteristics analysis of GEO SAR[C]. Radar Conference 2013,IET International. IET,2013:1-5.

[4] 刘娇,李财品,谭小敏,史平彦.GEO SAR非"停走停"特性分析[J].现代雷达,2014(10).

[5] Edelstein W,Madsen S,Moussessian A,et al,Concepts and technologies for synthetic aperture radar from MEO and geosynchronous orbits[C]. Enabling Sensor and Platform Technologies for Spaceborne Remote Sensing,Proceedings of SPIE,Bellingham,WA,2005,5659:195-203.

[6] Chen CW,Moussessian A.,MEO SAR system concepts and technologies for Earth remote sensing[C]. Space 2004 Conference and Exhibit,San Diego,California,2004:1-6.

[7] Frölind P O,Gustavsson A,Lundberg M,et al. Circularaperture VHF-band synthetic aperture radar for detection of vehicles in forest concealment[J]. IEEE Transactions on Geoscience and Remote Sensing,2012,50(4):1329-1339.

[8] Ponce O,Prats P,Marc R.C,et al. Processing of circular SAR trajectories with fast factorized back-projection[C].International Geoscience and Remote Sensing Symposium,Vancouver,2011:3692-3695.

[9] Raney R.K.Technical Note:Doppler Properties of Radars in Circular Orbits[J]. Internalional Journal of Remote Sensing. 1986,7(9):1153-1162.

[10] Li F K,DN. Held,Curlander J. C,et al. Doppler parameter estimation for spacebome Synthetic Aperture Radars[J].IEEE Transactions on Geoscience and Remote Sensing,1985GE-23(1):47-56.

[11] Fiedler H,Boerner E,Mittermayer J,et al Total zeus Doppler steering-a new method for minimizing the doppler centroid[J].IEEE Geoseience and Remote Sensing Letters,2005,2(2):141-145.

[12] 包敏.地球同步轨道SAR与中高轨道SAR成像算法研究[D].西安:西安电子科技大学,2012.

4

系统总体设计

大椭圆轨道SAR属于新型微波遥感器,国内外至今仍没有在轨运行的大椭圆轨道SAR卫星。与现有的圆形轨道SAR相比,大椭圆轨道SAR轨道高度变化大,轨道跨越了低中高轨,兼顾低中高轨的成像特性,如低轨的高分辨率成像、中高轨的长合成孔径时间宽测绘带成像;在成像时间内雷达系统参数特性时变;受地球自转影响大等特点,给载荷系统总体设计带来一系列难题。因此,大椭圆轨道SAR的系统设计需要充分考虑这些特性,采用区别于常规低轨圆形轨道SAR的系统设计方法。下面结合大椭圆轨道SAR轨道特性,对大椭圆轨道SAR载荷总体设计思路进行阐述,对大椭圆轨道SAR系统参数进行设计,对系统性能进行仿真。

4.1 系统设计思路

根据大椭圆轨道SAR的应用需求及选定的轨道,对轨道参数进行了详细的分析,得出了大椭圆轨道SAR有别于常规圆形轨道SAR的特性,如变速运动,作用距离有远有近,合成孔径时间有长有短,受地球自转影响大等,针对这些特性及计算参数作为椭圆轨道SAR载荷总体参数计算及工作模式确定的输入条件。

星载SAR的系统参数包括卫星平台参数、雷达参数和波位参数等,性能指标也包括很多,主要有分辨率、测绘带宽、模糊度、系统灵敏度等,如图4-1所示。在一定的平台要求下,通过参数设计最优化性能,以满足应用需求。

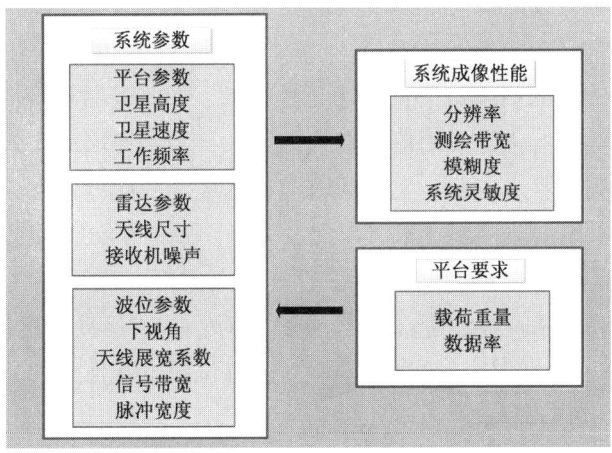

图4-1 主要系统参数及参数间的关系

大椭圆轨道合成孔径雷达技术

系统参数设计是成像性能分析的逆过程,需要在多个系统参数间进行优化选择,使系统的性能最优。多种成像模式是在条带模式的基础上,通过波束的控制,重新分配波束照射时间,使系统的分辨率、测绘带宽等性能相互转化。星载多模式SAR距离向的成像性能与条带模式的分析方式是相同的,主要区别在于方位向。因此,星载多模式SAR的系统参数设计与条带模式的参数设计在距离向选择波位是比较类似的,主要区别在于波位选择以后的设计。总的来说,多模式的设计主要是根据方位向的分辨率和测绘范围要求对各模式的处理带宽、工作时序和扫描方式进行设计。多模式SAR的一般设计流程可用图4-2表示(见下页)。

另外,大椭圆轨道SAR整个轨道横跨低、中、高轨三种类型的轨道,因此具有三种轨道所具有的轨道特性,其中低轨道SAR成像特性目前研究相对成熟,而中高轨SAR成像特性相对复杂,所以需要结合不同轨道特性开展系统总体设计。

下面对于大椭圆轨道SAR系统设计需要考虑的原则进行描述。

(1)大椭圆轨道在中高轨位置处,需要考虑轨道高度高带来的功率孔径,回波时延长,雷达下视角度小,测绘带宽等问题。

雷达作用距离远,因此,需要大的功率孔径积。针对这个问题可以采用大面积的天线以及大功率的发射(通过功率发射的方式),并需要综合考虑雷达系统对天线增益、天线波束扫描能力、成像幅宽,不模糊面积的要求,并考虑体积、重量及系统的工程可实现性。

对于回波时延长及长合成孔径时间成像要求SAR系统具有良好的相干性。长回波时延还会造成雷达回波模型不满足常规低轨"停—走—停"模式,因此,进行回波仿真需要建立类似于双基SAR回波模式,这一点要被考虑进成像回波仿真内。

大椭圆轨道SAR在远地点处其下视角小,因此其星下点附近的回波强,需要在天线设计时和雷达系统波位设计时重点考虑,通过天线的低旁瓣设计以及波位设计时尽可能优化脉冲重复频率,使得星下点回波的影响最小。另外,在远地点处的天线波束窄,这会对天线的指向提出较高的要求,需要对天线的高精度指向与控制技术开展研究。

大椭圆轨道SAR的测绘带最宽可达几百千米,如此宽的测绘带造成了成像场景的近端与远端由斜距变化造成的信号能量差异大,为了提高图像的质量,需要在脉冲内采用增益控制技术。另外,大椭圆轨道近远地点高度差别大,为防止接收机饱和需要在脉冲间采用增益控制技术。因此,大椭圆轨道SAR的接收机采用二维的增益控制技术。

(2)对于大椭圆轨道SAR远地点位置处相对目标点运动速度慢,合成孔径长,因此其最大合成孔径时间长,信号相干性弱,方位向空变性强。针对信号相干性减弱,需要列为专题进行研究。

4 系统总体设计

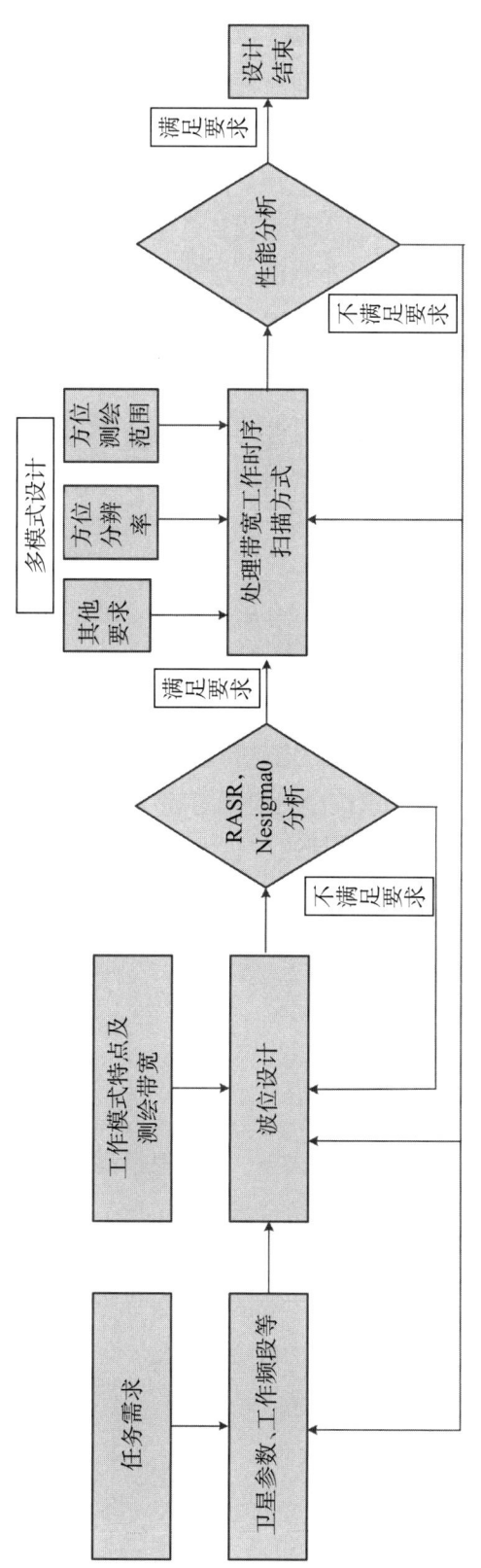

图 4-2 多种工作模式下系统参数设计流程

（3）对于大椭圆轨道SAR存在大的偏心率，从而带来一系列系统特殊问题及成像问题，采用卫星姿态导引的方式。大椭圆轨道SAR由于偏心率大，其偏航角与俯仰角达到60°~80°，而低轨道SAR只有-4°~4°。偏航角与俯仰角会带来大斜视成像的问题。因此，在载荷系统设计及成像处理时需要考虑姿态导引补偿，能否在保证天线波束不扫出地球的情况下通过姿态导引找到成像的零多普勒面需要开展相关研究。考虑到卫星的应用需求及天线波束指向、成像处理的能力，可采用信号补偿的方法+卫星姿态导引（天线波束扫描）方法来补偿大偏心率带来的影响。

对轨道特性进行研究后，结合轨道参数设计仔细分析计算雷达参数，研究卫星运行轨迹及各种因素对轨道的影响并分析最终对SAR成像结果影响，是否发生多普勒模糊及能否成像，成像监测时间和成像范围，雷达系统的功率及最小天线面积等特殊性要求。可通过STK软件仿真模拟卫星运行轨道及实际情况分析，进一步验证大椭圆轨道SAR系统的特性。

指标分解后对系统的误差进行分配，在系统误差分配基础上，分配各单机指标技术要求，通过多轮迭代优化单机级及系统级技术指标。

在载荷系统单机研制过程中，需要充分考虑中高轨空间环境的情况，充分考虑载荷抗辐照总剂量、单粒子效应、静电等影响，采取总剂量防护、单粒子效应防护、静电防护等措施。在载荷系统单机研制过程中，通过增加屏蔽厚度，以降低单机壳内元器件累积总剂量水平；通过三模冗余及定时刷新技术对数字器件进行单粒子效应防护；通过表面材料的选材、接地、屏蔽、合理布线等进行静电防护。

4.2 系统参数设计

4.2.1 频段

对于合成孔径雷达卫星工作波段的选择，主要根据观测的目标以及系统相关指标来考虑。另外，选择频段还需要考虑到合成孔径雷达系统的重量、功耗、体积以及目前元器件的水平和可实现性。

考虑到对于大椭圆轨道SAR来说，主要的观测目标为北极航道的冰雪情况、舰船等。表4-1给出了不同频段对目标观测的敏感度情况。

表 4-1　不同应用对雷达工作波段的要求

波段	L 波段	C 波段	X 波段
海冰			
海面浮冰类型区分	★★	★★★	★★
海面浮冰运动状态	★★★	★★★	★★
冰层和冰架			
积雪场面积、条件	★★	★★★	★★
表面粗糙度、腐蚀	★★	★★★	★★★
地貌地形	★★★	★★	★
水陆分界线	★★★	★★	★
海洋			
海流、峰、漩涡	★★	★★★	★★
海内部、表面波浪	★★	★★★	★★
舰船			
舰船	★★	★★★	★★★

注：★★★——最佳；★★——次佳；★——一般；（无）——未知。

1. 观测目标类型

（1）海冰观测频段分析

SAR海冰遥感监测的另一个重要发展方向是充分利用海冰目标电磁散射特性与电磁波频率的密切关系，不同频段 SAR 数据的海冰效果不同。国外文献针对不同频段 SAR 的海冰观测效果进行了分析，指出 P 频段 SAR 数据并不适用于海冰类型的识别。由于 C 频段波长较 L 频段短，雷达后向散射主要来自海冰表面散射和上表面冰雪层的体散射，展现出的是海冰表层信息，而波长较长的 L 频段 SAR，虽然对小尺度的粗糙海冰表面不敏感，但它能够穿透较厚的冰层，展示出海冰的内部细节。

（2）表碛探测

表碛也是冰川表面覆盖的一种类型，但由于其识别难度相对较大且近年来具有较高的关注度，在此单独论述。表碛在山地冰川区广泛存在，对冰川制图与物质平衡研究具有重要的影响。雷达的干涉相干性也可用于表碛探测。相比于周边静止地物，冰川在不停地流动，造成干涉雷达相干性较低，由此根据相干性区分冰川区与非冰川区。有关实验表明，C 波段可以有效地区分表碛与非表碛，其分类精度达到90%。

（3）冰川雪线

SAR探测的瞬时雪线，对冰川的消融及能量平衡有重要意义。在夏季，裸冰和粒雪反照率更低，吸收的太阳能量要比积雪高2～3倍。

冰川表面可以用物质平衡线分为积累区和消融区。在物质平衡线上，积累与消

大椭圆轨道合成孔径雷达技术

融达到平衡。年度物质平衡线与气温和降水密切相关，是环境变化的直接响应，但是由于SAR图像往往难以区分附加冰带与裸冰带，所以，一般认为，冰川物质平衡线无法在SAR图像上直接获取。在山地冰川，由于附加冰带一般范围较小，所以，常常以夏季末期雪线的位置来近似表示冰川物质平衡线。国内的研究团队通过对多日、多季节、多年的冰川雪线研究，得出了C波段SAR图像上瞬时雪线的变化规律。图4-3中同时给出了冰带在SAR图像上能够区分的阈值。

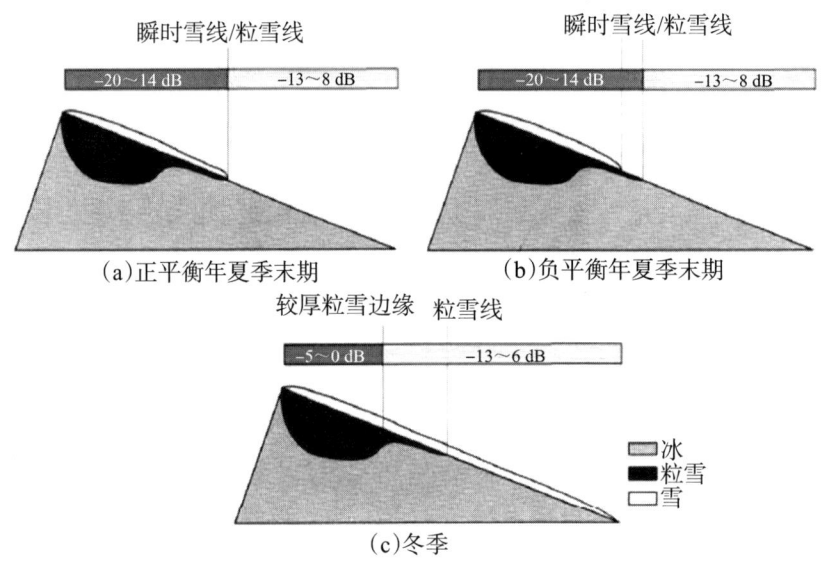

图4-3 C波段SAR探测冰川冰带及雪线变化模型

（4）SAR监测冰川运动

监测冰川的运动速度，对研究冰川变化，以及预警冰川运动带来的灾害，都具有重要意义。SAR监测冰川运动的方法，可以分为两大类：一类是SAR干涉测量（Synthetic Aperture Radar Interferometr，InSAR），另一类是相关匹配的特征跟踪（feature-tracking）。对于重轨获取的雷达图像，一般来说频段越高，间隔时间越长，冰川表面失相干问题越严重。有关文献研究表明，对于X波段来说，冰川表面失相干严重，难以提取出山地冰川的运动速度信息。因此，监测冰川运动，应优选考虑采用L\C频段。

2. 舰船目标观测频段分析

当前，国内外星载SAR对海面舰船目标检测的工作频段主要集中在C和X两个频段上（典型的C频段星载SAR系统有加拿大的RADARSAT系列、欧洲的ERS-1/2、ENVISAT和哨兵系列；典型X频段星载SAR系统为COSMOS和TanDEM等），以C频段居多。为了实现对海杂波背景下舰船的检测，采用频段的选择要使得目标的信杂噪比最大。因此，选择的频段要尽量使得目标RCS（雷达散射截面）比较大，且海杂波要比较弱。

（1）舰船目标特性分析

针对舰船目标，以电磁计算仿真为主进行预估，采用成熟的高频综合计算方法，即PO（物理光学法）结合SBR（弹跳射线法）以及TWILDC（截断劈增量长度绕射系数法）来计算国内外典型舰船目标的后向RCS随不同方位角的分布。针对典型的海面目标的RCS特性，进行初步的仿真分析。仿真结果表明：不同频段下平均的RCS趋于相同，频段越高，目标RCS的起伏特性越明显，X频段的RCS的起伏特性最明显，即目标的角闪烁效应越强，这种闪烁会导致成像质量的下降，能量相参累积的难度加大，如图4-4所示。因此，从这个角度出发C频段比X频段更有优势。

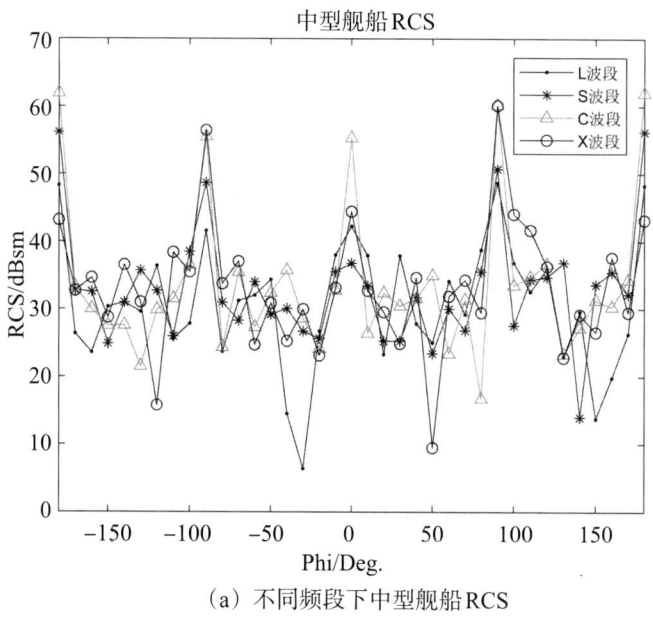

(a) 不同频段下中型舰船RCS

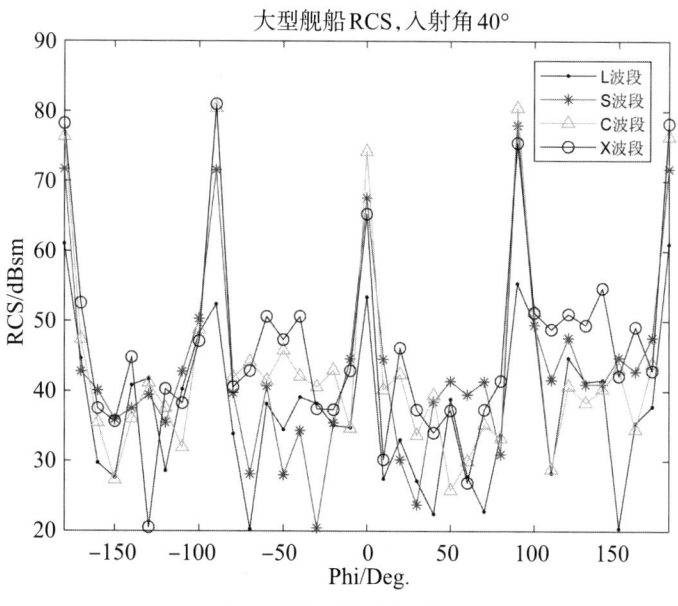

(b) 不同频段下大型舰船RCS

图4-4　不同频段下舰船RCS

（2）海杂波特性分析

σ^0 为海面杂波的反射率，决定反射率的参数有浪高、雷达视线相对于波的传播方向、雷达波长、雷达的极化方式、入射角。

海杂波的反射率 σ^0 与海况（波高、波向、风速、风向）、极化、波长和入射角等有关，尽管很多文献中给出了海杂波 σ^0 的模型，但许多模型即使在相同条件下，σ^0 的值也会相差几十分贝。

现在常用的估计海杂波 σ^0 的公式为

$$\sigma^0 = (\xi / \xi_c)^4 \tag{4-1}$$

式中，$\xi_c = \arcsin[\lambda / (2H_{1/10})]$，满足 $\xi \leqslant \xi_c$；$H_{1/10}$ 为有效浪高，它们均与海况有关，ξ 为入射角。根据该模型可以看出，波长越长，海杂波散射强度越弱。

图 4-5 给出 C 波段下不同海况下海杂波的后向散射系数随入射角变化的关系。由图中可知，随着入射角的增大，不同海况对应的海杂波后向散射系数均随着入射角的增加而减小。当入射角为 10°到 30°时，不同的海况对应的海面后向散射系数均会出现一个拐点，这是因为当入射角较小时，海面相当于镜面反射，所以海面的后向散射会非常强。当入射角为 30°到 80°时，不同的海况级数下海面的后向散射系数值 σ^0 最大有 40 dB 左右的变化。

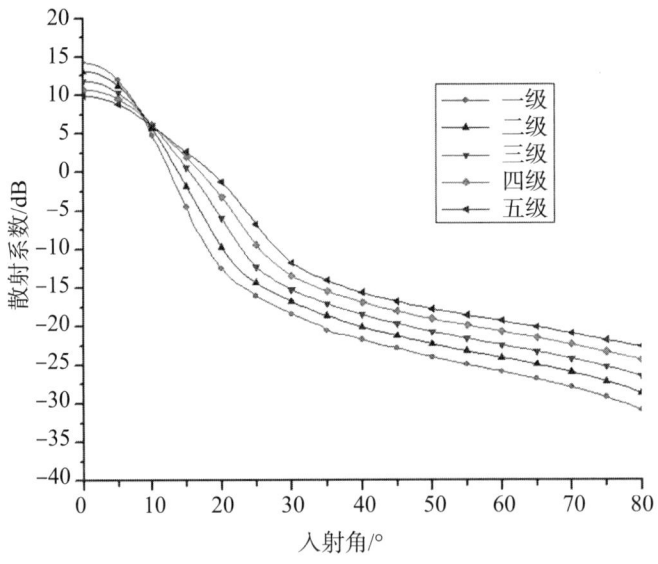

图 4-5 不同海况下海洋后向散射系数随入射角变化的关系（5.4 GHz）

图 4-6 给出了 3 级海况下海面的后向散射系数值 σ^0 在不同的频段下随入射角变化的关系。

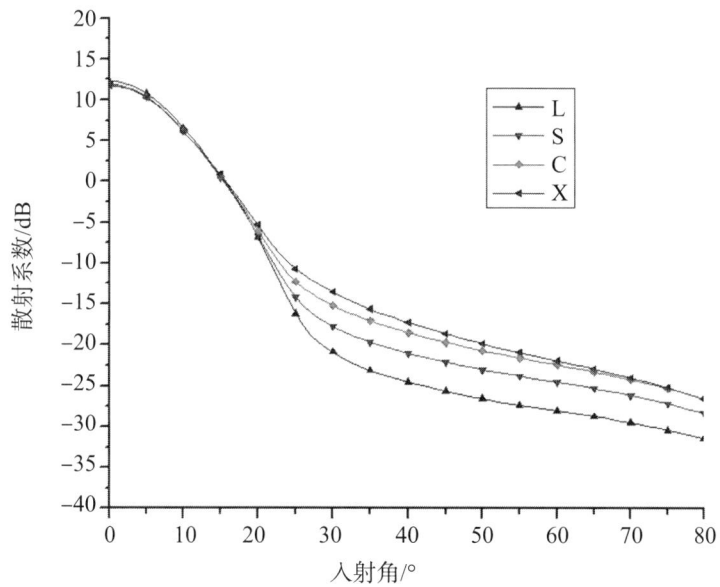

图4-6 三级海况下不同频段海杂波后向散射系数随入射角变化的关系

由图4-6可知，当入射角小于30°（3级海况对应的拐点）时，在不同频段条件下，3级海况对应的海面后向散射系数值差异不大，均随着入射角的增大而减小。当入射角大于30°时，随着频段的增加，海面的后向散射系数值也在增加。

（3）电磁波传播特性

电磁波的传播损耗与工作频率有关，频率越低，损耗越小，需要选择较低频段，但电离层传播效应和法拉第旋转以及大气衰减等因素有关，根据实测数据仿真结果表明大椭圆轨道SAR由于合成孔径时间长，在L等低频段时对系统及成像质量影响大，需要选择较高频率的频段。所以，可以选择C/X频段以上的频率会降低电离层对成像质量的影响。

3. 系统实现能力

L频段、C频段、X频段都是合成孔径雷达常用的频段，一般来说频段越高对天线的型面精度要求也越高，频段越低，器件的体积大，就需要综合考虑载荷、平台的安装布局及实现难度。

4.2.2 极化方式

对于极化的选择同样也需要考虑到目标的观测需求，首先对于海冰的观测，下面给出了不同极化特征下海水和5种海冰的极化特征响应图。极化特征响应图包含了相应极化特征的海水和5种海冰类型样本数据的均值、标准偏差、最大值和最小值，直观地给出了该项极化特征的海冰分类能力及后向散射系数，如图4-7所示。图4-8列出了C频段SAR极化特征的海冰类型响应。图中，圆圈表示样本均值，误差棒为标准偏差，倒三角代表样本最大值，正三角代表样本最小值。

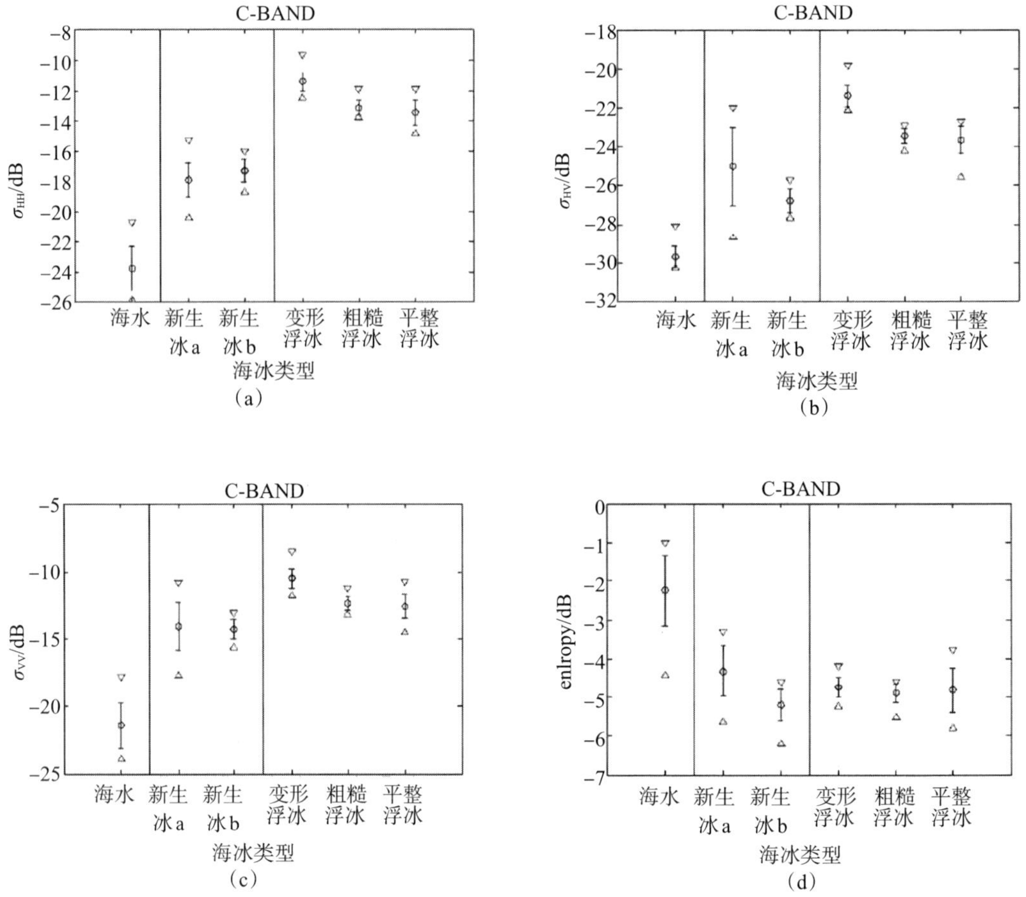

图4-7 不同极化下海水、海冰等目标的后向散射系数

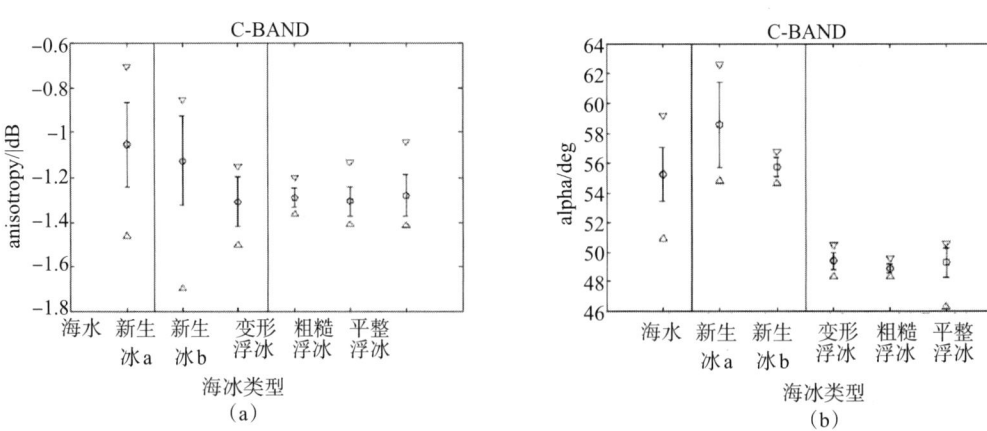

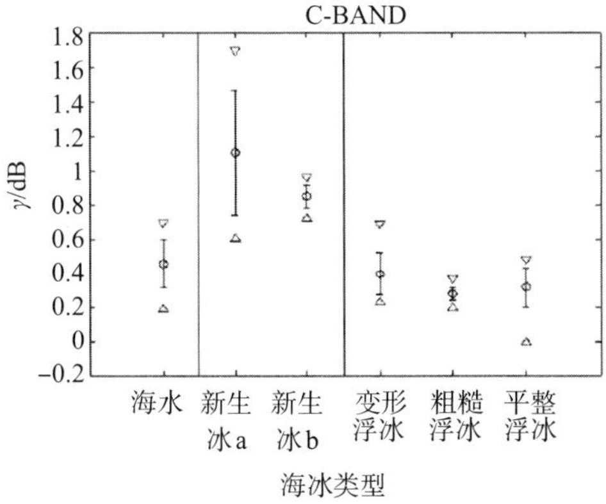

图 4-8　C 频段 SAR 极化特征海冰类型响应图（续）

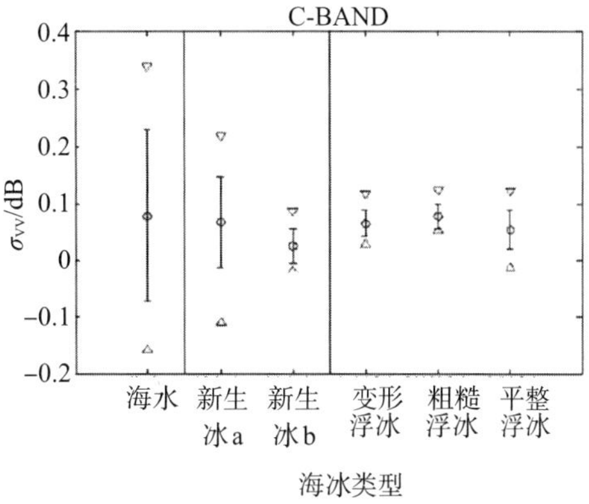

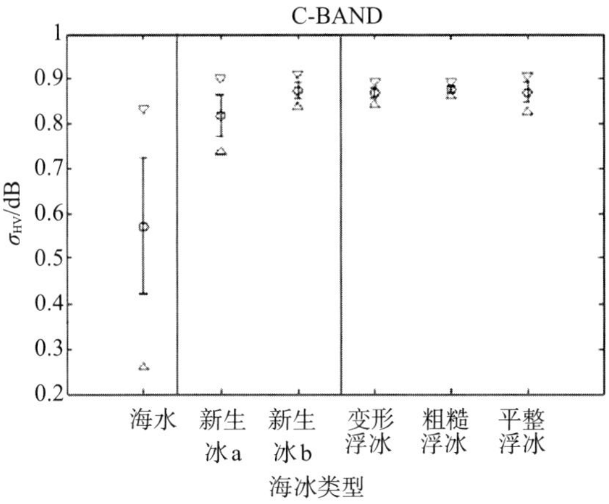

根据图 4-9 的分析结果，后向散射系数 σ_{HV}、σ_{HH} 都呈现出相似的海冰类型响应特点。在 C 频段，后向散射系数对三种主要类型——海水、新生冰和浮冰有分类与识别能力。极化特征都能够很好地区分新生冰和浮冰，对海水与海冰也有一定区分。

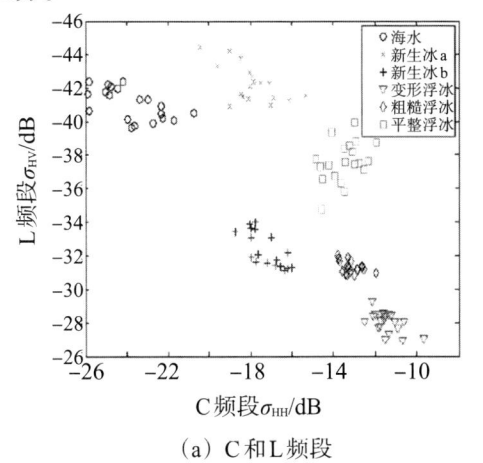

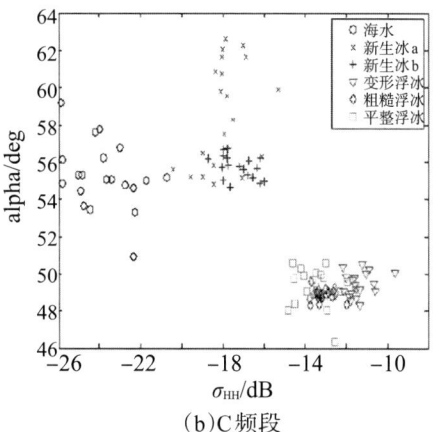

（a）C 和 L 频段　　　　　　（b）C 频段

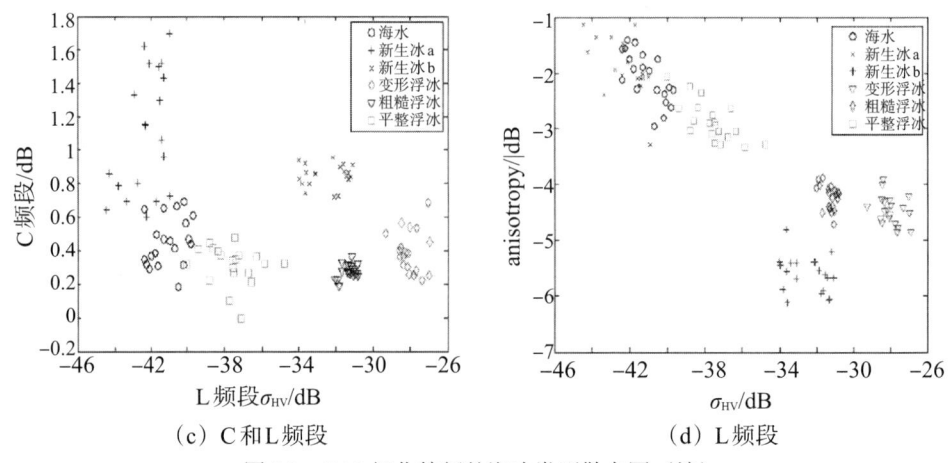

(c) C 和 L 频段　　　　　　　　(d) L 频段

图 4-9　SAR 极化特征的海冰类型散点图（续）

综合上述分析，不难发现，不同极化特征的海冰类型响应具有十分不同的特点，并具有较强的互补性。C 频段 HH\HV 极化特征能够区分变形浮冰、海水和新生冰。

由于侦察监视另外一个目标主要为海面上的舰船，而舰船 RCS 受极化影响较小，所以极化选择主要考虑海杂波的影响。如图 4-10 所示为雷达手册中海杂波波长、极化、掠射角与 RCS 的关系曲线。

由图 4-10 可知：

① 在小入射角的情况下，海杂波水平极化 RCS 要远小于垂直极化 RCS；
② 在中等掠射角的情况下，海杂波水平极化 RCS 要略小于垂直极化 RCS；
③ 海杂波水平极化 RCS 受波长影响较大，波长越长，RCS 越小；
④ 海杂波垂直极化 RCS 受波长影响较小，不同波长的海杂波 RCS 几乎没有区别。

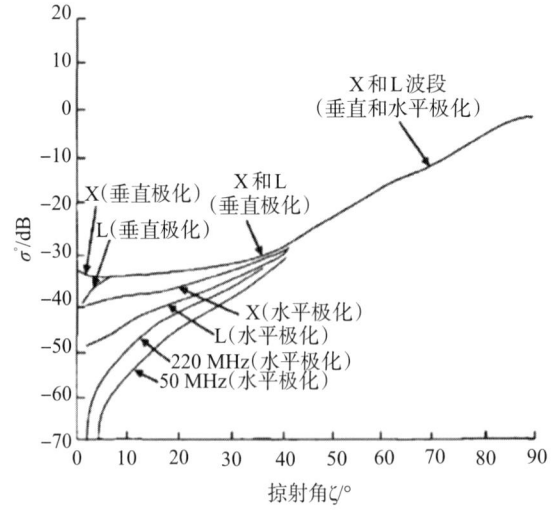

图 4-10　海杂波波长、极化、掠射角与 RCS 的关系曲线

RADARSAT-2卫星是加拿大国家航天局发射的首颗具有GMTI功能的商用卫星，其GMTI功能通过运动目标检测实验（MODEX：Moving Object Detection Experiment）实现。ERS-1/2作为欧空局发射的遥感卫星，同样具备海面舰船检测功能。根据RADARSAT-2和ERS-1/2的处理结果，一般认为：HH通道的RadarSat-2对船只检测的结果优于VV通道的ERS-1/2。HH通道数据船只检测结果优于VV通道的原因在于：一般情况下，HH通道的海面杂波后向散射小于VV通道，而且随着入射角的增加而降低，因此HH通道的船海对比度高于VV通道，并随着入射角的增加而增强。这也是HH极化能观测到的海洋现象少于VV极化的原因。所以HH极化的RadarSat数据更适合船只检测，而VV极化数据可提供较多关于海洋现象的信息，更适合船尾迹检测。Convair-580全极化资料表明交叉极化可以在较小的入射角检测目标，而且HV极化时的船海对比度受海况影响较小。Yeremy等人研究并采用最优极化状态组合进行船只检测，研究结果表明：当入射角大于45°小于70°时，4个线性极化通道（HH、VH、HV、VV）中HH极化对船只检测效果最好，当入射角大于15°小于45°时，交叉极化对船只检测效果最好。

4.2.3 分辨率

1. 定义

分辨率是图像特征的重要指标。空间分辨率是指雷达遥感图像上能够识别的两个相邻地物之间的最小距离，即遥感数据中像元所能表现的最小单元，由点目标冲激响应半功率主瓣宽度决定。空间分辨率是衡量成像系统对空间细节的辨别能力，空间分辨率越高，包含的图像的细节越清晰越丰富，所包含的特征信息越多，越适合对物体的描述。图4-11给出点目标冲激响应和地面分辨率的示意图。

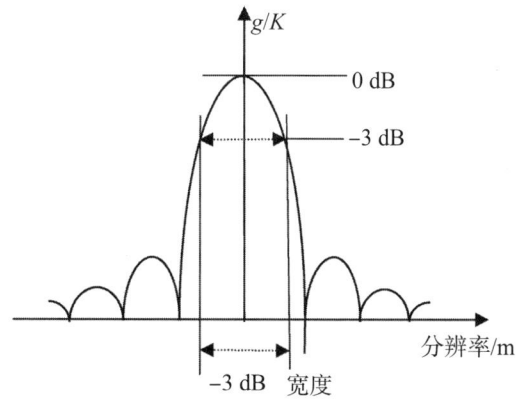

图4-11　点目标冲激响应和地面分辨率的示意图

SAR系统地面分辨率包括距离向地面分辨率和方位向地面分辨率。SAR图像中点目标冲激响应沿距离向主瓣半功率宽度（3 dB）对应的地面长度定义为距离向地面分辨率，沿方位向主瓣半功率宽度（3 dB）对应的地面长度定义为方位向地面分辨率。

2. 指标设计

（1）距离向地面分辨率

条带模式与扫描模式距离向地面分辨率的计算公式为

$$\rho_{gr} = \frac{K_1 K_r c}{2B\sin\theta} \tag{4-2}$$

式中，各变量的意义如下：ρ_{gr} 为距离向地面分辨率，K_r 为距离向成像处理加权展宽系数，K_1 为系统幅相特性不完善引入的展宽系数，B 为发射信号带宽，θ 为波束到地面的入射角。

（2）方位向地面分辨率

条带模式方位向地面分辨率的计算公式为

$$\rho_a = \frac{K_a K_2 K_3}{2K_4} \cdot D_{ae} \tag{4-3}$$

式中，各变量的意义如下：ρ_a 为方位向地面分辨率；D_{ae} 为等效天线方位向尺寸，均匀激励下尺寸为 D_{ae} 的天线的双程方向图主瓣宽度与实际发射和接收天线方向图乘积对应的主瓣宽度相同；K_a 为方位向成像处理加权展宽系数；K_2 为方位向天线方向图加权引入的展宽系数；K_3 为地速对方位向分辨率的改善系数，$K_3 = R_e \cos\beta / a$，其中 R_e 为地球半径，a 为轨道半长轴，β 为星下点到目标的地心张角；K_4 为方位向天线波束宽度的展宽系数，均匀加权下为 0.886。

对于海冰观测来说，分辨率大小导致特征对应性也各不相同。分辨率差异主要集中体现在海冰的细节特征上，这些特征主要包括海冰裂缝、冰间水道，这些特征不存在一一对应关系，但是在宏观上，特征没有较大的差异，例如冰山和海冰轮廓等特征，如图 4-12 所示。

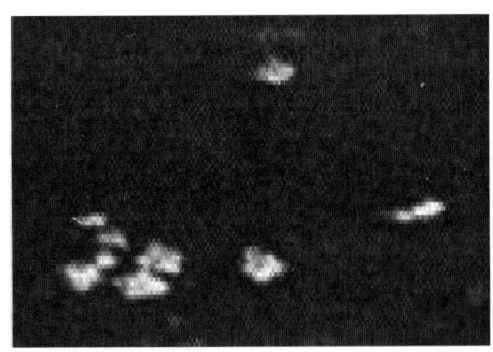 

（a）100 m 分辨率 Radarsat-2 数据　　　（b）10 m 分辨率 Radarsat-2 数据

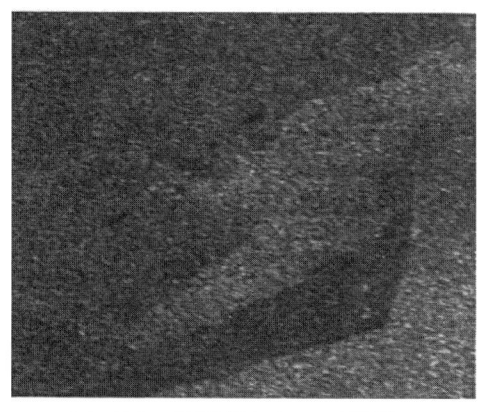

（c）100 m分辨率Radarsat-2数据　　　　　（d）10 m分辨率Radarsat-2数据

图4-12　南极普里兹湾区域Radarsat-2图像

图4-12（a）为Radarsat-2图像为南极普里兹湾区域的100 m图像，而图（b）是南极普里兹湾区域的Radarsat-2图像，其分辨率为10 m。由图像对比可以看出，在高分辨率图像中，冰间水道、冰裂缝等细节特征能够非常清楚地观察到，而在低分辨率图像中，这些特征都观察不到。在高分辨率图像中，两块距离很近的分离冰也能够清楚地观察到，而在低分辨率图像中，由于空间辨别能力降低，两块分离的海冰就会误认为是一整块浮冰。因此，这样的特征不适合海冰的跟踪研究。所以，对于海冰的观测尤其是对冰山的观测分辨率最好高些，可采用5 m、10 m、20 m的分辨率以满足对航道海冰观测的需求。另外，对典型的目标来说，对雷达图像分辨率与典型目标的关系见表4-5所列。

表4-5　雷达图像分辨率与典型目标的关系　　　　　　（单位：m）

目标	发现	识别	确认	描述
桥梁	6	4.5	1.5	0.9
雷达	3	0.9	0.3	0.15
无线通信设施	3	1.5	0.3	0.15
材料仓库	1.5	0.6	0.3	0.15
机场设施	6	4.5	3	0.3
飞机	4.5	1.5	0.9	0.15
中等小型船只	7.5	4.5	0.6	0.3
车辆	1.5	0.6	0.3	0.05
矿区	9	6	0.9	0.25
港口	30	15	6	3
海岸、登陆点	30	4.5	3	1.5

续表

目标	发现	识别	确认	描述
铁路编组站和车间	30	15	6	1.5
道路	9	6	1.8	0.6
市区	60	30	3	3

对于海上目标来说，由上表可知：5 m分辨率可实现对中大型目标的识别，2 m分辨率可实现对中小型舰船目标的识别确认。长货船不同分辨率SAR图像对比如图4-13所示。

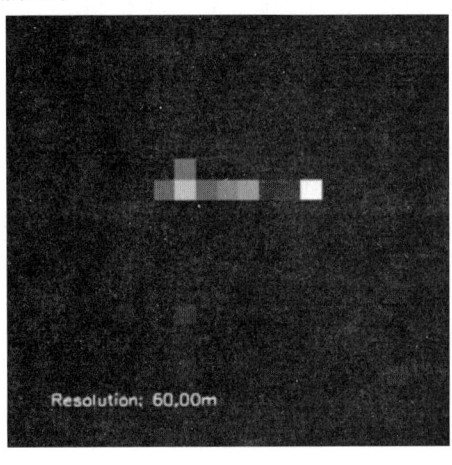

(a) 60 m分辨率

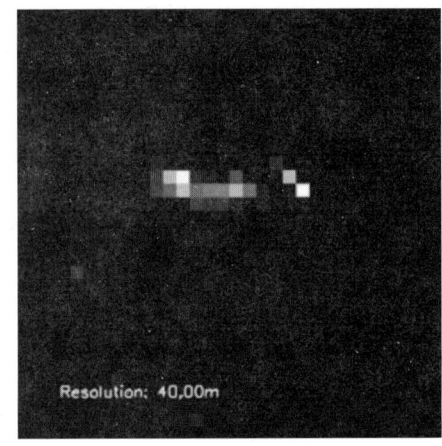

(b) 40 m分辨率

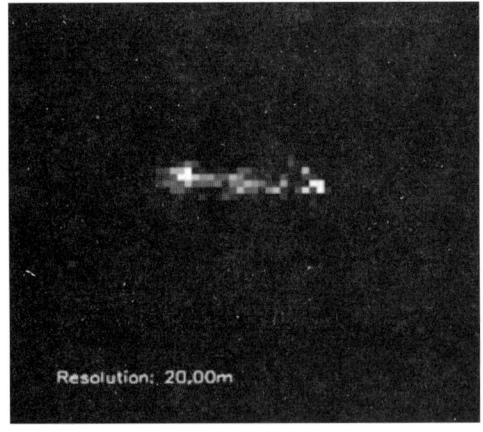

(c) 20 m分辨率

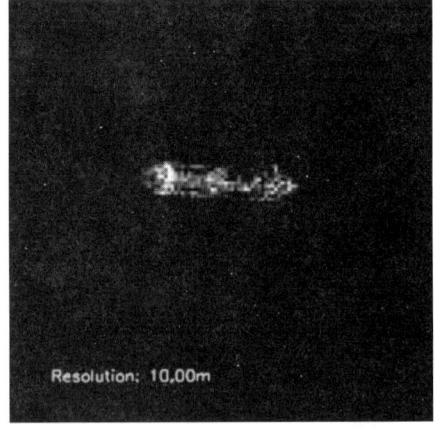

(d) 10 m分辨率

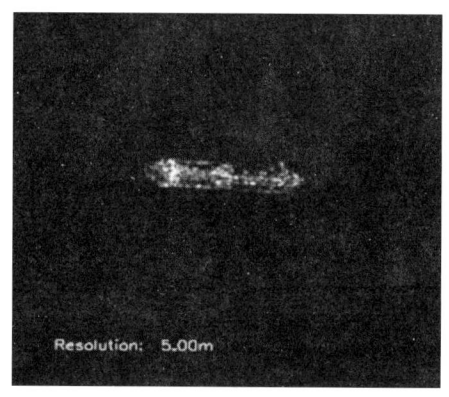

(e) 5 m 分辨率

图4-13 长货船不同分辨率SAR图像对比

4.2.4 成像幅宽

1. 定义

成像幅宽定义为处理所有距离向数据能够获得的有效图像宽度,图4-14给出条带模式成像幅宽示意图。

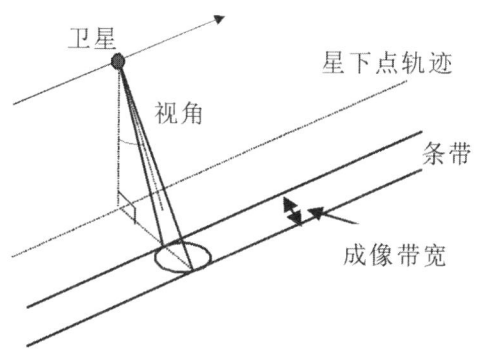

图4-14 条带模式成像幅宽示意图

2. 指标设计

成像带宽 w 定义为

$$w = \int_{R_{\text{near}}}^{R_{\text{far}}} dl \tag{4-4}$$

其中,R_{near} 为卫星到成像区域近端的距离,R_{far} 为卫星到成像区域远端的距离,$w = \int dl$ 是沿垂直于卫星飞行方向从成像区域近端到成像区域远端的线积分,积分是在成像区域的同一高度上。

在实际计算成像带宽时(即在确定 R_{near} 和 R_{far} 时),需要扣除图像两端距离徙动不完全及脉冲积累不完全的目标点。在大椭圆轨道的远地点位置,优于轨道位置较高，其单个波束的成像幅宽通常可以达到300~400 km，近地点位置单个波束的成像幅宽通常接近低轨卫星典型的幅宽10~30 km。

4.3 系统性能分析

4.3.1 系统灵敏度（$NE\sigma^0$）

1. 定义

系统灵敏度即噪声等效后向散射系数（$NE\sigma^0$）决定SAR系统对弱目标的灵敏度以及成像能力。在一定的信噪比要求下，SAR系统所能可靠检测到的目标的最小后向散射系数。如果目标的最小后向散射系数小于该散射系数，则该目标反射的能量将低于系统噪声，SAR系统就不能有效地检测到该目标的存在。

2. 指标设计

对于分布目标，$NE\sigma^0$定义为

$$NE\sigma^0 = \left(\frac{(SNR)_0}{\sigma^0}\right)^{-1} = \frac{2(4\pi)^3 KT_0 F_n R^3 LV_S}{P_{av} G^2 \lambda^3 K_r K_a \rho_g} \tag{4-5}$$

式中，$NE\sigma^0$为玻尔兹曼常数，T_0为接收机温度，F_n为接收机噪声系数，R为雷达至目标的距离，L为系统损耗，V_S为卫星速度，P_{av}为发射信号平均功率，$G(\theta)$为天线增益，λ为发射信号波长，K_r为距离加权展宽系数，K_a为方位加权展宽系数，ρ_g为距离分辨率。

对于冰雪等分布式目标来说，可以较好地反映雷达系统对目标后向散射系数的检测能力。对于舰船等目标来说，一般用目标的RCS来进行目标检测的描述。

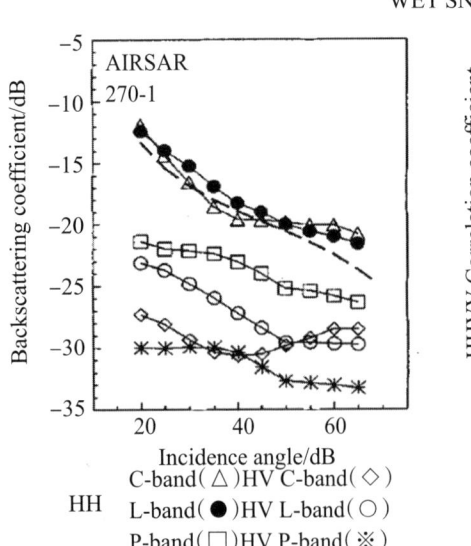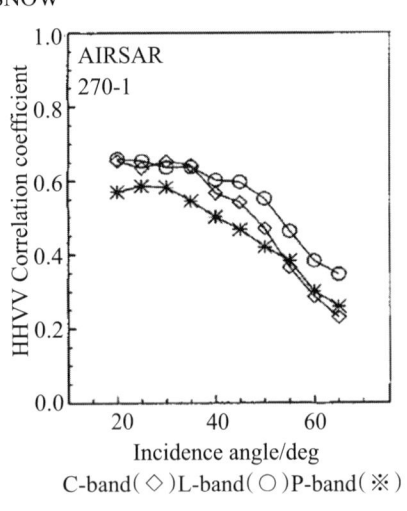

图4-15 入射角为20°时，雪地后向散射系数的频率特性，曲线分别表示为平均值、上、下限值（测量总次数5%与95%超过的数值）

由图4-15可知，对于雪地观测，在低入射角的情况，中心频点为5.4 GHz的雷达后向散射系数为−12 dB；在高入射角时，中心频点为5.4 GHz的雷达后向散射系数为−18 dB。

图4-16给出了C频段在HH极化下各种不同类型海冰的观测结果，可见为了满足对海冰新生冰、变形浮冰、粗糙浮冰及平整浮冰的观测需求，要求的所能探测的雷达后向散射系数优于−18 dB。

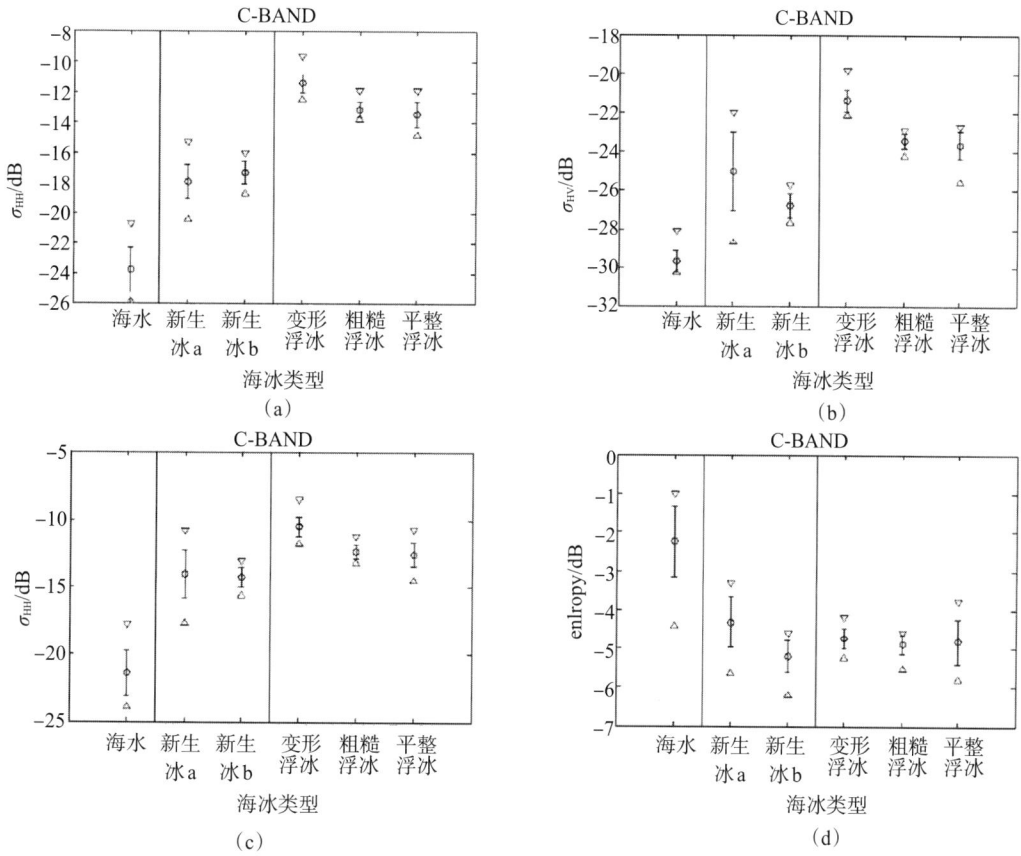

图4-16　C频段在HH极化下各种不同类型海冰的观测结果

对于舰船等大型硬目标，通常包含有多个散射中心，其结果可能使得单个舰船呈现为一群目标，而单个目标其后向散射特性非常复杂，与面目标具有较大的区别，属于强散射体的范畴，主要利用观测目标的RCS来进行描述。

4.3.2　峰值旁瓣比（PSLR）

1. 定义

峰值旁瓣比（Peak Side Lobe Ratio，PSLR）指点目标冲激响应最高旁瓣峰值与主瓣峰值的比值，反映了系统对弱目标的检测能力，一般以分贝度量。

2. 指标设计

峰值旁瓣比的计算表达式为

$$\text{PSLR} = 10\lg\left(\frac{P_{s\max}}{P_m}\right) \tag{4-6}$$

式中，$P_{s\max}$ 为冲激响应的最高旁瓣峰值功率，P_m 为冲激响应的主瓣峰值功率。通常设计峰值旁瓣比最差为–20 dB。

4.3.3 积分旁瓣比（ISLR）

1. 定义

积分旁瓣比（Integrated Side Lobe Ratio，ISLR）指点目标冲激响应最高旁瓣峰值与主瓣峰值的比值，反映了暗区域被亮区域信号的淹没程度，一般以分贝度量。

2. 指标设计

积分旁瓣比的计算表达式为

$$\text{ISLR} = 10\lg\left(\frac{E_s}{E_m}\right) \tag{4-7}$$

式中，E_s 和 E_m 分别为冲激响应的旁瓣能量和主瓣能量。

SAR 图像的积分旁瓣比一般要求优于–13 dB。峰值旁瓣比与积分旁瓣比这两项图像指标都可以通过成像处理加权获得，但其代价是分辨率降低，因此系统设计时一定要考虑设计余量，在保证峰值旁瓣比和积分旁瓣比的情况下同时保证图像分辨率。

4.3.4 方位模糊度（AASR）

1. 定义

方位模糊度（Azimuth Ambiguity to Signal Ratio，AASR）是指混入方位向处理频带（B_p）内的方位模糊区信号强度 $S_a(f_d)$ 与观测区图像强度 $S_i(f_d)$ 的比值，一般以分贝度量。

2. 指标设计

方位向模糊度的计算公式为

$$\text{AASR} = \frac{\sum_{m=-\infty}^{+\infty}\int_{-B_a/2}^{B_a/2} G_t(f+m\cdot N\cdot \text{PRF})G_r(f+m\cdot N\cdot \text{PRF})\text{d}f - \int_{-B_a/2}^{B_a/2} G_t(f)G_r(f)\text{d}f}{\int_{-B_a/2}^{B_a/2} G_t(f)G_r(f)\text{d}f} \tag{4-8}$$

式中各变量的意义如下：

AASR 为方位向模糊度，$G_t(f)$ 为发射天线方位向方向图随目标多普勒频率变化的函数，$G_r(f)$ 为接收天线方位向方向图随目标多普勒频率变化的函数，B_a 为方位向带宽，PRF 为脉冲重复频率，N 为接收子阵数量。SAR 图像的方位模糊度一般要求优于–20 dB。

4.3.5 距离模糊度（RASR）

1. 定义

距离模糊度是指混入测绘带内的模糊区信号强度 $s_{a1}(\tau)$ 与主观测区信号强度 $s_i(\tau)$ 的比值，一般以分贝度量。

2. 指标设计

距离向模糊度的计算公式为

$$RASR(\tau) = \frac{\sum_{n=-\infty}^{+\infty} S_T\left(\tau + \frac{n}{PRF}\right) - S_T(\tau)}{S_T(\tau)} \tag{4-9}$$

式中各变量的意义如下：$RASR_R(\tau)$ 为距离向模糊度，τ 为采样波门内各采样点对应的快时间，$S_T(\tau)$ 为距离向回波的强度，PRF 为脉冲重复频率。$S_T(\tau)$ 的计算公式为

$$S_T(\tau) = \frac{\sigma^0\left[\theta(\tau)\right]}{R^3(\tau) \cdot \sin\left[\theta(\tau)\right]} \times G_e^2\left[\phi(\tau) - \gamma_0\right] \tag{4-10}$$

式中，$\theta(\tau)$ 为入射角，$\sigma^0(\tau)$ 为后向散射系数随入射角变化的函数，$G_e(\varphi)$ 为天线俯仰向天线方向图随偏离阵面法线夹角变化的函数，$\phi(\tau)$ 为目标对应的视角，γ_0 为天线阵面法线的视角。SAR图像的距离模糊度一般要求优于–20 dB。

4.3.6 定位精度

1. 定义

定位精度是指若干个目标点的真实位置和系统级几何校正后SAR图像得到的位置之间直线距离的均方根。

2. 指标设计

$$\Delta R = \sqrt{\frac{\sum_{i=1}^{N}(\Delta Rt_i)^2}{N}} \tag{4-11}$$

$$\Delta Rt_i = F\left[(lat_A - lat_B),(long_A - long_B)\right] \tag{4-12}$$

式中，ΔR 表示图像定位误差，ΔRt_i 表示第 i 个目标点的定位误差，$(lat_A, long_A)$ 表示目标点真实的地理经纬度；$(lat_B, long_B)$ 表示目标点经过系统级几何定位后得到的地理经纬度。

3. 定位精度分析

星载SAR图像几何定位精度主要受卫星的定轨精度指标的影响。一般情况下，要求SAR图像经系统校正后的均方根误差在1 km之内。均方根误差由以下几项组成：卫星的位置误差和速度误差、回波时延误差、多普勒中心误差和相对于地球模型的目标高度预估误差。卫星的定轨误差包括卫星位置误差和速度误差。卫星位置误差可以分解为：沿航迹、垂直航迹和径向三个分量的误差源。同样，速度误差也包括沿航迹、垂直航迹和径向三个分量的误差源。

大椭圆轨道合成孔径雷达技术

卫星的位置误差和速度误差确定后可以利用RD法计算SAR图像定位精度,其基本原理描述如下。

(1) 斜距方程模型

卫星位置:$R_s = (R_{sx}, R_{sy}, R_{sz})$

目标位置:$R_p = (R_{px}, R_{py}, R_{pz})$

斜距:$r = |R_s - R_p|$

(2) 多普勒方程模型

卫星速度:$V_s = (V_{sx}, V_{sy}, V_{sz})$

目标速度:$V_p = (V_{px}, V_{py}, V_{pz})$

多普勒中心:$f_d = (2/\lambda r)(V_s - V_p)(R_s - R_p)$

通常情况下选择成像多普勒中心为零,即 $f_d = 0$。

(3) 地球模型方程

$$\frac{(R_{px}^2 + R_{py}^2)}{(R_e + h)^2} + \frac{R_{pz}^2}{[(1-f)(R_e + h)]^2} = 1 \tag{4-13}$$

根据上述三个方程模型,就可以确定目标的三维位置,完成目标的三维定位。在RD定位法中,影响SAR图像定位精度主要有如下四个误差源:卫星位置和速度向量误差、回波时延误差、多普勒中心频率误差、相对于地球模型的目标高度预估误差。

$$\sigma_{R_p}^r = \begin{bmatrix} \frac{\partial R_{px}}{\partial r} & \frac{\partial R_{py}}{\partial r} & \frac{\partial R_{pz}}{\partial r} \end{bmatrix} \partial r = \begin{bmatrix} 0 & -r & (1-f)^2 R_e^2 (r - H\cos\theta) \end{bmatrix} \begin{bmatrix} D_{RD}^{-1} \end{bmatrix}^T \partial r \tag{4-14}$$

从上面的公式可以看出,目标位置坐标的精度取决于卫星位置和速度向量误差、回波时延误差、多普勒中心频率误差和相对于地球模型的目标高度预估误差。

➤ 卫星位置误差

卫星沿航迹位置误差 ΔR_1 引起目标方位向位置误差公式为

$$\Delta X = \frac{\Delta R_1 g R_e}{a} \cos\varphi \tag{4-15}$$

式中,a为半长轴,φ为地心角,R_e为地球半径。

卫星垂直航迹位置误差 ΔR_2 引起目标距离向位置误差公式为

$$\Delta z = \frac{R_e}{a} \Delta R_2 \tag{4-16}$$

卫星径向位置误差 ΔR_3 引起目标距离向位置误差公式为

$$\Delta y = \frac{\Delta a(2a - 2R\cos\varphi)}{2\sin\theta \sqrt{a^2 + R_e^2 - 2aR_e\cos\varphi}} \Delta R_3 \tag{4-17}$$

径向位置误差将造成方位向定位误差

$$\Delta x_2 \approx \frac{\Delta f_{dc} \lambda R V_g}{2V_r^2} \tag{4-18}$$

其中，V_r 为平台与目标的相对速度，V_g 为波束正侧时在地面的速度，Δf_{dc} 可以根据下式计算

$$\Delta f_{dc} = \frac{2V_e}{\lambda}(\cos \zeta_t \sin i \cos \gamma)\Delta \gamma \tag{4-19}$$

式中，V_e 为地球赤道切线速度，ζ_t 为目标的地心纬度，i 为轨道倾角，γ 为波束中心的视角。

➤ 卫星的速度误差

卫星的速度误差可以分解为沿航迹、垂直航迹和径向三个分速度误差，它们各自产生比例于斜距方向上的速度误差分量，从而引起多普勒频率以及目标的方位向位置误差。

➤ 回波时延误差

被观察目标的回波时延误差 $\Delta \tau$ 引起的目标距离向位置误差：

$$\Delta \gamma = \frac{c\Delta \tau}{2\sin \theta} \tag{4-20}$$

➤ 电磁波传输效应误差

电磁波穿越大气层与穿越电离层的传输速率是不相同的，电离层折射了电磁波，增加了信号的时延。电离层引起的时延误差与波长，卫星的运行高度以及太阳黑子活动情况相关。在太阳黑子活动峰年电离层将使L波段电磁波传输时间增加μs级时延，在普通情况下为几百纳秒级的延迟。

➤ 目标的高度误差

目标的高度随扁椭圆地球模型变化而变化，因此目标高度估计误差 Δh 影响目标距离向位置误差为

$$\Delta \gamma h = \frac{\Delta h}{\tan \theta} \tag{4-21}$$

➤ 多普勒中心频率误差

在卫星运行中，多普勒估计误差将使得成像处理的多普勒中心值与实际值之间存在一定的偏移，此值将产生目标方位向的位置误差。在实际处理中，分布均匀的目标场景采用杂波锁定后估计的多普勒中心频率一般在 5 Hz 左右。

➤ 时钟误差

SAR卫星的时钟与天文时间的误差 Δt，将在地球自转时产生目标位置误差。考虑卫星轨道倾角的因素，时钟误差在赤道上影响目标方位向和距离向的位置误差分别为：$\Delta X_{at} = 464\Delta t \sin i$、$\Delta X_{rt} = 464\Delta t \cos i$。

4.3.7 辐射精度

1.定义

辐射精度反映了SAR系统定量遥感的能力，在指标上分为相对辐射精度和绝对辐射精度。

大椭圆轨道合成孔径雷达技术

（1）相对辐射精度

相对辐射精度又分为长期相对辐射精度和短期相对辐射精度。当测量时间相隔较长足以使影响两组像素辐射校正精度的错误因素不相关，这样的两组像素之间散射系数估计精度的比较就得到长期相对辐射精度。测量时间较短，使得影响两组像素辐射精度的某些共同因素可以忽略，这种情况下比较两组像素间散射系数的估计精度即为短期相对辐射精度。相对辐射精度是对系统稳定性的一种衡量。随测量间隔不同，又可分为：一景内相对辐射精度和两景间（一轨、三天、寿命期等）相对辐射精度。

（2）绝对辐射精度

绝对辐射精度是衡量一组像素归一化散射系数的估计精度。

2. 指标设计

（1）相对辐射精度

①一景内相对辐射精度

在同一景雷达图像内不同位置测定目标后向散射系数或雷达截面积相对值的最大误差（3σ）。通常，最大误差值用 3σ 表示，以分贝（dB）为单位。

以分贝（dB）表示的一景图像内的相对辐射精度表达式如下：

$$RA_1 = 10\log(1+\varepsilon_{\sigma^0 1}) \tag{4-22}$$

式中，RA_1——一景图像内的相对辐射精度（dB）；

$\varepsilon_{\sigma^0 1}$——在一景图像内测定目标后向散射系数或雷达截面积的最大相对误差（比值）。

②两景间相对辐射精度

在不同时间得到的两景雷达图像内，测定目标后向散射系数或雷达截面积相对值的最大误差（3σ）。通常，最大误差值用 3σ 表示，以分贝（dB）为单位。

以分贝（dB）表示的两景图像间的相对辐射精度表达式如下：

$$RA_2 = 10\log(1+\varepsilon_{\sigma^0 2}) \tag{4-23}$$

式中，RA_2——两景图像间的相对辐射精度（dB）；

$\varepsilon_{\sigma^0 2}$——在两景图像内测定目标后向散射系数或雷达截面积的最大相对误差（比值）。

（3）绝对辐射精度

在雷达图像上测定地面均匀目标后向散射系数或点目标雷达截面积绝对值的误差。通常，最大误差值用 3σ 表示，以分贝（dB）为单位。

绝对值误差是指目标后向散射系数或雷达截面积的测量值与该目标后向散射系数或雷达截面积的实际值之间的误差。

以分贝（dB）表示的绝对辐射精度表达式如下：

$$AA = 10\log(1+\varepsilon_{\sigma^0}) \tag{4-24}$$

式中，AA——图像的绝对辐射精度（dB）；

ε_{σ^0}——在图像内测定目标后向散射系数或雷达截面积最大绝对误差（比值）。

辐射精度是SAR图像质量评估的重要指标之一，其表征了SAR图像中目标的后向散射系数，这就需要进行辐射校正，通常辐射校正过程包括内定标系统和外定标系统，衡量辐射校正准确度的指标就是辐射精度。

4.3.8 辐射分辨率

1. 定义

辐射分辨率是SAR卫星成像范围内区分不同目标后向散射系数的能力，是衡量图像质量等级的一种度量。

2. 指标设计

辐射分辨率是星载SAR成像范围内区分不同目标后向散射系数的能力，是衡量SAR图像质量等级的一种度量，其定义式为

$$\gamma = 10\lg\left(1+\frac{\sigma}{\mu}\right) \qquad (4\text{-}25)$$

式中，均值 μ 和方差 σ 是对均匀分布目标SAR图像的功率测量数据统计得到的。式（4-25）可以进一步写为

$$\gamma = 10\lg\left(1+\frac{1+SNR^{-1}}{\sqrt{M}}\right) \qquad (4\text{-}26)$$

式中，SNR 为图像信噪比，M 为多视数目。

参考文献

[1] 张直中.机载和星载合成孔径雷达导论[M].北京:电子工业出版社,2004.

[2] 魏钟铨.合成孔径雷达卫星[M].北京:科学出版社,2001.

[3] Curlander J. C., and Mcdonough R. N.. Synthetic Aperture Radar System and Signal Processing [M]. New York: Wiley, 1991.

[4] 李财品,何明一.地球同步轨道SAR方位模糊度研究[J].信号处理,2015(6):694-701.

[5] Tralli D.M., Foxall W., Schultz C. Concept for a high MEO InSAR seismic monitoring system[C]. IEEE Aerospace Conference, BigSky, Montana, USA, 2007:1-7.

[6] HOBBS S, MITCHELL C, FORTE B, et al. System Design for Geosynchronous Synthetic Aperture Radar Missions[J]. IEEE Trans on Geoscience and Remote Sensing, 2014,52(12):7750-7763.

[7] Soumekh M. Synthetic Aperture Radar Signal Processing with MATLAB Algorithms [J].JohnWiley&Sons, Inc.,1999.

[8] Moon W.M, Staples G, Kim D.J, et al. Radarsat-2 and coastal applications: surface wind, waterline, and intertidal flat roughness [J]. Proceeding of the IEEE, 2010, 98 (5):800-815.

[9] Kim D.J., Moon W.M, Kim Y.S. Application of TerraSAR-X data for emergent oil-spill-monitoring[J]. IEEE Transactions on Geoscience and Remote Sensing, 2010, 48(2):852-863.

[10] Jordan R.L. The Seasat-A synthetic aperture radar system[J]. IEEE Journal of Oceanic Engineering, 1980, OE-5(2):154-164.

工作模式设计

常规的SAR成像模式主要有条带、扫描或TOPS SAR、聚束模式、滑动聚束模式、马赛克模式等,这些成像模式都是在圆形轨道下提出的。在大椭圆轨道SAR下,其时变的轨道高度变化及时变多普勒特性造成了工作模式设计的特殊性。例如:不同轨道位置处对观测目标的功率孔径不同,不同轨道位置处对分辨率改善因子不同,特殊的轨道特性造成了方位向多普勒特性随时间变化,从而造成了不同成像模式下图像分辨率随着不同轨道位置时间变化。因此如何针对大椭圆轨道不同轨道位置确定其工作模式,并且得到其对雷达系统功率孔径、天线波束扫描的要求是工作模式设计的一个难点。另外,扫描或TOPS SAR、马赛克模式在俯仰向或者方位向进行拼接,大椭圆轨道由于轨道高度时变特性造成了天线固定波束在地面波束足迹随时间变化,需要采取一定的策略来保证图像拼接质量。如何保证大椭圆轨道时变特性下各种成像模式的图像质量是大椭圆轨道SAR工作模式研究的难点。

工作模式研究主要是结合大椭圆轨道SAR特性,根据SAR系统的设计原则,研究不同观测任务、不同轨道高度、不同工作模式及工作状态下,雷达系统信号波形、工作时序、波束指向调整、波束宽度变化等的设计要求,探索雷达系统设计方法。

SAR载荷系统从固定脉冲波形向带宽、脉宽、重频、波束捷变和多工作模式方向发展,雷达波束扫描从一维扫描扩展到二维扫描,雷达信号处理提高了处理增益和图像质量,可见雷达系统设计将更加灵活多变,同时这种具有多工作模式、多功能、多用途的SAR系统将是未来的发展方向。在雷达系统设计开始,需要根据雷达的用途、雷达所处的环境定制雷达工作模式,而SAR的不同工作模式、工作时序及工作状态的研究可用于雷达工作模式的生成、不同区域单元的划分以及工作模式优先级的确定。雷达系统设计中相关参数的确定以及雷达有限资源的调度策略确定,需要对不同的雷达工作模式开展研究,合理安排雷达工作方式,以指导如何确定和调整大椭圆轨道SAR的各项技术指标,从而为大椭圆轨道SAR系统性能优化提供解决途径以最终形成最佳雷达系统设计方案。同时了解雷达不同工作模式的特点及信号形式,为雷达工作模式模拟及仿真软件的模型建立提供技术基础。可见工作模式设计贯穿于大椭圆轨道SAR系统设计的各个环节。

5.1 单星工作模式设计

对于单颗卫星，在测绘带宽和分辨率的约束下，为满足不同的测绘需求，在天线设计固定的情况下，通过波束与时序的控制，在分辨率和测绘带等性能间进行折中，使同一个星载SAR系统在不同的工作模式下有不同的测绘能力。具有代表性的系统是用于满足高分辨率需求的聚束模式和满足宽测绘带需求的扫描模式（ScanSAR）。聚束模式以牺牲方位向测绘带宽对同一区域进行长时间"凝视"，以对局部区域进行高分辨率观测；而Scan SAR模式则通过在不同测绘带间切换，牺牲分辨率以换取宽的测绘带宽。目前，这两种工作模式都已经作为大部分星载SAR的主要工作模式。在这两种基本工作模式的基础上，为进一步提高星载SAR系统的测绘能力以满足不同任务需求，又发展了渐时扫描地表观测（Terrain Observation by Progressive Scans，TOPS）模式、滑动聚束模式等新的工作模式。

相对而言，目前对星载多模式SAR的研究多针对单种或较为相近的几种模式进行。从本质上说，多种工作模式是通过对波束和指向的控制，分配波束对目标的照射时间，使星载SAR系统在分辨率、测绘范围等性能间相互转换以扩展星载SAR的测绘能力。由于卫星与目标的相对几何关系只由卫星和目标的相对运动决定，并不随着波束的改变而变化，各模式的信号特性虽然各有特点，但也存在着内在联系。从工作原理上讲，多模式与条带模式的区别主要在于对波束指向和时序的控制。目前，先进的星载SAR系统基本都有多种工作模式。图5-1是COSMO-SkyMed多种模式的图像，从图中可以看到，在宽幅测绘模式下，可以在一幅图中获取很大范围的图像，相对比较大的地物才能分辨得出来；而在高分辨率图像中，飞机上的轮廓已经清晰可见；在中等分辨率的模式下，则介于二者之间。所以，多种模式为COSMO-SkyMed卫星提供了丰富的数据产品，可以满足不同的测绘需求。

图5-1　COSMO-SkyMed多种模式的图像示例

对于大椭圆轨道SAR的工作模式设计，需要结合大椭圆轨道的特性，例如：轨道高度时变、速度时变、大偏心率等。根据大椭圆轨道SAR的特点，轨道越高，同等分辨率的情况下所需要的功率孔径越大，因此，可以针对不同轨道高度及任务需求设置不同的分辨率。总体的原则如下：

大椭圆轨道合成孔径雷达技术

①根据任务需求进行任务的规划;
②需要考虑系统的实现能力,优化系统的资源配置,保证观测效率的优化;
③在大椭圆轨道远地点实现中等及粗分辨率,近地点及其附近实现高分辨率,其他位置处的分辨率介于两者之间。
④在工作模式设计过程中,需要对所需的目标观测区域进行分析以及大椭圆轨道可视区域进行分析,在此基础上,分析系统的实现能力(如功率孔径需求、天线波束调整需求等),然后再确认采用何种工作模式,该工作模式如何设计等。

大椭圆轨道SAR工作模式设计的流程如图5-2所示。

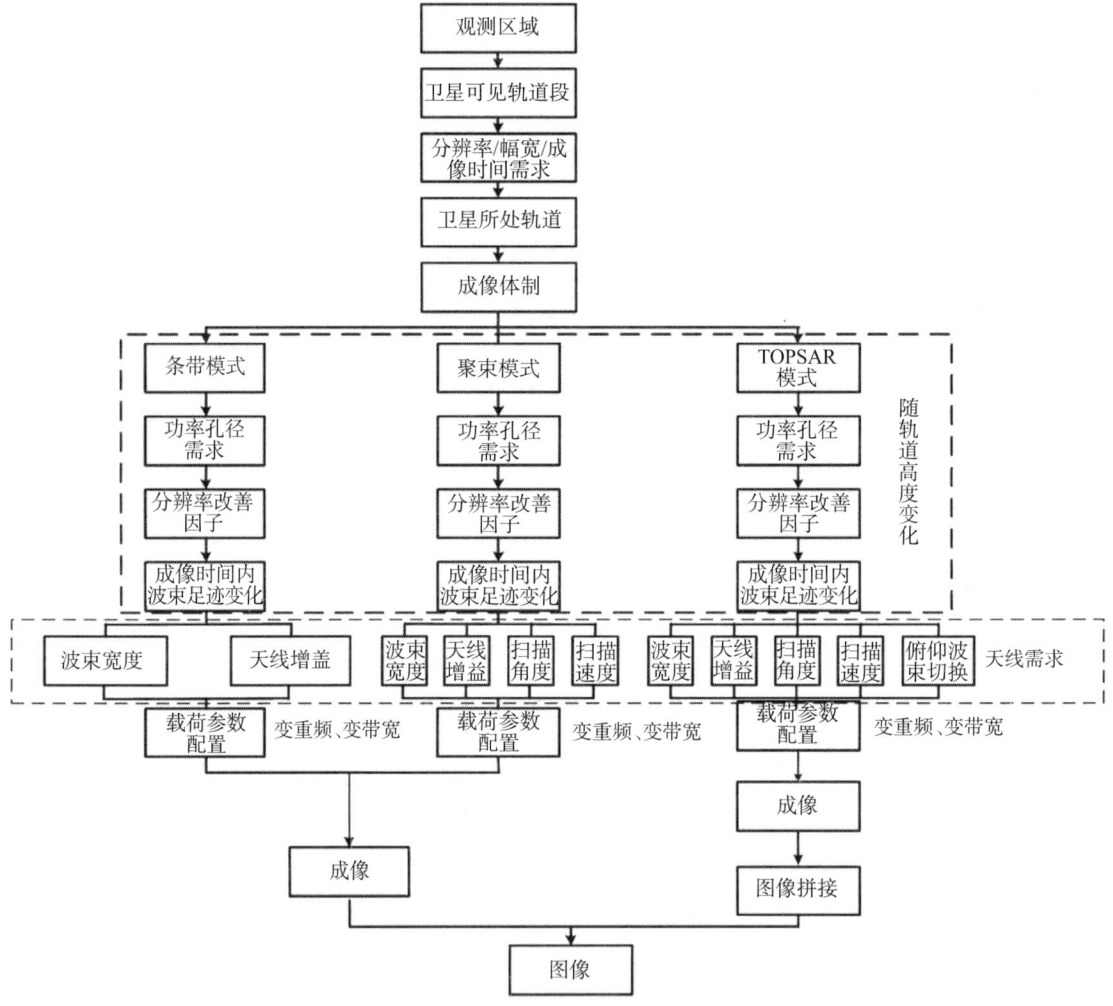

图5-2 大椭圆轨道SAR工作模式设计流程

因此,根据大椭圆轨道SAR的工作模式设计流程,假设待观测区域见表5-1所列。

表5-1 待分析点目标经纬度

位置	经度范围	纬度范围	中心点位置
格陵兰岛	西经11°39′~73°08′	北纬59°46′~11°55′	西经42.3°,北纬72.7°

卫星自转周期为 6.06 171 121 415 875 小时，在卫星每天绕地球转数 N（圈）为 3.95 927 802 432 118。

下面对格陵兰岛的平均每轨的可持续观测时间、一周时间中可观测时间内的单程斜距进行仿真分析，结果如图 5-3 所示。

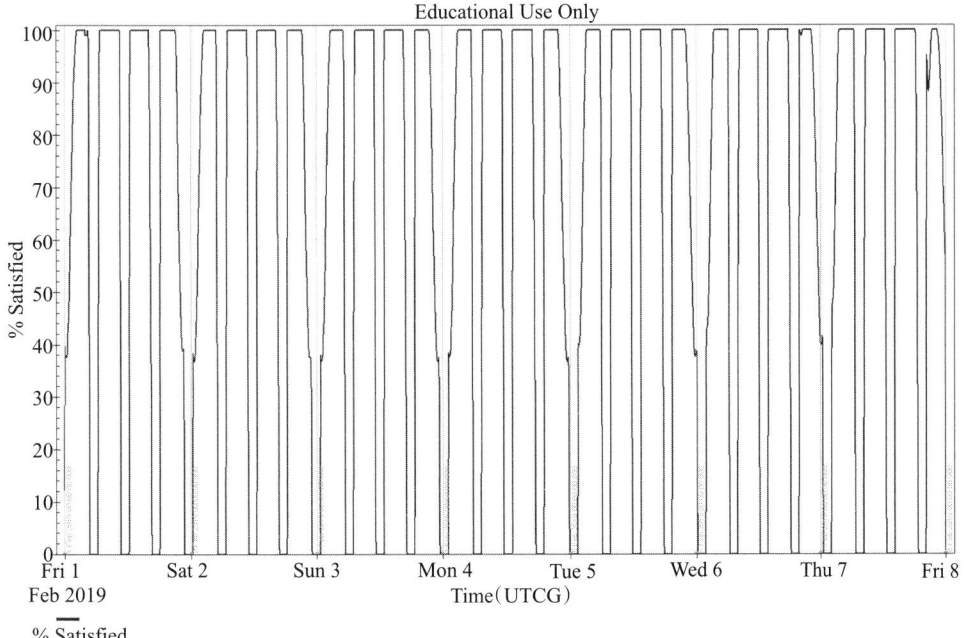

（a）格陵兰岛可视时间示意图

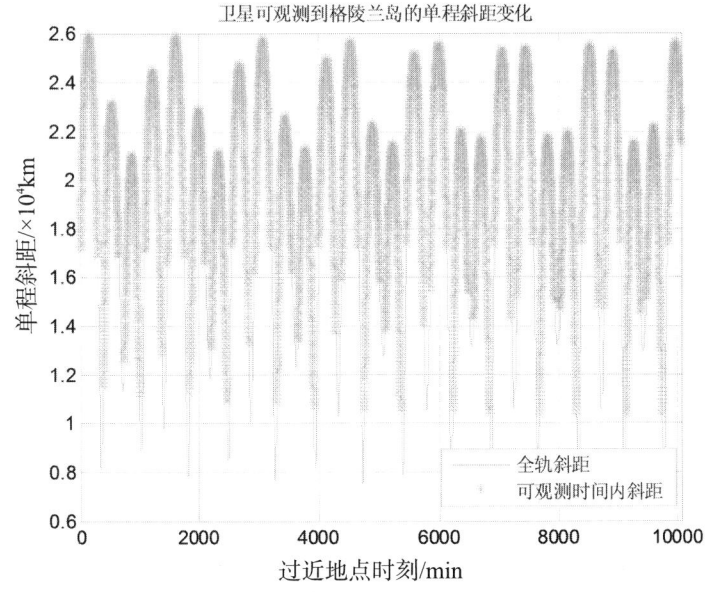

（b）格陵兰岛可视斜距示意图

图 5-3　格陵兰岛观测

大椭圆轨道合成孔径雷达技术

即使是对于同一区域,大椭圆轨道 SAR 在飞行过程中,所能观测到的时间是不一样的,并且在对该区域观测时,其斜距历程也是不一致的,斜距历程对大椭圆轨道 SAR 来说是一项重要的参数,会影响雷达的功率孔径积等技术指标。

图 5-4 给出分辨率为 5 m,入射角为 60°不同轨道高度下,在保证一定的雷达系统灵敏度的情况下,雷达功率孔径(孔径的平方)之间的关系。

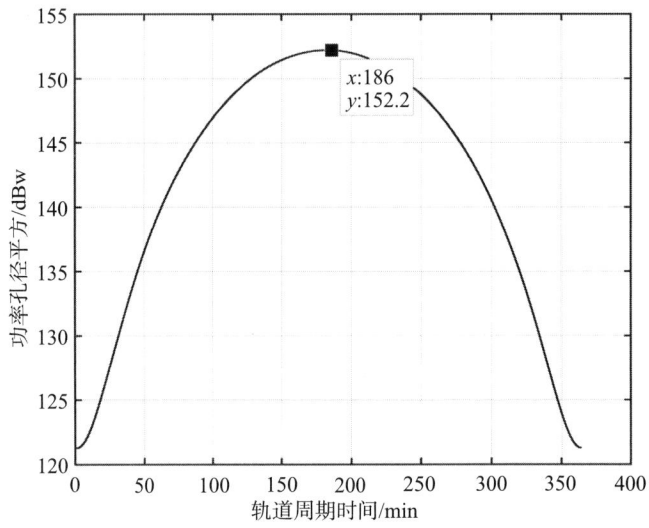

图 5-4 分辨率为 5 m,入射角为 60°不同轨道高度所需功率孔径的情况

在不同的轨道高度上实现相同的分辨率所需的功率孔径平方差别比较大,考虑系统的优化及不同轨道位置观测的区域,建议近地点处实现高分辨率成像,远地点实现中等分辨率成像及粗分辨率成像。

在实际的大椭圆轨道工作模式设计中,除了考虑功率孔径之外,还需要综合轨道特性及雷达系统的其他要求。例如在不同轨道高度下,波束地面足迹速度与卫星相对地面速度不同差异带来的分辨率改善因子不同,如图 5-5 所示。

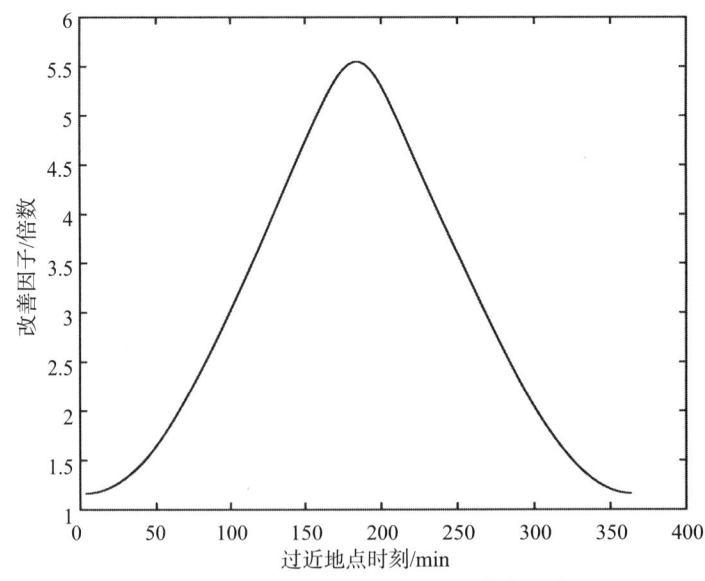

图 5-5 条带模式下不同轨道位置分辨率改善因子

在滑动聚束模式下，不同口径天线发射对应的雷达波束旋转角度与速度也不同。滑动聚束模式主要是解决传统聚束成像模式存在的两个问题：①图像照射范围有限，只能对一个波束覆盖范围内进行成像；②沿方位向照射不均匀，中心目标与边缘目标能量差距较大。滑动聚束模式是一种介于条带模式和聚束模式之间新的SAR工作模式。一方面，其通过天线在方位向上转动扫描，延长点目标的照射时间，可以获取宽测绘带高分辨率的SAR图像；另一方面，在方位向它通过扫描而不是凝视来扩大测绘范围，相比聚束式有更好的灵活性。此外，滑动聚束模式与条带模式一样，各地面目标都经历从整个天线方向图照射，图像质量比传统聚束模式高。它主要用于对局部区域进行高分辨率观测。

图5-6和5-7分别给出在所要求的分辨率为0.5 m，测绘带宽度为30 km情况下，不同天线口径对波束旋转角度的要求及波束扫描速度的要求。

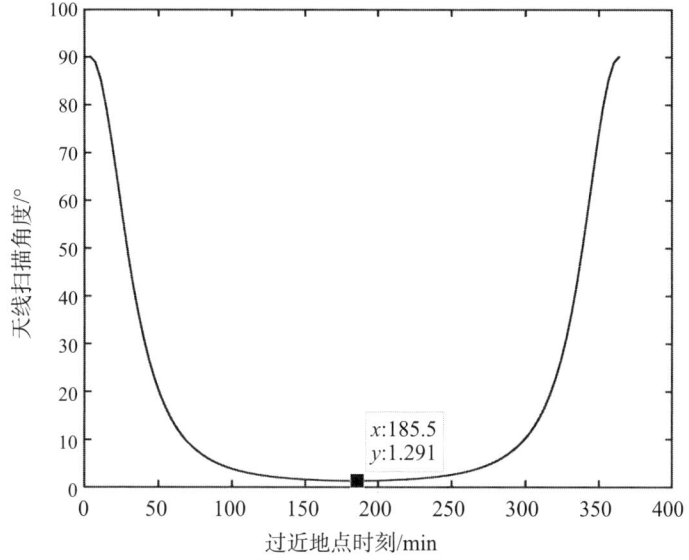

图5-6　天线口径40 m不同轨道高度下天线扫描角度

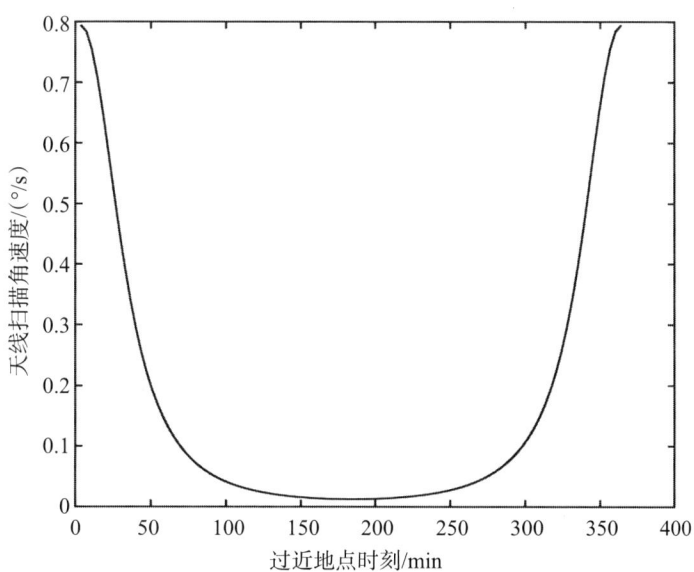

图5-7　天线口径40 m不同轨道高度下天线扫描角速度

大椭圆轨道合成孔径雷达技术

从上图可以看出,在0.5 m,测绘带宽度为30 km情况下,40 m天线发射在近地点天线波束扫描为±45°,总共扫描角度为90°,在远地点位置处天线波束扫描为±0.64°,总共扫描角度为1.28°。

在TOPS SAR模式下,不同口径天线发射对应的雷达波束旋转角度与速度也不同。大椭圆轨道TOPS SAR模式为了克服传统的Scan SAR模式由于方位向天线方向图对不同位置的目标加权不均匀扫描模式会产生scalloping效应,通过天线在方位向扫描,使不同位置的方位向目标都能经历相同的天线方向图加权,从工作体制上解决了Scan SAR模式的scalloping效应问题。星载SAR工作在TOPS模式时,天线波束以一个从后向前的速率进行扫描,同时在距离向多个子测绘带间切换。这种扫描方式,雷达波束参与了2个运动,一方面随平台绕地心被动地转动;另一方面,它绕转动中心主动转动,这样大大加速了雷达波束的地面"足印"的速度,其工作示意图如图5-8所示。

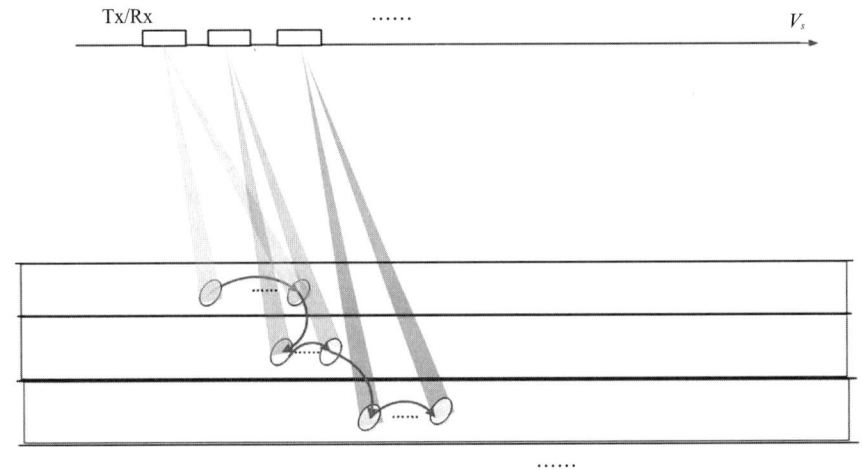

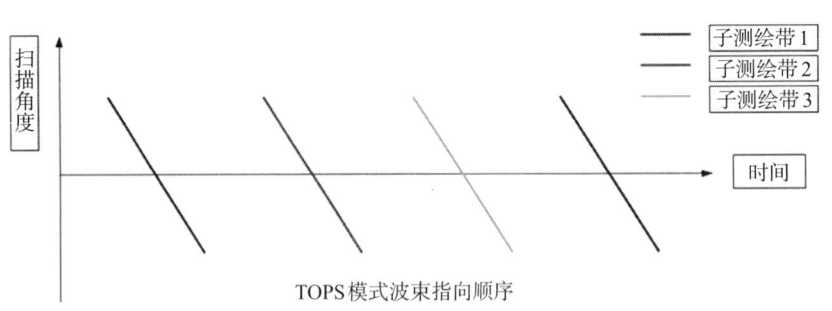

图5-8 TOPS SAR工作波束切换示意图

TOP SAR模式具有如下优点。

①对于方位测绘带内的任一目标,完整地被天线主瓣波束中心照射,所经历的

天线照射的幅度调制近似相同，照射总时间近似相等，从而削弱了Scan SAR模式由于方位不同目标经历方位天线方向图不同段调制所带来的图像中周期性明暗条纹的调制效应（Scalloping effect），解决了子测绘带的方位向模糊度（AASR）和图像信噪比在方位向测绘带内非均匀分布问题。

②由于目标具有比条带SAR更短的积累时间，TOP SAR的分辨率较条带SAR均有所降低，波束沿飞行方向从后向前的滑动使目标相当于被一个压缩的天线波束进行照射，从而等效合成孔径时间变短，即具有更短的积累时间，其多普勒带宽、方位向分辨率主要与波束转动角速度有关。

从点目标回波天线方向图加权的角度，可将TOP SAR等效为波束压缩后的条带SAR来进行分析。假设天线方向图为sinc函数形式，则TOP SAR天线方向图可以表示为如下形式：

$$G_a = G_0 \sin c^2 \left[\frac{L}{l} \left(\frac{v_s t}{R_0} + q(t) \right) \right] \approx G_0 \sin c^2 \left[\frac{L}{l} \left(\frac{v_s t}{R_0} + k_j t \right) \right] \approx G_0 \sin c^2 \left[\frac{L}{l} \frac{v_s t}{R_0} \left(1 + \frac{R_0 k_j}{v_s} \right) \right] \quad (5-1)$$

式中，$\theta(\tau)$为波束旋转角，k_φ为波速沿方位向的旋转角速度，t_a为方位向时间，v_s为地速，R_0为雷达离目标点最近距离，λ为波长，L为天线尺寸。因此，TOP SAR等效为波束压缩了$1 + \frac{R_0 k_\varphi}{v_s}$倍的条带SAR，如图5-9所示。

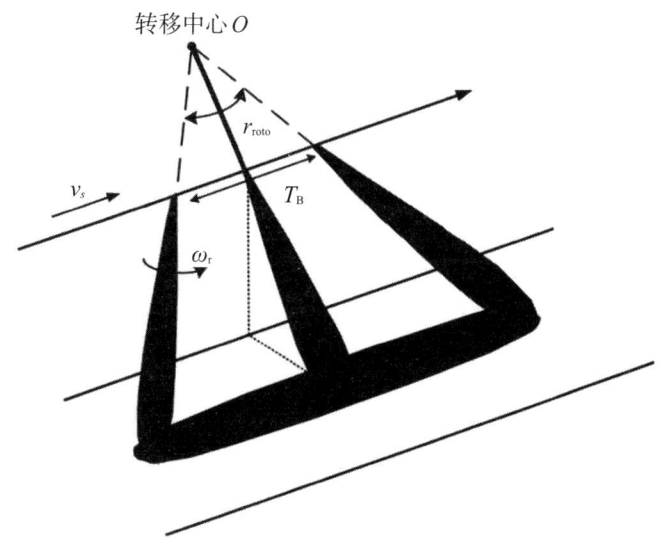

图5-9 TOP SAR模式天线转动示意图

1. 方位向分辨率

TOP SAR方位分辨率是相同波束工作在条带模式下方位分辨率的$1 + \frac{R_0 k_\varphi}{v_s}$倍，即

大椭圆轨道合成孔径雷达技术

$$\rho_{az} = \left(1 + \frac{R_0 k_\varphi}{v_s}\right)\rho_{strip} \tag{5-2}$$

2. 方位向模糊度

$$AASR = \frac{\sum\limits_{\substack{-\infty \\ m\neq 0}}^{\infty} \int_{-B_P/2}^{B_P/2} G_a^2 \left[\left(1 + \frac{R_0 k_\varphi}{v_s}\right)\cdot f + mf_p\right] \mathrm{d}f}{\int_{-B_P/2}^{B_P/2} G_a^2 \left[\left(1 + \frac{R_0 k_\varphi}{v_s}\right)\cdot f\right] \mathrm{d}f} \tag{5-3}$$

式中，G_a 为天线方向图增益，B_p 为方位向处理带宽，f_p 为脉冲重复频率。TOP-SAR 系统参数设计时需确定各子观测带方位向波束扫描速度。由上述分析可知，波束扫描速度影响方位向分辨率。此外，使用相控阵天线控制波束指向时，扫描角度非连续性调制和偏扫都会对系统性能产生影响，影响模糊度和信噪比指标，系统设计时应予以考虑。

图 5-10、图 5-11、图 5-12 分别给出了不同的天线口径、不同分辨率、不同扫描切换次数下的天线扫描速度，每个 Burst 子成像带时间，每个 Burst 子成像带天线扫描角度的仿真分析。

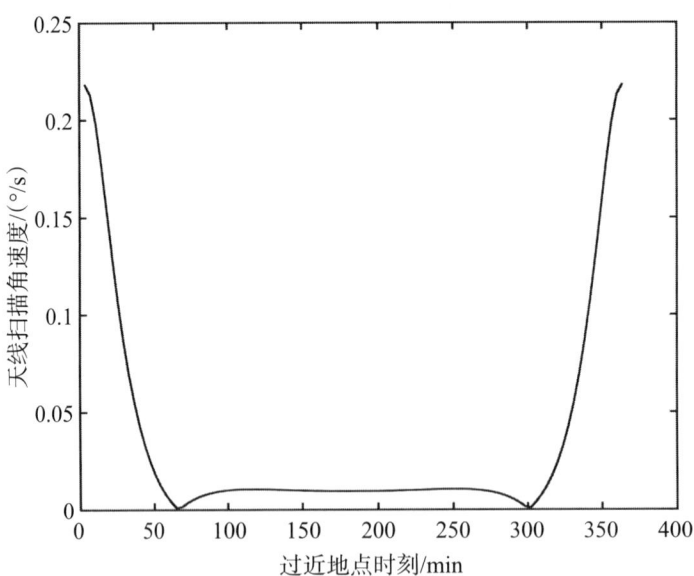

图 5-10　天线口径 40 m，分辨率 10 m，天线扫描角速度的要求

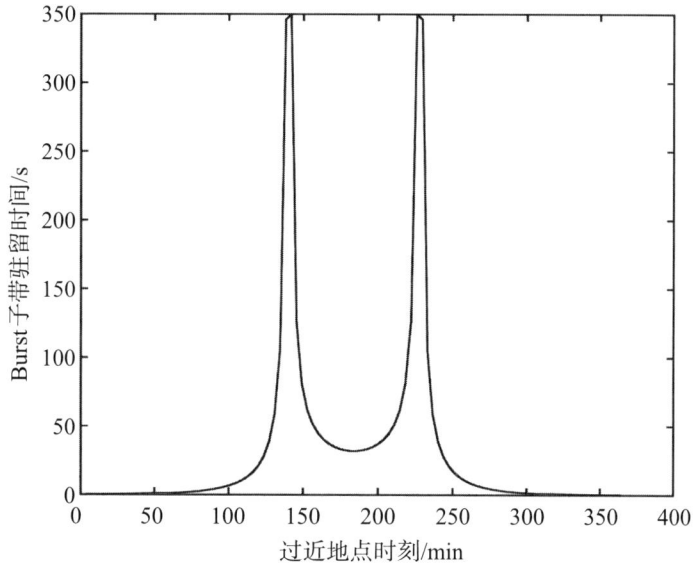

图5-11 天线口径40 m，分辨率10 m，每个Burst子成像带时间要求

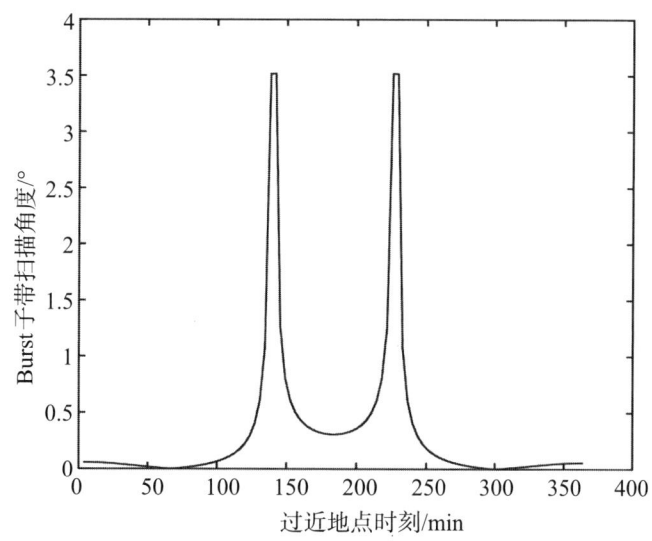

图5-12 天线口径40 m，分辨率10 m，每个Burst子成像带扫描角度

从以上几个图可以看出，在10 m分辨率，天线口径40 m，波束切换次数为2次的情况下，不同轨道位置处所需的天线扫描速度，Burst子带驻留时间，Burst子带天线扫描角度不一致。在远地点位置处，Burst子带天线扫描角度为0.01°，近地点位置处为0.21°；在远地点位置处，Burst子带驻留时间为31.96 s，近地点位置处为0.26 s；在远地点位置处，天线扫描速度为0.21°/s，近地点位置处，天线扫描速度为0.01°/s。

无论是条带模式、滑动聚束模式，还是TOPS SAR模式在大椭圆轨道SAR下，

大椭圆轨道合成孔径雷达技术

由于其轨道高度不断变化,如果在时间范围内采用固定的波束宽度照射,其天线 3 dB 测绘带不同,下面分别给出近地点、过近地点 1 小时和 3 小时刻和远地点间隔 10 min 地面波束足迹之间的变化。

过近地点 1 小时,相邻两点时间间隔 10 min 地面波束足迹变化如图 5-13 所示。

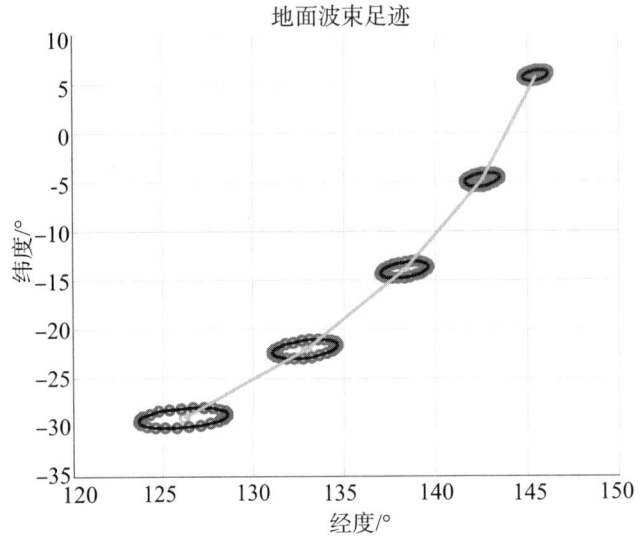

图5-13　过近地点1小时,相邻两点时间间隔10 min地面波束足迹变化

过近地点 3 小时(远地点位置处),相邻两点时间间隔 10 min 地面波束足迹变化如图 5-14 所示。

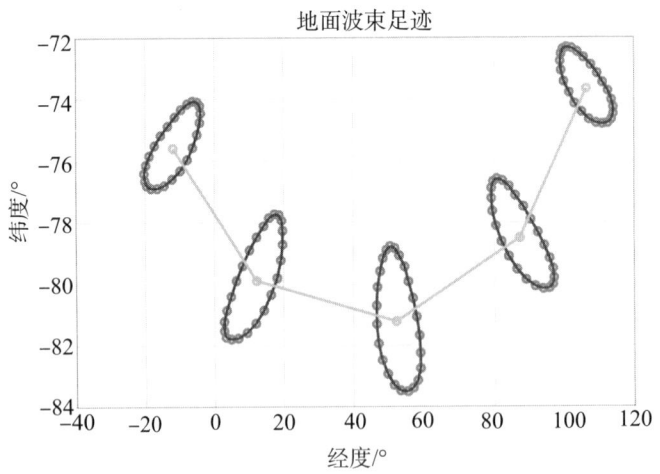

图5-14　过近地点3小时,相邻两点时间间隔10 min地面波束足迹变化

因此,针对大椭圆轨道 SAR 的成像模式,对应的波束宽度变化有两种技术途径可以调整。一种是通过雷达采样窗回波信号进行截取来获取一定的测绘带。例如如果天线波束宽度的 3 dB 对应的幅宽很宽,超过了任务要求的测绘带宽度,那么可以

通过雷达采样窗回波信号来截取的天线波束宽度，这样能够使得波束边缘获得更好的天线增益。这种方法只是能够对波束边缘天线增益的获取有好处，而且还需要根据轨道高度的变化进行合理的选取，如果长时间对不同天线波束宽度进行截取还容易导致一副图像辐射强度的不一致，从而造成类似于扫描模式中的不同位置的目标加权不均匀扫描模式会产生 scalloping 效应。因此，需要进行合理的采样窗回波信号截取准则来保证雷达的图像质量。

图 5-15 给出了回波采样窗截取不同天线波束宽度对应的不同天线增益的情况示意图。

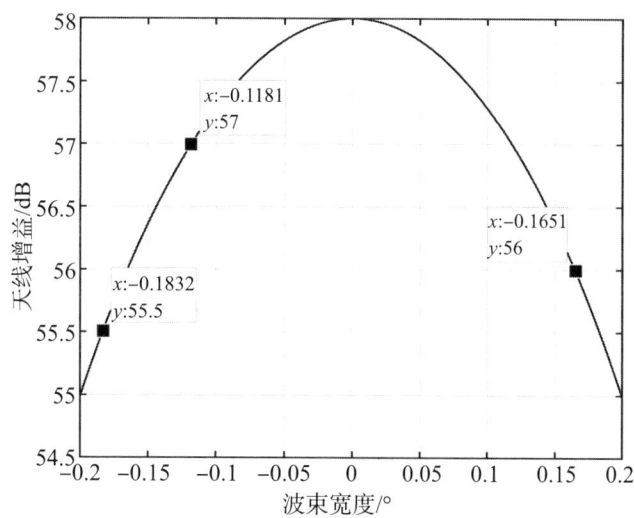

图 5-15　在波束远端入射角为 50°情况下不同轨道位置达到 300 km 所需的波束宽度

由此可见，当天线的增益由峰值下降从 3 dB 变为下降 2.5 dB 时，天线波束宽度变窄约为原来的 91.6%。当天线的增益由峰值下降从 3 dB 变为下降 2 dB 时，天线波束宽度变窄约为原来的 82.52%。当天线的增益由峰值从下降 3 dB 变为下降 1 dB 时，天线波束宽度变窄约为原来的 59.05%。因此，如果要将一副图像的增益变化控制在 0.5 dB 范围之内，通过雷达采样窗回波信号进行截取的方式只能在原波束宽度的 91.6% 进行截取。

另外一种技术途径是随着大椭圆轨道高度的提升来调整波束宽度。如果需要波束中心较好的天线增益，那么就不能通过截取回波窗口了，而是应该根据不同的任务需求及其不同的轨道高度对天线波束宽度、增益进行调整，通过降低波束宽度，提高天线增益，以获得较好的系统灵敏度及图像信噪比。

对于大椭圆轨道来说，由于轨道高度是时变的，随着轨道高度的变化，同样的测绘带其所需要天线波束宽度也不一样，如图 5-16、图 5-17 所示。

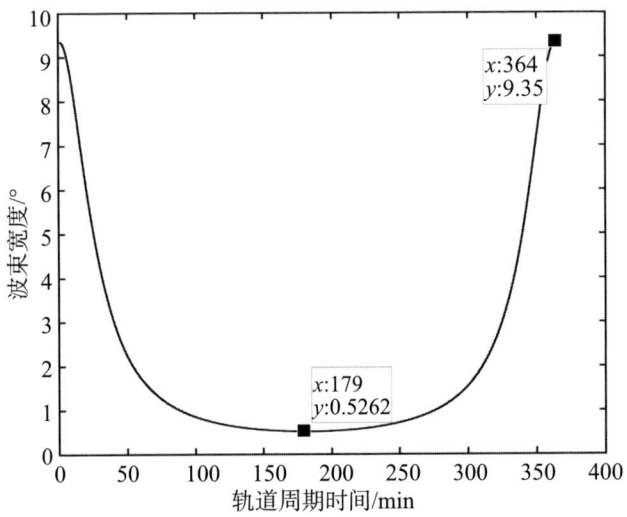

图 5-16　在波束远端入射角为 50°情况下不同轨道位置达到 300 km 所需的波束宽度

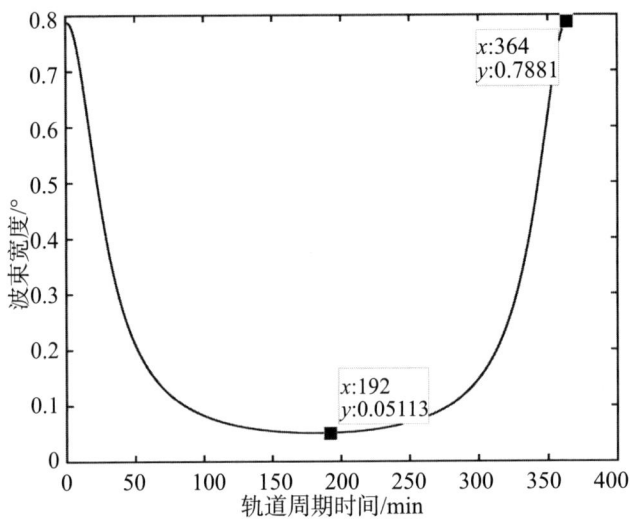

图 5-17　在波束远端入射角为 50°情况下达到 30 km 所需的波束宽度

由以上两图可知，在测绘带一定的情况下，不同轨道高度所需的波束宽度也不一致。因此，可以通过相控阵馈源对天线波束进行调整，以获取合适的天线增益。一般来说，波束宽度越窄天线增益越高，当然天线的最窄波束宽度还会受到天线电气口径的限制。

图 5-18 给出了不同天线波束宽度并且考虑受到天线电气口径的限制下天线增益变化情况。

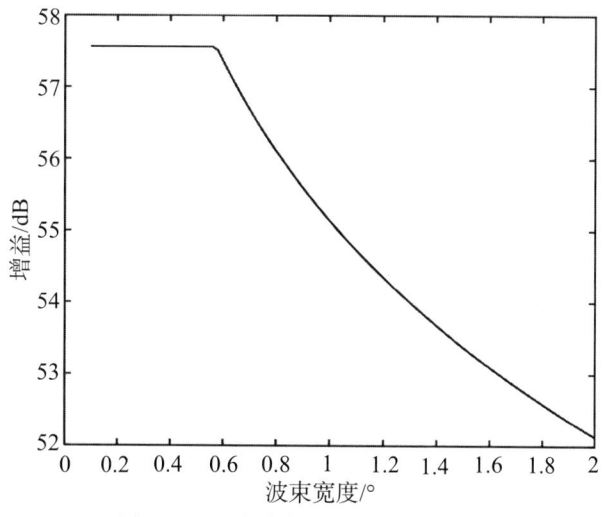

图5-18 天线波束宽度随增益变化情况

可见，随着天线波束宽度的变窄，天线增益逐渐升高，到了受天线孔径限制的地方后天线增益不再变化。因此，为了应对轨道高度变化带来的测绘带宽度变化，可以通过天线波束变窄以获取高的天线增益的方法，从而保证图像的信噪比要求。

通过采用上述两种方法后，天线的波束在地面的足迹如下。

图5-19为过近地点1小时，地面波束足迹图，波束宽度随着轨道高度的升高不断调整，使地面波束覆盖面积保持一致。

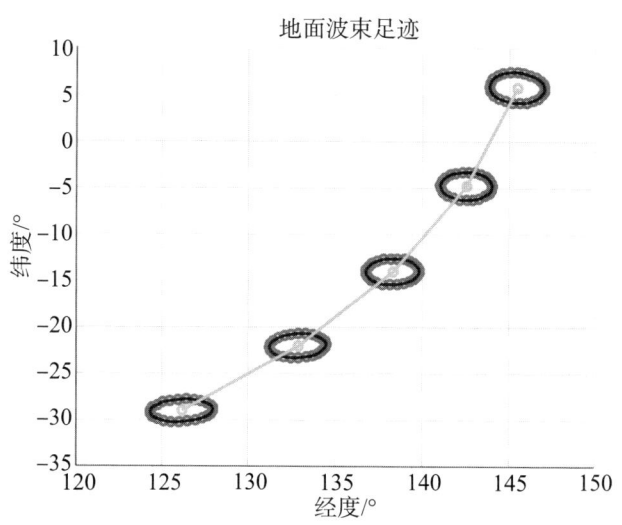

图5-19 过近地点1小时，波束调整后相邻两点时间间隔10 min地面波束足迹变化

对于大椭圆轨道SAR工作模式设计，从卫星工作模式的设计角度，总体的准则如下：

（1）根据任务需求，确定所需观测区域；
（2）根据所观测区域确定卫星可观测的轨道段；

（3）观测所需要的雷达分辨率、测绘带等系统参数指标；
（4）选择系统成像体制；
（5）计算该轨道位置处雷达系统的能力，确定所能达到指标。

如果能够满足用户任务需求，则选择载荷开机及相关工作模式，如果不满足任务需求，则重新规划成像体制或者重新任务规划。

大椭圆轨道SAR工作模式设计准则及整体的流程如图5-20所示。

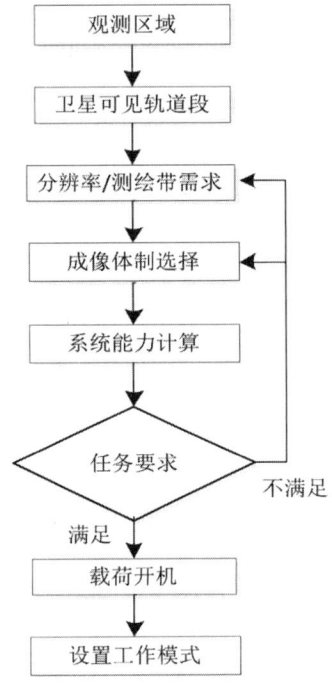

图5-20 大椭圆轨道SAR工作模式设计准则

5.2 新型工作模式设计

针对大椭圆轨道SAR在远地点卫星运动速度比较慢及舰船、海冰大范围搜索，运动目标检测（流冰、舰船运动需要多次观测）需求，结合大椭圆轨道的特性，提出了两种新型的工作模式，分别为区域TOPS模式、混合TOPS SAR模式。下面对这两种新型的成像模式进行介绍。

与Scan SAR一样，TOPS模式被设计为在方位向可以连续测绘的宽测绘带模式，测绘带宽的增加是以方位分辨率的牺牲为代价的。在许多实际应用情况下，并不一定需要连续覆盖，有时候只希望对一个区域进行尽量高分辨率、宽测绘带的观测。例如海面、地面监视等。雷达波束在方位向的转动使TOPS模式在每个子测绘带上可以比Scan SAR工作更长的时间。但是，如果只是对一个区域进行观测，TOPS模式和Scan SAR的情况大不相同。TOPS模式可以通过调整转角而得到一个有效的观测，而Scan SAR不能。其原因在于不考虑连续观测的情况下，理论上讲TOPS模式的成像切换时间是没有限制的。这意味着TOPS模式比Scan SAR更加灵活，因为连续测绘能力可以作为一个新的因素来换取分辨率或者测绘带宽,这与滑动聚束模式及马赛克模式比较相似。

当用TOPS模式来进行区域观测的时候,可以获得更高的方位分辨率和/或更宽的测绘带。在一个确定系统中,不同工作模式的性能可以用图5-21表示。其中,黑色的斜线表示条带模式的测绘带宽与方位分辨率之比,各模式在图中用不同的图形表示。

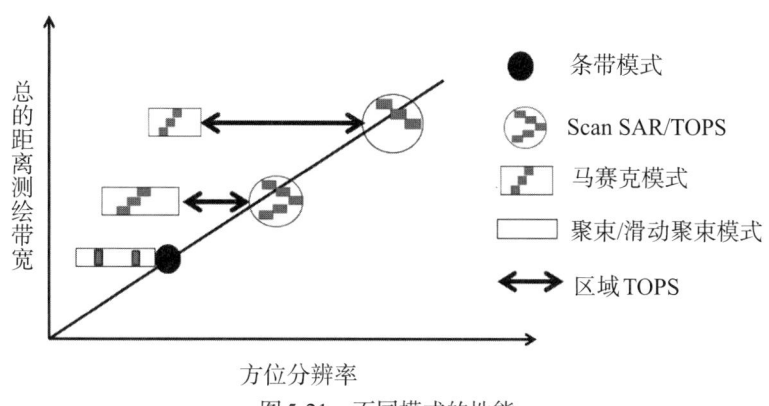

图5-21 不同模式的性能

从分析可以发现,聚束模式和滑动聚束模式将方位向连续测绘能力转换为方位分辨率,可以认为不损失距离测绘带宽,但分辨率高于条带模式,因此聚束模式处于条带模式的比例线之上。而马赛克模式再通过距离向切换多个子测绘带,获取高分辨率的同时还能获取宽测绘带,也处于比例线之上。需要注意的是这几种在比例线之上的模式并不是解决了"最小天线面积"带来的约束,而是牺牲了方位连续测绘的能力。

在马赛克模式和Scan SAR/TOPS之间有一个空白,这个空白区域正是对应提出的区域TOPS模式。当用TOPS模式进行区域观测时,可以不考虑连续测绘的要求,通过更大的扫描角度,得到更高的分辨率和更宽的测绘带宽。因此,这种方式特别适合于大椭圆轨道SAR远地点位置处卫星星下点运行速度比较慢,从而造成方位成像测绘带比较窄。

区域TOPS模式包括两种单周期模式和两种多周期模式。

1. 单周期模式

单周期模式在每个子测绘带只工作一次,然后把各子测绘带的图像进行拼接。对称单周期模式(SYS)如图5-22(a)所示。在每个子测绘带上,扫描角度关于时间中心对称。这种模式忽略了不同子测绘带间图像的方位图像的错位。使每个子测绘带上的起始扫描角和结束扫描角相同,中心为0。SYS模式需要更小的扫描角度,实现也比较简单,但拼接后的图像在方位向会出现错位。非对称单周期模式(ASS)如图5-22(b)所示。这种模式希望得到一个规则的拼接后的图像,所以扫描不以时间中心对称。在每个周期的中心,扫描角度不为0,起始的扫描角和结束的扫描角也不相同。这种模式可以得到规则的图像,但需要更大的扫描角。

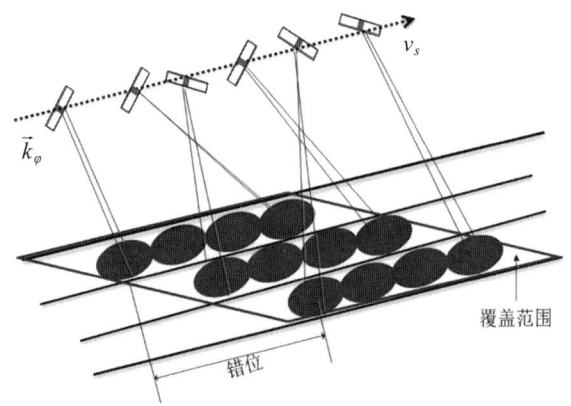

(a) 对称单周期模式

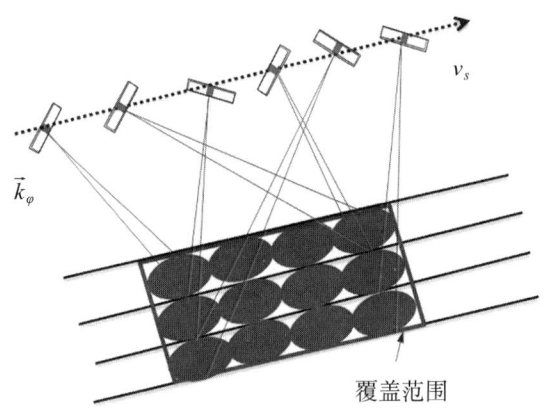

(b) 非对称单周期模式

图 5-22 区域 TOPS 单周期模式

2. 多周期模式

单周期模式比较容易实现，但 SYS 模式的子测绘带间的方位错位比较大，而 ASS 模式需要的扫描角度比较大。多周期模式通过在每个子测绘带上工作多个周期，以减少错位和扫描角度。在一次数据获取内，图像是连续的，而在之外是不连续的。

(1) 对称多周期模式 (SYM)

对称多周期模式的工作几何如图 5-23 (a) 所示。图示的例子在每个子测绘带上用了两个周期。和 SYS 模式一样，这种模式忽略了不同测绘带间的方位错位。在各子测绘带上，扫描相对于时间中心对称，这使得在第一个周期的起始角度和最后一个周期的结束角度相同。这种模式比 SYS 模式有更小的方位错位，但需要更复杂的扫描规律和稍大一些的扫描角度。

(2) 非对称多周期模式 (ASM)

非对称多周期模式的工作几何如图 5-23 (b) 所示。和 ASS 模式相同，图示的系统在每个子测绘带用两个周期,来获得一个规则的拼接后图像,所以扫描角不以时间中心对称。这种模式比SYM模式需要更大的扫描角度,但可以获得一个规则的图像。

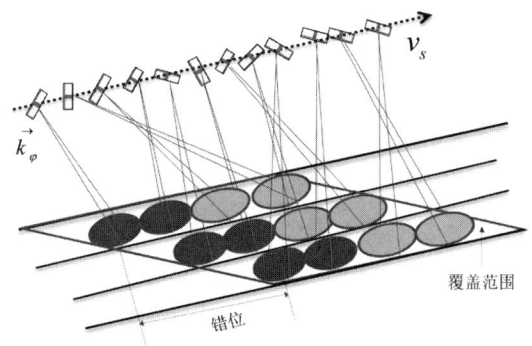

(a)对称多周期模式

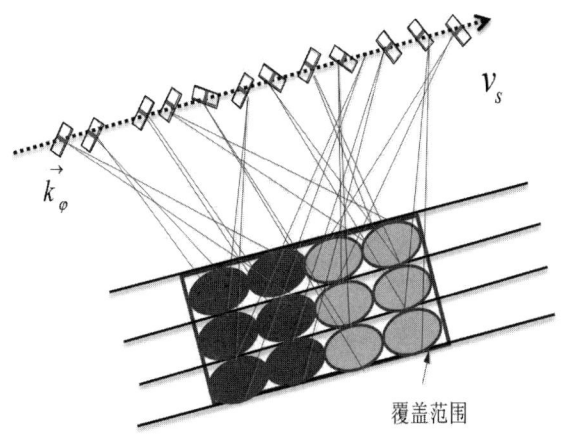

(b)非对称多周期模式

图5-23 区域TOPS多周期模式

3. 标准TOPS模式

在连续测绘(标准TOPS模式)的情况下,参数设计的主要约束之一是为满足连续测绘的扫描时序。但对区域观测的情况,参数设计相对直接。分辨率计算与标准TOPS模式相同,而工作时间可以用下式设计:

$$T_B^{(i)} = \frac{L_a + V_g^{(i)} T_{sym}^{(i)}}{V_g^{(i)} + k_\varphi^{(i)} R_c^{(i)}} \tag{5-4}$$

其中,$k_\varphi^{(i)}$为扫描角速度,V_g表示地速,R_c表示波束中心斜距。因为每个周期都有相同的长度,L_a对各子测绘带不进行区分。对单周期模式,L_a就是需要的方位观测长度,而对多周期模式,总的方位观测长度为

大椭圆轨道合成孔径雷达技术

$$L_{total} = M \times L_a \tag{5-5}$$

其中，M 是一次数据获取使用的周期数。该模式的扫描周期为

$$T = \sum_{i=1}^{Ns} T_B^{(i)} + T_G \tag{5-6}$$

其中，T_B 表示在一个测绘带上一次工作的时间长度，T_G 表示子测绘带工作完切换到下一个测绘带的切换时间。下面对各模式的转角进行分析：在单周期模式中，各测绘带的扫描角度为

$$\theta^{(i)} = k_\varphi^{(i)} T_B^{(i)} \tag{5-7}$$

在 SYS 模式下，起始扫描角为 $-\theta^{(i)}/2$，结束扫描角为 $\theta^{(i)}/2$。需要的 SYS 模式的扫描角为

$$\theta_{SYS} = \theta_{SYS} \atop {1 \leqslant i \leqslant N_s} \left(\frac{k_\varphi T_B^{(i)}}{2} \right) \tag{5-8}$$

在 ASS 模式下，需要在整个数据获取时间进行考虑，每个周期都有不同的起始斜视角，而最后一个子测绘带的结束斜视角为

$$\theta_{ed,ASS}^{(N_s)} = \frac{V_g^{(N_s)} T - L_a - V_g^{(1)} T_{D,strip}^{(1)}/2 - V_g^{(N_s)} T_{D,strip}^{(N_s)}/2 + r_{ref}^{(1)} \theta_{st,ASS}^{(1)}}{r_{ref}^{(N_s)}} \tag{5-9}$$

其中，θ_{st} 是起始的斜视角，θ_{ed} 是结束斜视角，$T_{D,strip}$ 为带条模式的目标照射时间。r_{ref} 为参考点的调频斜距。$\theta_{ed,ASS}^{(N_s)}$ 随着 $\left|\theta_{st,ASS}^{(1)}\right|$ 的减小而增加，最大的扫描角是 $\left|\theta_{ed,ASS}^{(N_s)}\right|$，$\left|\theta_{st,ASS}^{(1)}\right|$，$\left|\theta_{ed,ASS}^{(N_s)} - k_\varphi^{(N_s)} T_B^{(N_s)}\right|$，$\left|\theta_{ed,ASS}^{(1)} - k_\varphi^{(1)} T_B^{(1)}\right|$ 中的最大值，在大部分情况下，需要的扫描角为

$$\theta_{ASS} = \left|\theta_{ed,ASS}^{(1)} - k_\varphi^{(1)} T_B^{(1)}\right| = \left|\theta_{ed,ASS}^{(N_s)} - k_\varphi^{(N_s)} T_B^{(N_s)}\right|$$

$$= \frac{V_g^{(N_s)} T - L_{tops} - V_g^{(1)} T_{D,strip}^{(1)}/2 - V_g^{(N_s)} T_{sys}^{(N_s)}/2 + r_{ref}^{(1)} k_\varphi^{(1)} T_B^{(1)} + r_{ref}^{(N_s)} k_\varphi^{(N_s)} T_B^{(N_s)}}{r_{ref}^{(1)} + r_{ref}^{(N_s)}} \tag{5-10}$$

其中，L_{tops} 表示 TOPS 模式方位向测绘带长度。对 SYM 模式进行同样的分析可以知需要的扫描角为

$$\theta_{SSM} = \max_{1 \leqslant i \leqslant N_s} \left\{ \frac{V_g^{(i)}[(M-1)T + T_B^{(i)}] - V_g^{(i)} T_{sys}^{(i)}}{2} + k_\varphi^{(i)} T_B^{(i)} \right\} \tag{5-11}$$

而 ASM 模式为

$$\theta_{ASM} = \frac{MV_g^{(N_s)} T - L_{tops} - V_g^{(1)} T_{D,strip}^{(1)}/2 - V_g^{(N_s)} T_{sys}^{(N_s)}/2 + r_{ref}^{(1)} k_\varphi^{(1)} T_B^{(1)} + r_{ref}^{(N_s)} k_\varphi^{(N_s)} T_B^{(N_s)}}{r_{ref}^{(1)} + r_{ref}^{(N_s)}} \tag{5-12}$$

4. 混合 TOPS SAR 模式

实现对舰船运动或者流冰等运动目标的监视与运动参数估计，需要在秒量级内完成对同一目标区域的多次观测，形成序贯图像，从而完成运动目标的检测与速度信息的提取。有文献提出通过采用沿方位向形成2个波束，卫星在飞行过程中，2个波束在几秒钟时间内先后照射目标区域，得到2幅SAR图像，通过对比2幅SAR图像完成运动目标检测与运动信息的提取。该模式较传统模式而言，其测速精度高，易于实现，但其缺陷在于该模式得到的同一区域SAR图像样本数较少，由于采用双波束后，脉冲重复频率相应要提高一倍，所以测绘带宽缩小50%，不利于广域目标的监视。

因此，提出了混合TOPS SAR的思想。可根据应用需求，通过顶层优化设计，设置混合度因子，确定成像模式，可实现同一区域的多次观测，且具备方位向连续测绘能力，所以更加有利于运动目标的检测。图5-24以3次观测为例，给出了对同一观测区域3次连续观测的示意图，对其实现方式进行具体分析和描述。首先，卫星工作在Mode 1模式（TOPS模式）下，此时选择混合度因子为0.5，则AB区域完成了一次观测；卫星接着工作在Mode 2模式（TOPS模式）下，混合度因子选择为0.25，此时AB区域被再一次观测，BC区域完成首次观测；卫星接着工作在Mode 3模式（逆TOPS模式）下，混合度因子为–0.5，此时，BC区域第2次被观测；卫星接着工作在Mode 4模式（TOPS模式）下，混合度因子选择为0.25，此时，BC区域第3次被观测，CD区域被第1次观测；卫星接着工作在Model模式（TOPS模式）下，混合度因子选择为0.5，此时，CD区域被第2次观测；卫星接着工作在Mode 2模式（TOPS模式）下，混合度因子选择为0.25，此时，CD区域被第3次观测，DE区域被第1次观测；卫星接着工作在Mode 3模式（TOPS模式）下，混合度因子选择为–0.5，此时，

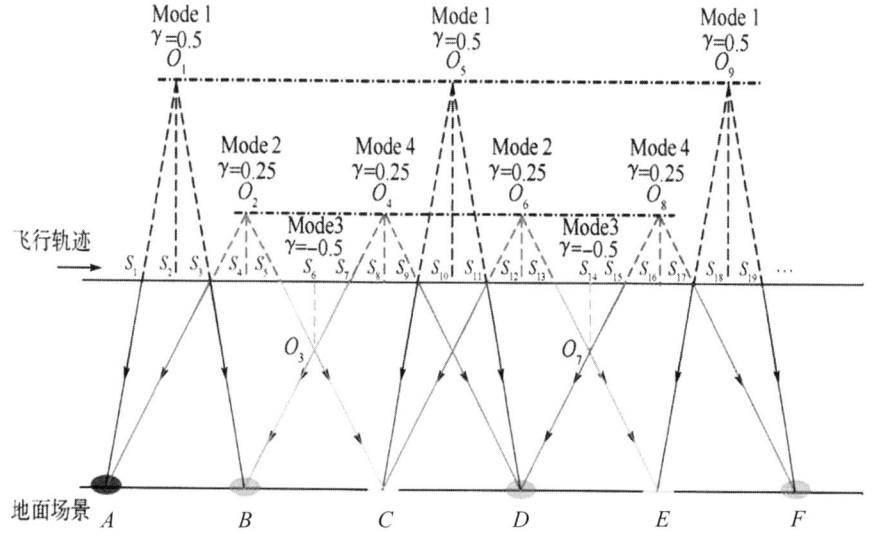

图5-24 混合TOPS SAR工作模式示意图

大椭圆轨道合成孔径雷达技术

CD区域被第3次观测，DE区域被第2次观测；卫星接着工作在Mode 4模式（TOPS模式）下，混合度因子选择为0.25，此时，DE区域第3次被观测，EF区域被第1次观测；卫星接着工作在Mode 1模式（TOPS模式）下，混合度因子选择为0.5，此时，EF区域被第2次观测；依次重复操作，则可实现方位向连续测绘。通过分析不难发现，从B点开始，每一个区域被观测了3次，且观测条件均相同。实际工程实现中可根据测绘带宽度和目标所在位置、分辨率要求设置不同的混合度因子组合。

该种工作模式特别适用于大椭圆轨道SAR流冰及舰船目标等需要多次观测的情况。

5.3 多星工作模式设计

为了发挥多星的应用效能，需要对多星的工作及应用模式开展研究，重点从多星协同规划架构、多星协同规划方法、雷达载荷动作序列优化等开展研究。

现有的卫星一般工作过程如下：按照预定动作指令执行对地观测活动，当卫星飞过地面测控站上空时，地面测控站对卫星进行测控，将动作调整指令上注到卫星，卫星根据动作调整指令对星上动作序列进行调整，删除冲突的观测动作，增加新观测动作。当卫星飞行至观测目标上空时，卫星对目标"可视"，卫星传感器开机，按照设定的工作模式观测地球表面的特定信息并存储到星载存储器中，当目标离开传感器观测范围时，卫星传感器关机结束观测。卫星对地观测任务规划过程如图5-25所示。

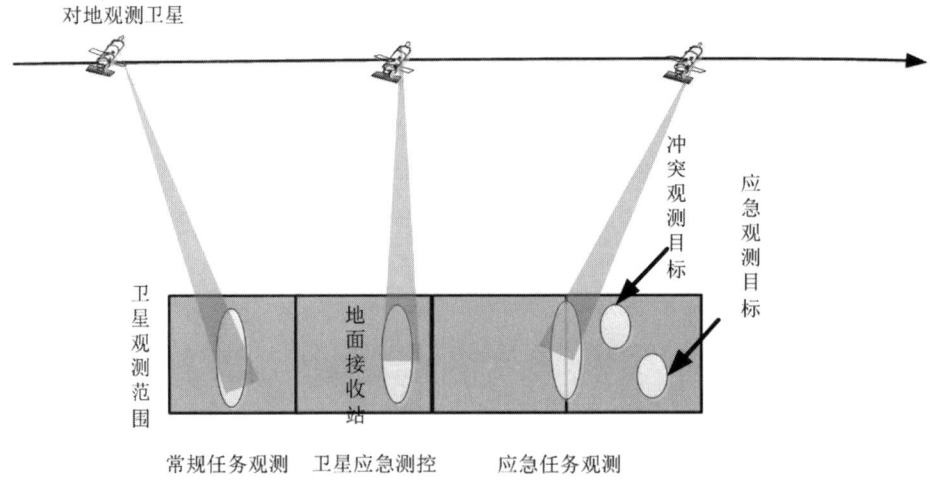

图5-25 卫星对地观测任务规划过程示意图

卫星对地观测任务规划具体过程如图5-26所示。

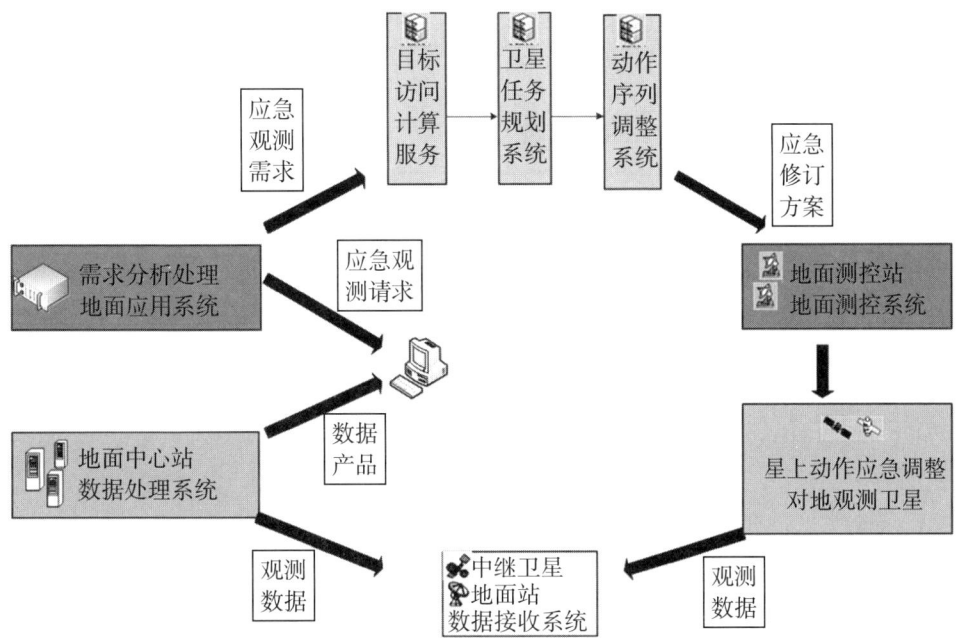

图 5-26　卫星对地观测任务规划具体过程

　　多星协同任务规划是根据观测目标时效性要求以及时域、空域、频域覆盖要求将有限的卫星资源进行重新分配的过程。观测任务一般具有很强的时效性要求，因此需要安排卫星尽可能早地对地面目标进行观测，及时获取到相关信息。同时，观测任务在时域、空域、频域上也有一定的要求。对于范围较大的区域，受卫星传感器观测范围的限制，卫星传感器很难通过一次观测将目标区域完全覆盖，如果观测任务无空域覆盖要求，则卫星只需要对观测目标访问观测一次，覆盖部分区域即可；否则需要对观测区域进行多次观测。对于某些观测区域，地面环境态势不断变化，需要在时间上进行连续观测、持续监控，对卫星的重访周期有很大要求。如果观测任务无时域覆盖要求，则只需要安排任意一个时间窗口进行观测即可，否则需要在多个时间窗口内进行连续观测，最大限度的满足卫星重访要求。因此，观测任务规划需要对多颗卫星资源进行协同调配以满足观测任务的要求。

　　因此，根据上面的描述，建立了面向大椭圆轨 SAR 应用观测任务的多星协同规划框架。

　　目标访问计算主要是对观测目标的访问时间窗口进行计算，为多星协同任务规划提供数据支持。根据输入的观测需求中包含的地理位置信息，计算目标缓冲区，通过对卫星星历数据进行分割处理实现对访问时间窗口粗略定位，并采用快速搜索方法精确计算访问时间窗口，最后生成观测任务。任务多星协同规划主要采用分布式体系结构，对输入的观测任务进行规划，在原观测方案的基础上，根据观测任务的时效性与协同性要求，按照单星规划—多星协同的方式合理安排对地观测活动。卫星动作序列优化调整主要是根据观测方案与原观测方案之间的差异，对观测方案

大椭圆轨道合成孔径雷达技术

进行优化调整，包括开关机动作和观测动作预处理以及开关机动作合并处理，最后生成修订方案，如图5-27所示。

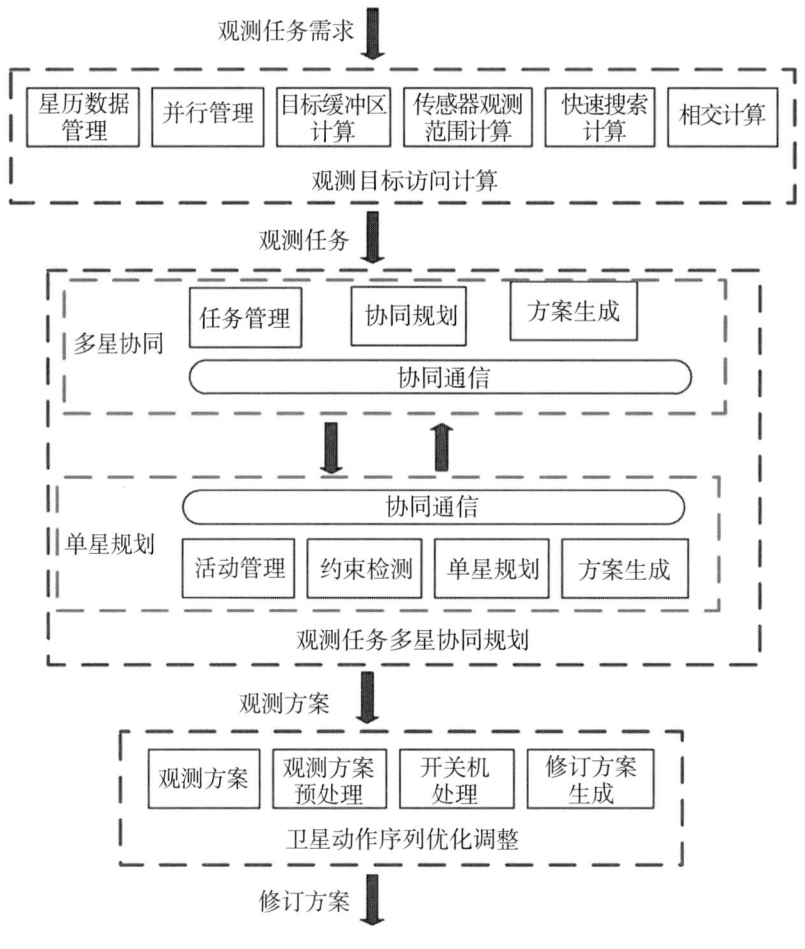

图5-27 卫星任务观测规划框架

多星协同规划方法就是根据用户提出的观测需求，结合现有观测方案，在满足卫星载荷约束的前提下，按照观测任务的时效性和协同性要求，确定卫星对地观测活动，获取最大观测效益的过程。多星协同接收到来自外部的规划任务并放入任务队列中，触发规划流程。多星协同从任务队列中读取到一个观测任务，根据可用的卫星信息将其下发到对应的单星规划上进行单星规划。单星规划收到待规划的观测任务之后，根据时效性要求和协同性要求，生成具有最大观测收益的单星规划方案，并在规定的时间内返回到多星协同决策处。多星协同决策处收到所有单星返回的单星规划方案后，融合所有单星规划方案中包含的观测活动，根据观测任务的时效性、协同性要求，重新选择安排观测活动，并将最终结果反馈给单星规划。如果存在冲突观测活动，则将冲突观测活动对应的观测任务放入任务队列中，同时让单星规划取消冲突观测活动。在对冲突观测任务规划的过程中，只对未执行的观测活动进行规划，不修改已规划执行的观测活动。多星协同和单星规划协作过程，如图5-28所示。

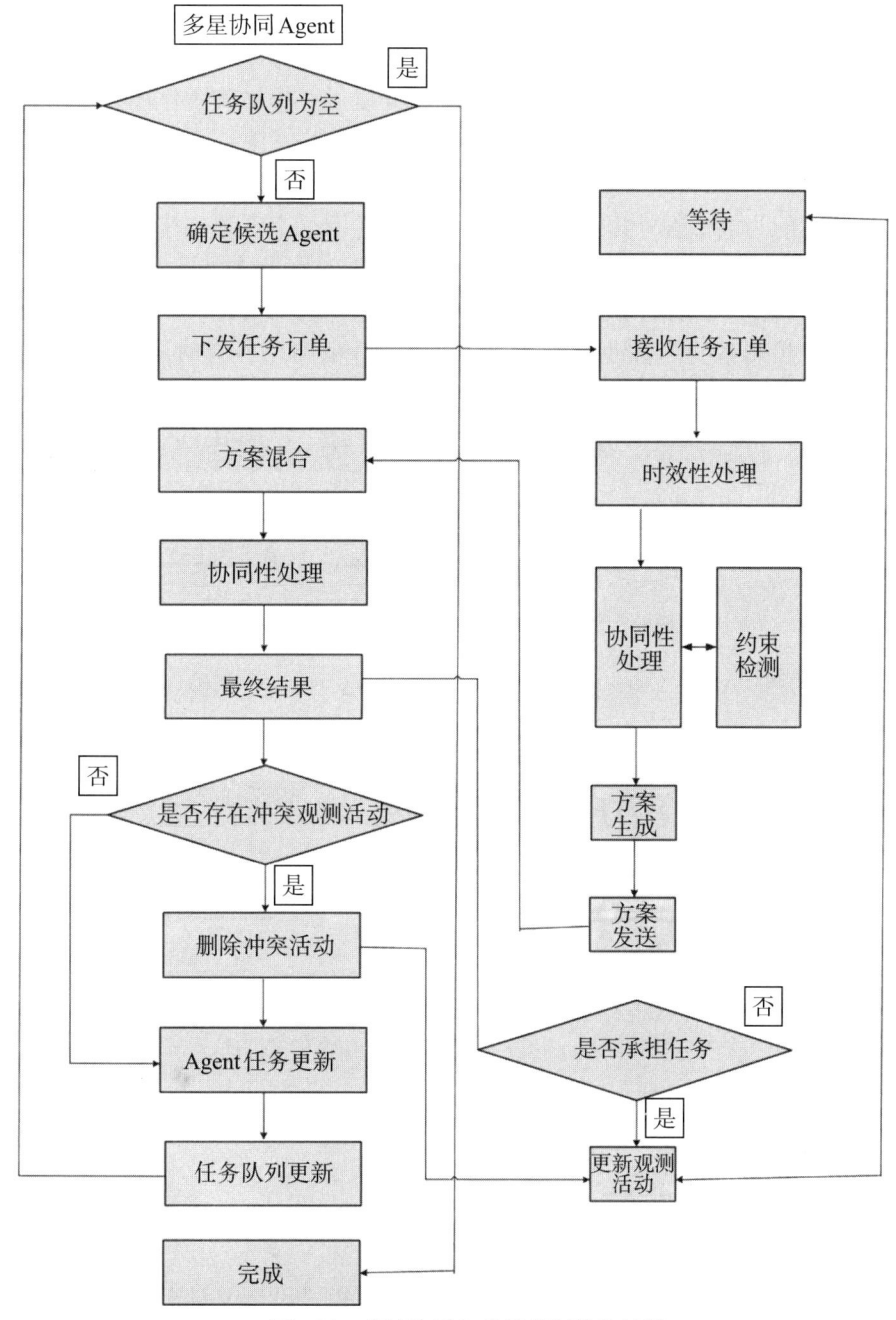

图5-28　多星协同和单星规划协作过程

在任务规划阶段，工作时段一般按照最小开关机时间间隔来划分，只要相邻两个观测活动时间间隔大于最小开关机时间间隔就将两个观测活动划分在两个独立的

大椭圆轨道合成孔径雷达技术

开关机中,出于对卫星使用的保护,地面运控系统要对卫星开关机进行限制,避免卫星连续、多次开关机。如何有限避免地面测控动作以及卫星开关机的限制是观测任务规划中亟须解决的问题。动作优化调整的目的就是利用有限的测控指令完成星上动作修改并满足卫星开关机使用要求。

SAR载荷工作状态由卫星开关机动作序列和观测动作序列控制。在卫星执行第一个观测动作之前,SAR提前开机,SAR完全开机后开始加载工作模式参数,工作模式参数加载完毕后正式执行第一个观测动作;在未到达下一个观测动作切换工作模式之前,SAR处于待机状态。待机状态下,卫星不执行观测活动,但消耗电源能量,称这段时间为电源额外损耗时间。当快要到达下一个观测动作时,卫星提前加载下一个观测动作工作模式,工作模式参数加载完毕后正式执行下一个观测动作;当卫星执行完最后一个观测动作时,卫星SAR关机,如图5-29所示。

星上指令控制系统具备动作容错能力,当两个观测动作在时间上存在交叠时,系统能够自动检测错误,并提前结束前一个观测动作。

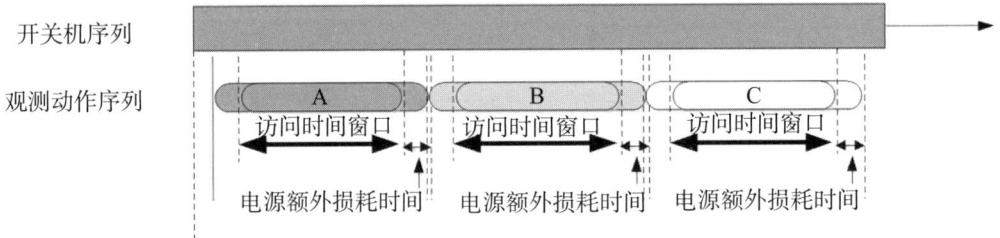

(a)传感器工作时序1

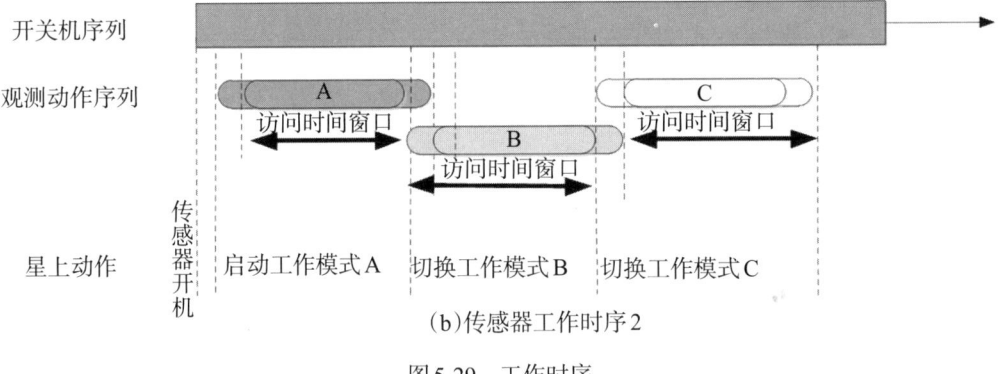

(b)传感器工作时序2

图5-29 工作时序

参考文献

[1] 李立,李财品,何明一.大椭圆轨道SAR滑动聚束模式设计及斜距模型[J].北京理工大学学报,2020,5(5):532.

[2] Li C, He M. Timing design for geosynchronous SAR[J]. Electronics Letters,2016,52(10):868-870.

[3] 李财品,何明一.地球同步轨道SAR凝视成像变脉冲重复频率技术[J].电子科技大学学报,2016,46(6):917-922.

[4] 郭磊,李立,颜昭,等.面向应急减灾的中轨多频多极化SAR载荷设计[J].航天器工程,2019,12(6):24-30.

[5] Ahmed S,Warren H.R,Symonds M.D.,et al. The Radarsat system[J]. IEEE Transactions on Geoscience and Remote Sensing,1990,28(4):598-602.

[6] Pitz W.,Miller D. The TerraSAR-X satellite[J]. IEEE Transactions on Geoscience and Remote Sensing,2010,48(2):615-622.

[7] Rosenqvist A,Shimada M,Ito N,et al. ALOS PALSAR:A pathfinder mission for global-scale monitoring of the environment[J]. IEEE Transactions on Geoscience and Remote Sensing,2007,45(11):3307-3316.

[8] Sharay Y,Naftaly U. TECSAR:design considerations and programme status[J]. IEE-Proc. Radar Sonar Navig.,2006,153(2):117-121.

[9] Suess M,Riegger S,Pitz W,et al. TerraSAR-X - Design and performance[C].European Conference on Synthetic Aperture Radar(EUSAR),Cologne,Germany,2002:49-52.

[10] Chen Qi, Huang Haifeng, He Feng, Dong Zhen, Liang Diannong. Using TOP SAR for District Observation [J] . IEEE Geoscience and Remote Sensing Letters,2013,10 (2) : 406-410.

[11] 陈祺.星载多模式合成孔径雷达成像技术研究[D].长沙:国防科学技术大学,2013.

[12] 王亚敏,陈杰,杨威,等.基于Hybrid-TOPS的星载SAR运动目标监视新模式[J].北京航空航天大学学报.2016,(06):1256-1262.

[13] 庞中华.高低轨对地观测卫星协同任务规划方法研究[D].哈尔滨:哈尔滨工业大学,2013.

6 成像处理算法

对于大椭圆轨道SAR来说，因其存在大的偏心率，使斜视等效距离历程的拟合精度严重下降，常规的二阶斜距模型并不能用来描述大椭圆轨道SAR。因此，首先需要建立更加合理的等效距离历程和点目标传递函数。另外，由于轨道高度与卫星速度时变，造成了其多普勒参数时变，方位向的时变特性显著。经典频域快速成像算法普遍基于方位时不变前提，在方位频域对斜距相同的点目标回波实现批量压缩，保证成像处理效率。然而，大椭圆轨道SAR时变多普勒成像特性造成了即使一个孔径回波信号的方位时变特性已经不能忽略，极大影响了经典频域成像算法的方位信号处理效率。另外，在大椭圆轨道远地点位置处，成像幅宽达到300 km，回波信号沿距离向的空变特性显著。经典星载SAR成像算法（如混合域的RD算法和CS算法以及二维频域的ωK算法）只能适应测绘带宽相对较窄的低轨SAR情况，不能满足宽幅观测回波信号的全测绘带一次成像要求。因此，常规的SAR频域算法对于大椭圆轨道SAR成像失效。时域算法如BP算法虽然适合于任意轨迹的成像，然而其受卫星定轨精度及地面DEM精度影响大，并且算法运算量大，如何降低算法的计算量，提高计算效率也是一项关键技术。

6.1 大椭圆轨道SAR斜距模型研究

1. 非停—走—停模式分析

传统SAR普遍采用了"停—走—停"假设：收发脉冲期间平台位置的移动可以忽略，但是大椭圆轨道远地点平台到目标距离远，回波时延大幅增加，在这期间平台的移动不能忽略，即收发脉冲时其位置不再相同，因此大椭圆轨道SAR不再满足"停—走—停"假设。

下面以大椭圆轨道近地点、远地点和过近地点1小时、2小时和3小时为例，对回波的双程斜距进行仿真分析，其目标位于场景中心点位置。图6-1~图6-4左侧为"停—走—停"假设下的斜距和经过更加精确计算的斜距，右侧为两种斜距之差。在合成孔径雷达成像系统中，要获得高分辨率图像，回波时延引起的相位误差不能大于$\pi/4$，即$\Delta\Phi = -\dfrac{2\pi}{\lambda}\Delta R(t) < \dfrac{\pi}{4}$，其中$\Delta(t)$为双程斜距误差。从下图可以看出，"停—走—停"假设下引起的相位误差远远大于$\pi/4$，因此大椭圆轨道SAR必须采用非

"停—走—停"模式,即收发分离计算。

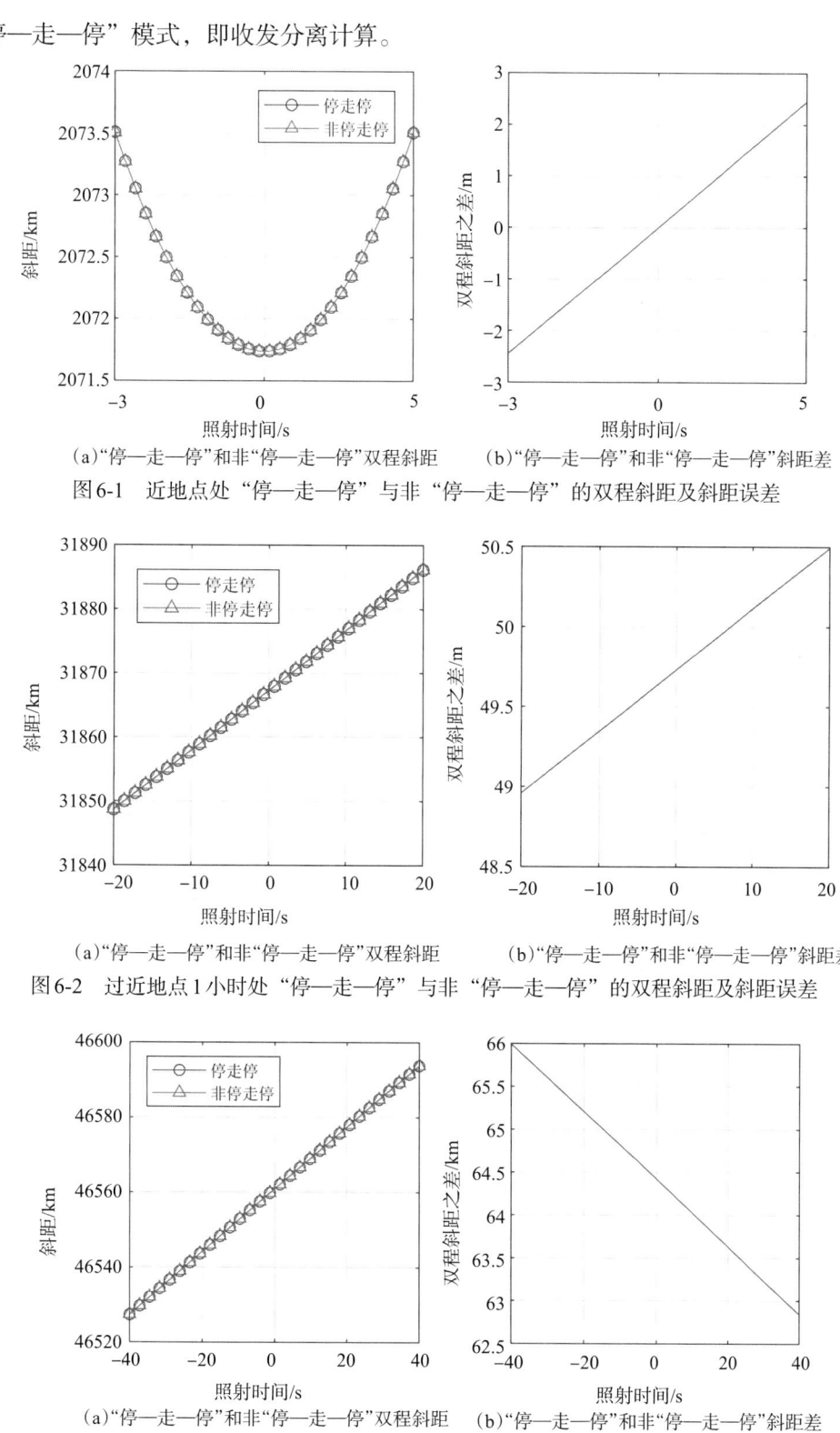

(a)"停—走—停"和非"停—走—停"双程斜距　　(b)"停—走—停"和非"停—走—停"斜距差
图6-1　近地点处"停—走—停"与非"停—走—停"的双程斜距及斜距误差

(a)"停—走—停"和非"停—走—停"双程斜距　　(b)"停—走—停"和非"停—走—停"斜距差
图6-2　过近地点1小时处"停—走—停"与非"停—走—停"的双程斜距及斜距误差

(a)"停—走—停"和非"停—走—停"双程斜距　　(b)"停—走—停"和非"停—走—停"斜距差
图6-3　过近地点2小时处"停—走—停"与非"停—走—停"的双程斜距及斜距误差

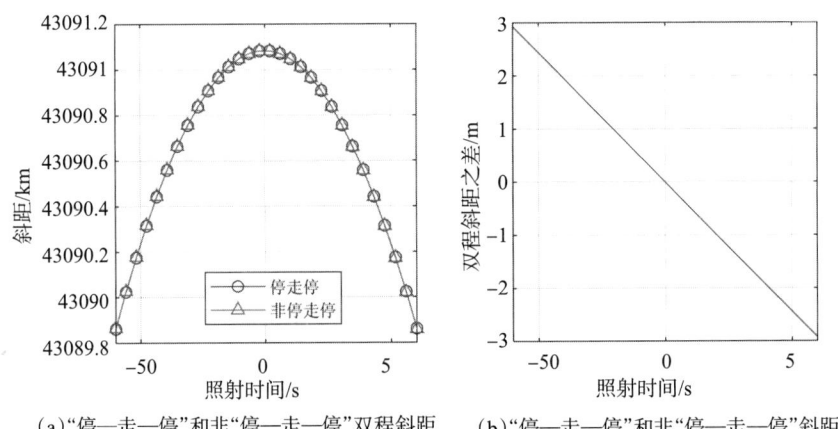

(a)"停—走—停"和非"停—走—停"双程斜距　　(b)"停—走—停"和非"停—走—停"斜距差

图6-4　远地点处"停—走—停"与非"停—走—停"的双程斜距及斜距误差

2. 斜距表达式分析

传统SAR斜距模型普遍采用二阶斜距模型，隐含将平台限于匀速直线运动。由于轨道和地表弯曲，并且地球独立于卫星轨道不停地自转，其几何关系相对复杂，但是低轨SAR卫星的合成孔径时间短，只有数秒钟的时间，在该照射时间范围内，可认为该模型几何关系仍然成立。但大椭圆轨道SAR远地点段合成孔径时间为百秒量级，斜距模型需要特别分析。

图6-5～图6-7分别为大椭圆轨道二阶和三阶斜距模型产生的斜距误差，从图中可以发现：当斜距模型取到三阶时，就可以满足大椭圆轨道斜距历程的精度要求。

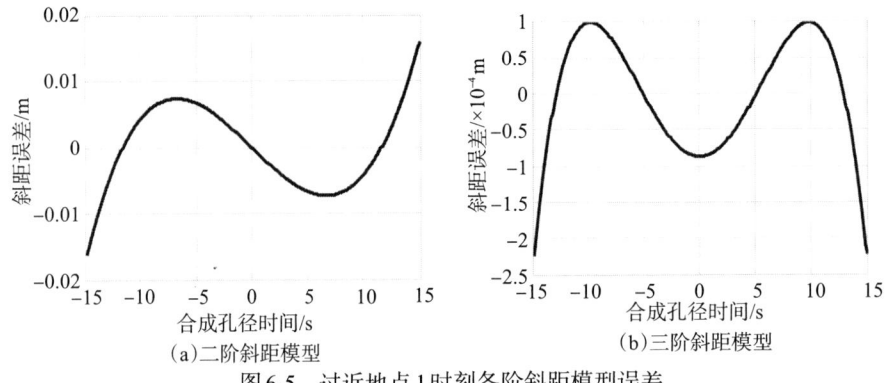

(a)二阶斜距模型　　(b)三阶斜距模型

图6-5　过近地点1时刻各阶斜距模型误差

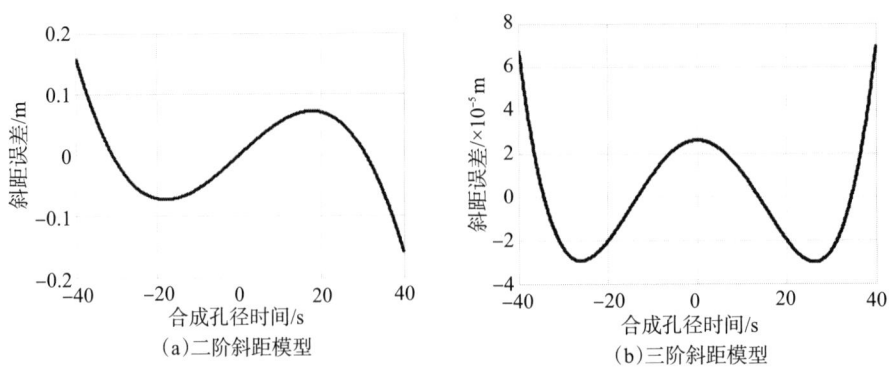

(a)二阶斜距模型　　(b)三阶斜距模型

图6-6　过近地点2时刻各阶斜距模型误差

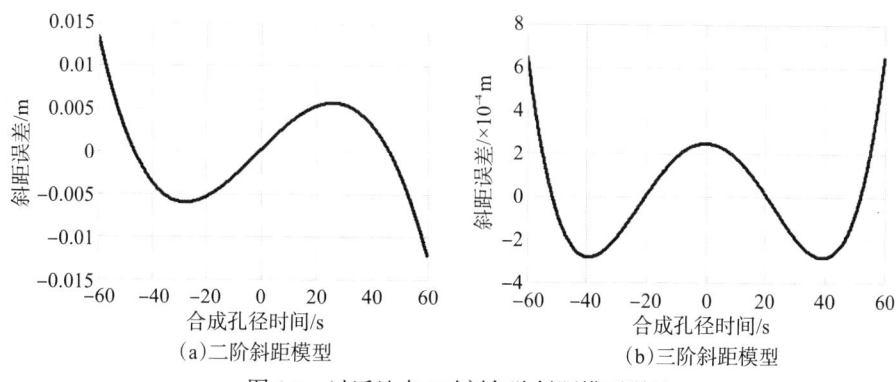

图 6-7 过近地点 3 时刻各阶斜距模型误差

6.2 频域算法空变性及局限性分析

1. 存在强的距离向空变性

距离向空变性是指信号模型随点目标距离位置改变而变化的特性，大椭圆轨道近地点端测绘带仅为 30 km，而随着卫星轨道的升高测绘带也随之增加，测绘带为 300 km，距离向空变性会明显变大。结合轨道参数和合成孔径时间，图 6-8～图 6-12 分别为大椭圆轨道近地点 0、1、2、3 时刻和远地点，相距场景中心参考点 ±7.5 km、±15 km、±75 km、±150 km 的四个点目标与该参考点的双程斜距差，从图中可以明显看到双程斜距差能达到上百米量级距离向空变性。

（1）如图 6-8 所示，近地点，10 s 合成孔径时间，30 km 测绘带

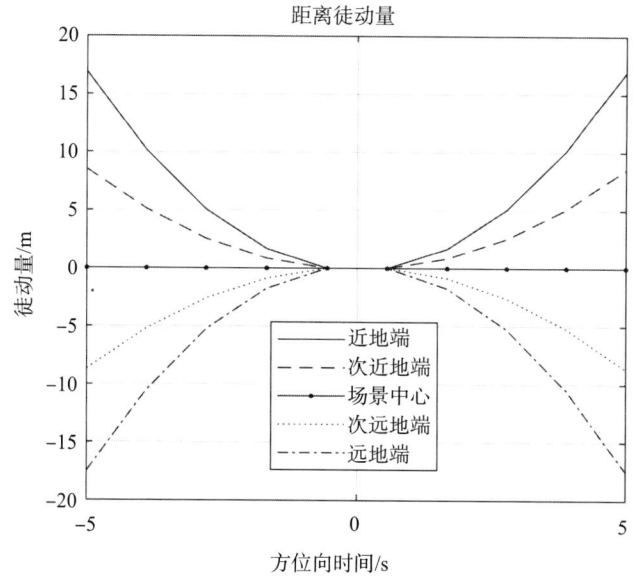

图 6-8 近地点距离向空变性

（2）如图6-9所示，过近地点1 h，30 s合成孔径时间，300 km测绘带

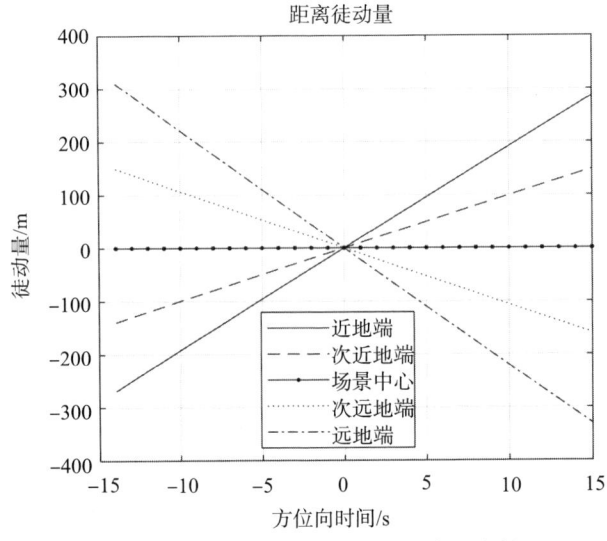

图6-9 过近地点1小时距离向空变性

（3）如图6-10所示，过近地点2 h，80 s合成孔径时间，300 km测绘带

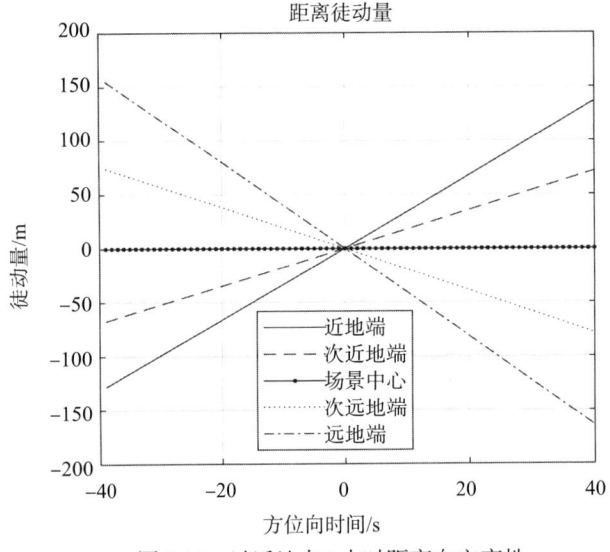

图6-10 过近地点2小时距离向空变性

（4）如图6-11所示，远地点，120 s合成孔径时间，300 km测绘带

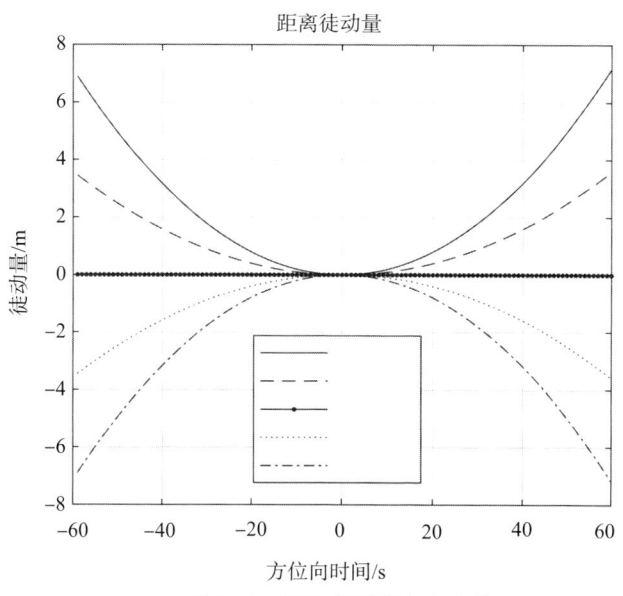

图 6-11　远地点距离向空变性

由以上几个图可以看出，在任意时刻，距离向空变性可以达到十米甚至上百米，跨越多个距离单元。如此大的距离向空变性限制了传统频域算法在大椭圆轨道 SAR 成像处理中的应用。

2. 存在强方位向空变性

经典频域成像处理算法普遍基于满足方位时不变性：最近斜距相同、方位照射时间不同的目标回波在多普勒域仅相差一个线性方位相位，从而在方位频域对斜距相同的点目标回波实现批量压缩，提高成像处理效率。传统低轨 SAR 合成孔径时间仅几秒钟，在该时间内平台近似做匀速直线运动，信号满足方位时不变假设，然而大椭圆轨道 SAR 合成孔径时间达数百秒量级，在该时间内平台应为曲线变速运动，方位向存在空变性，方位时不变假设不成立。

图 6-12～图 6-15 为大椭圆轨道 SAR 近地端 1、2 和 3 时刻附近，5 个点目标之间的双程斜距差，其中这 5 个点目标最短斜距相同，且地面等间隔 10 m 分布，合成孔径时间分别为 10 s、30 s、80 s 和 120 s。从下图可以看出：沿方位向不同、最短斜距相同的点目标双程斜距误差远大于误差容限 $\lambda/8$，即不满足方位时不变性，这将大大降低频域算法处理计算效率。

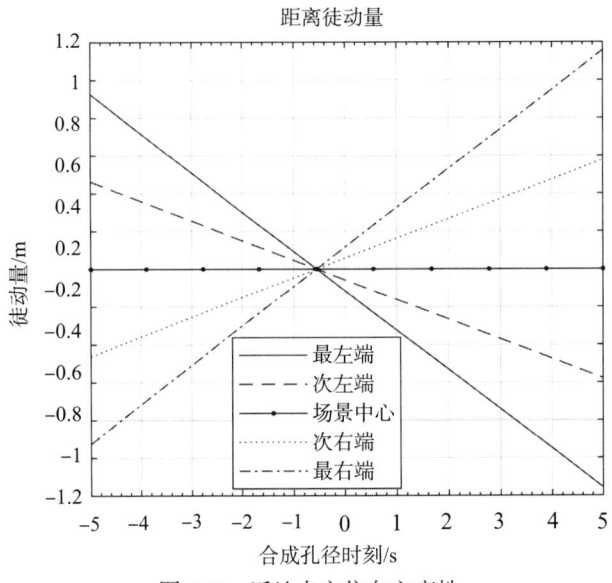

图6-12 近地点方位向空变性

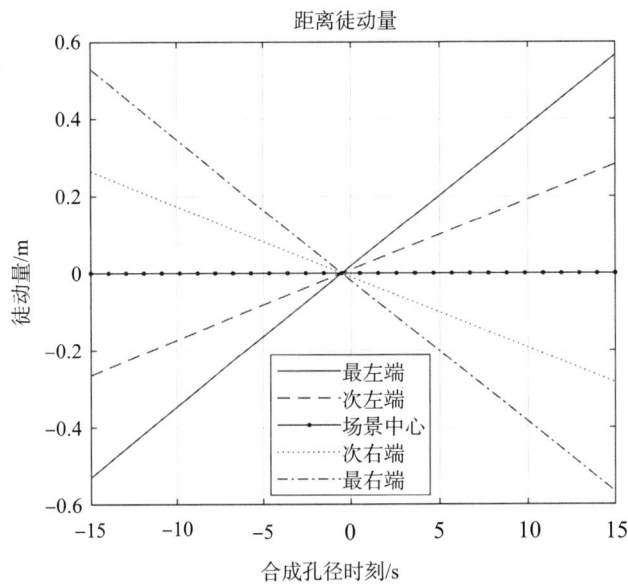

图6-13 过近地点1小时距离向空变性

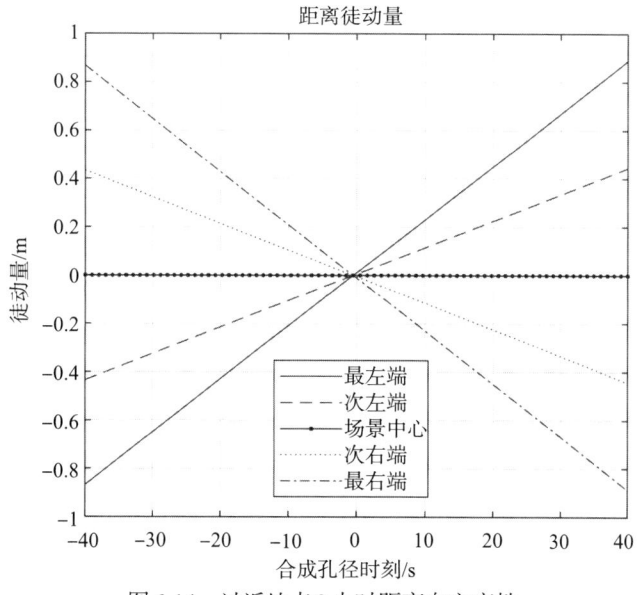

图6-14 过近地点2小时距离向空变性

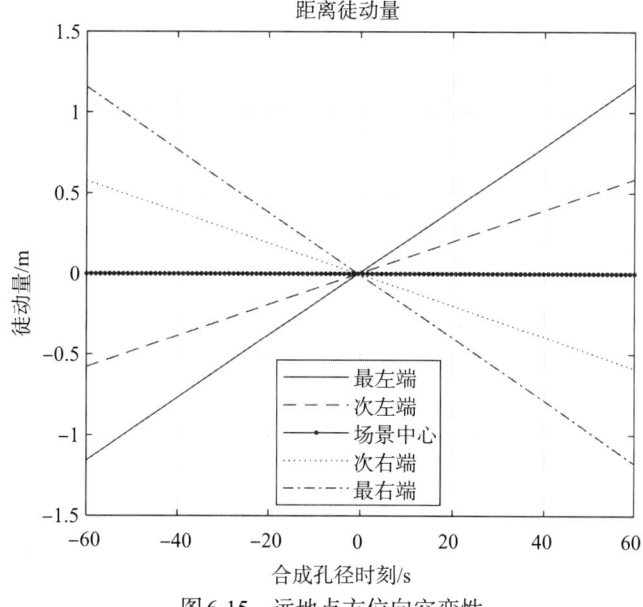

图6-15 远地点方位向空变性

3. 存在非均匀采样的问题

频域算法在大椭圆轨道脉冲重复频率（Pulse Repetition Frequencies，PRF）重频的情况下属于非均匀采样，需要进行重采样等。适用的重采样方法不同，这些方法主要包括拉格朗日插值法、最优线性无偏（Best Linear Unbiased，BLU）插值法等。这些方法采样会造成算法的计算量大大增加，另外非均匀采样还可能引起成像峰值旁瓣、积分旁瓣等指标下降，造成图像质量的下降。

6.3 时域算法成像

时域后向投影算法（back propagation algorithm，BP）理论上适合于任意飞行轨迹的成像处理，是一种基于时域处理的精确的成像算法。其基本思想是通过计算成像区域内每一点到孔径长度内SAR天线平台之间的双程时延，将对应的时域回波信号沿孔径方向进行相干叠加，使来自该像素点的回波信号为同相，实现能量的聚焦，而其他点的回波信号由于相位不同相，叠加结果趋近于0，所以可认为最终叠加结果即为该像素点的值，从而恢复出每个像素的目标函数。对整个成像区域，按照上述过程逐个像素点进行相干叠加处理，即可获得最终图像。理论上，BP算法适用于各种模式回波信号的处理，是一种高精度的处理算法，但其缺陷在于需要消耗大量的计算资源。

假定在成像区域有一组反射系数为 σ_n 的目标 $(x_n,y_n)(n=1,2,\cdots)$，雷达位于 $(\eta,0)$ 处向目标发射信号 $p(t)$，接收到的回波信号为

$$s(\tau,\eta) = \sum_n \sigma_n p\left(\tau - \frac{R(\eta)}{c}\right) \tag{6-1}$$

其中，$R(\eta)$ 为信号到目标的双程斜距，在大椭圆轨道SAR中，该斜距计算必须考虑非"停—走—停"模型。接收到的信号 $s(\tau,\eta)$ 经过距离向匹配滤波得到 $S_M(\tau,\eta)$。距离压缩后，对于理想点目标，在积累曲线上的信号是相等的，即匹配滤波对BP算法方位压缩没有影响，BP算法方位向分辨率是通过沿回波曲线进行相干叠加得到的。用公式可以表示为

$$f(x_i,y_j) = \int S_M\left(\tau_{ij} = \frac{R_{ij}(\eta)}{c},\eta\right)d\eta \tag{6-2}$$

也就是说，对成像区域的每一个像素 (x_i,y_i)，计算出它相对于雷达在每个位置上的时延后，进行相干叠加得到这个像素的图像，BP算法的流程图如图6-16所示。

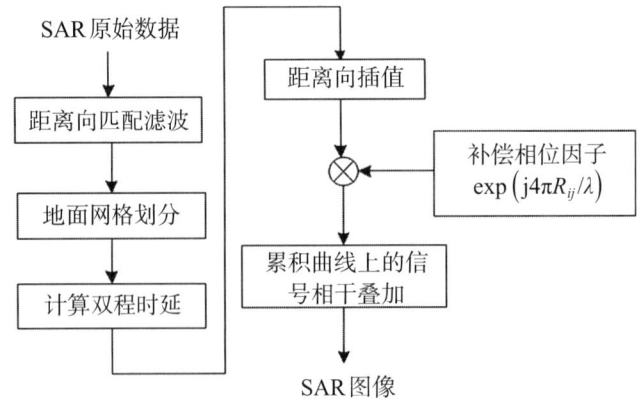

图6-16 BP算法流程

1. 有偏航牵引的BP算法结果

考虑到全轨周期为6.0617 h且轨道段对称，下面分别对C波段（5.4 GHz）一维偏航校正和无偏航校正情况下，全轨过近地点0～3时刻为成像中心时刻的点目标进行仿真，其仿真点位置如图6-17所示。

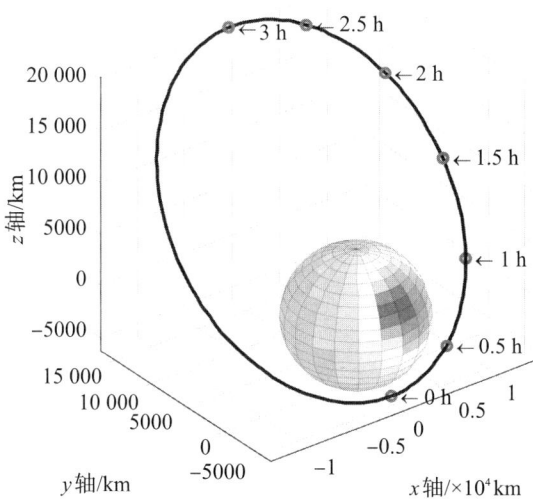

图6-17　成像中心时刻位置示意图

有偏航牵引时，过近地点0～3时刻，每隔15 min为成像中心时刻的点目标仿真结果如图6-18所示。

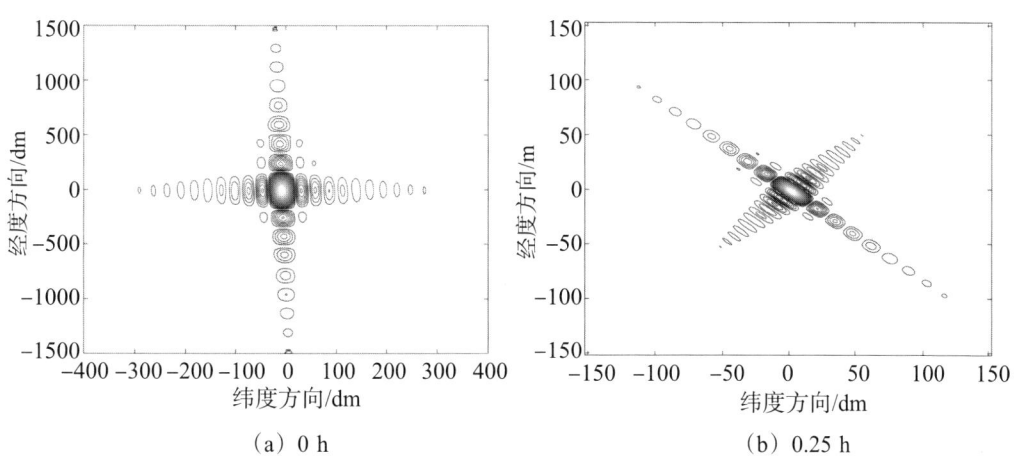

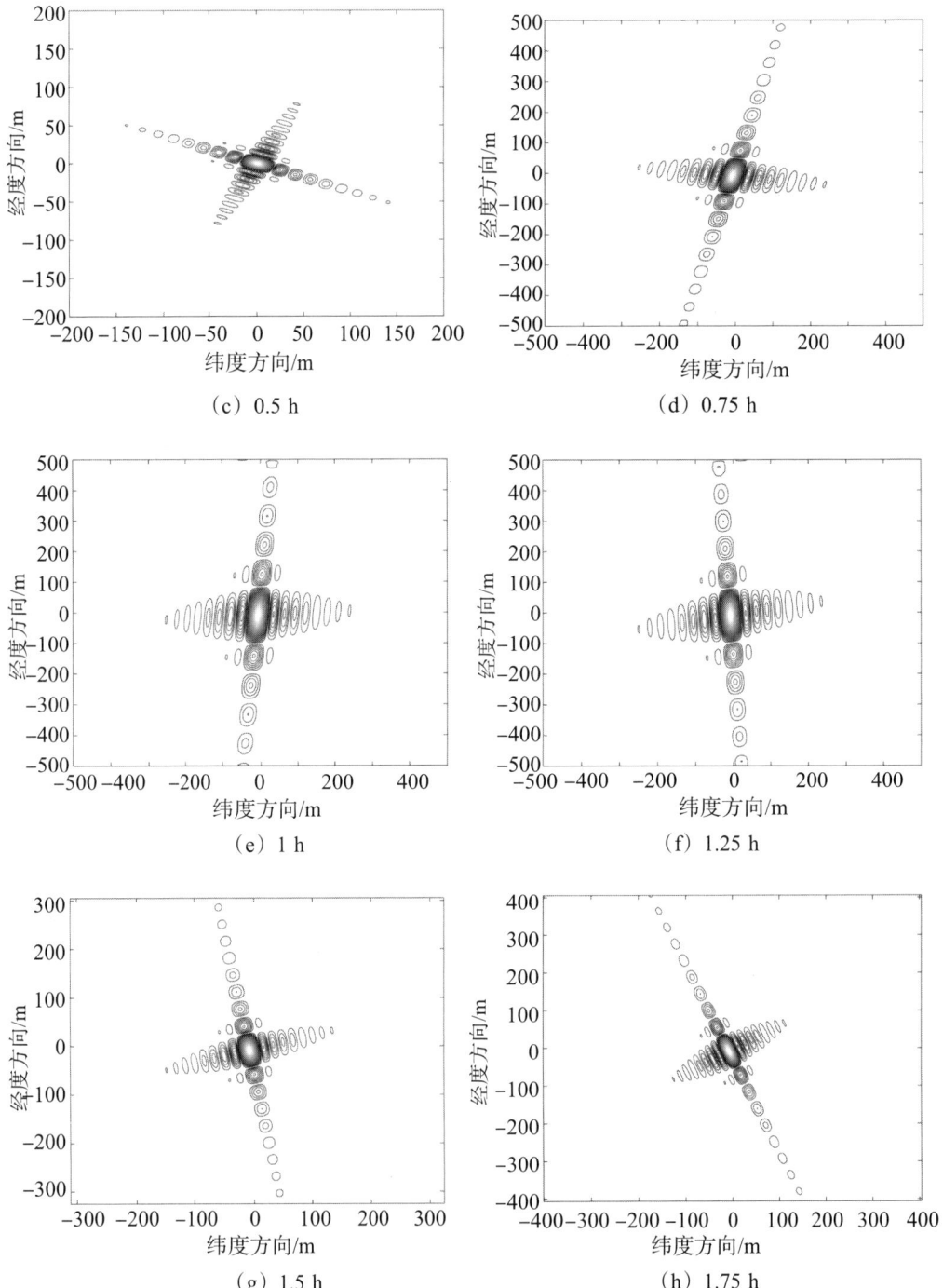

(c) 0.5 h

(d) 0.75 h

(e) 1 h

(f) 1.25 h

(g) 1.5 h

(h) 1.75 h

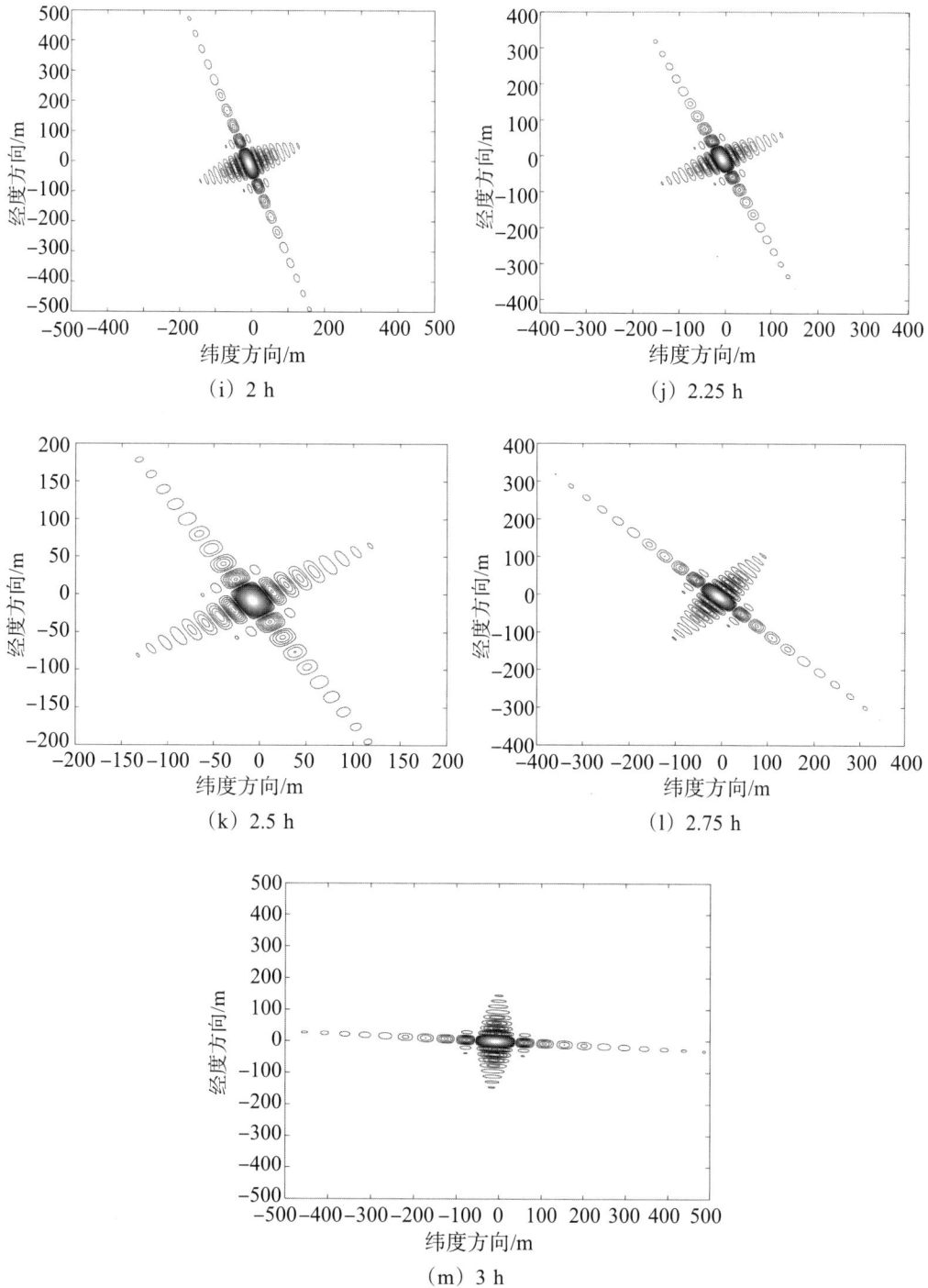

图6-18 点目标仿真结果

大椭圆轨道合成孔径雷达技术

过近地 0～3 时刻，每隔 15 min 成像中心时刻的点目标成像性能指标见表 6-1 所列。

表 6-1　成像性能指标

过近地点时刻 /h	距离向			方位向		
	分辨率	RSLR/dB	ISLR/dB	分辨率	RSLR/dB	ISLR/dB
0	0.52	−12.97	−9.65	0.51	−13.26	−10.02
0.25	0.51	−12.98	−9.99	0.53	−13.26	−10.16
0.5	1.00	−13.01	−9.81	1.04	−13.26	−10.07
0.75	1.49	−13.01	−9.62	1.51	−13.26	−10.23
1	2.01	−12.99	−9.79	2.09	−13.26	−10.65
1.25	2.51	−13.49	−9.90	2.57	−13.26	−10.55
1.5	3.00	−13.04	−9.56	3.22	−13.28	−10.02
1.75	3.52	−13.15	−9.70	3.50	−13.27	−10.66
2	4.11	−13.01	−9.74	4.01	−13.27	−10.17
2.25	4.52	−13.02	−9.77	4.50	−13.47	−11.79
2.5	5.02	−13.07	−9.87	5.08	−13.25	−9.97
2.75	5.11	−13.01	−9.71	5.21	−13.26	−10.00
3	5.08	−12.98	−9.66	5.14	−13.54	−10.22

2. 无偏航牵引的 BP 算法结果

无偏航牵引时，过近地点 0～3 时刻，每隔 15 min 为成像中心时刻的点目标仿真结果如图 6-19 所示。

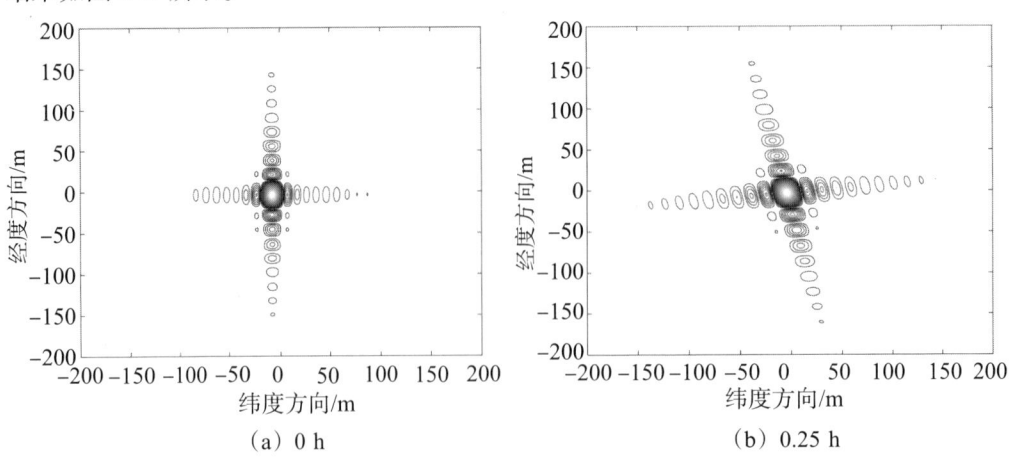

(a) 0 h　　　　　　　　　　(b) 0.25 h

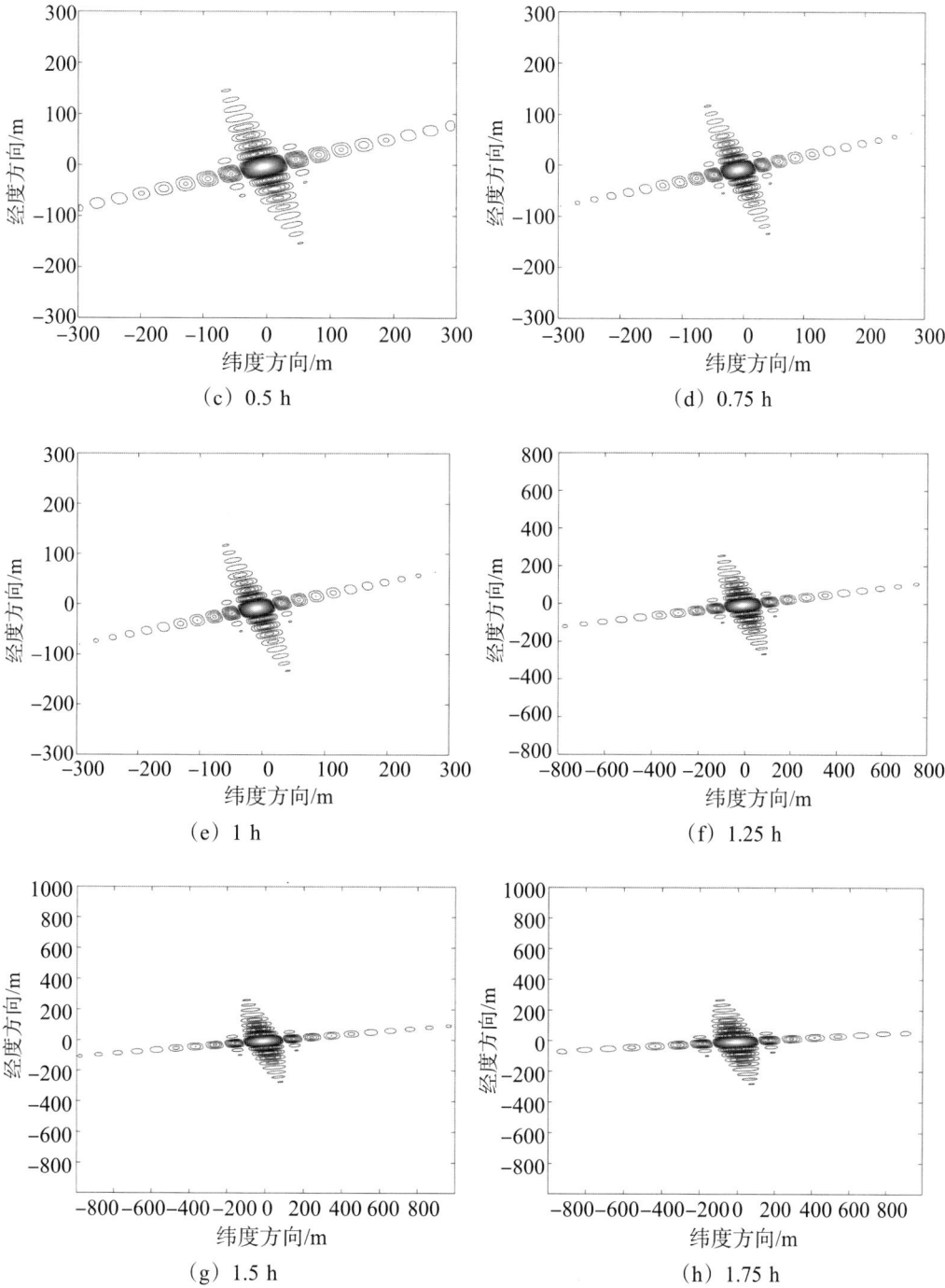

(c) 0.5 h (d) 0.75 h

(e) 1 h (f) 1.25 h

(g) 1.5 h (h) 1.75 h

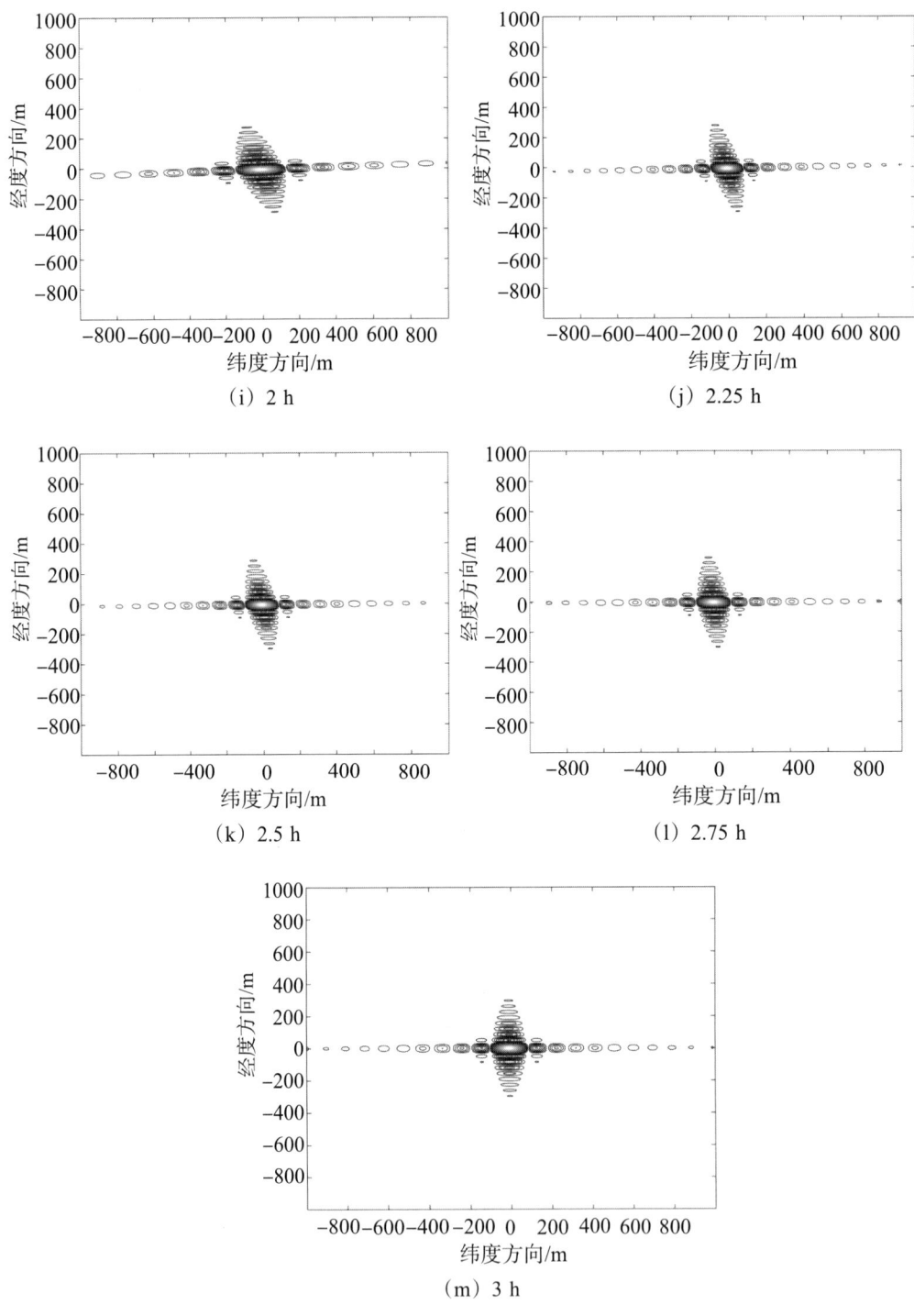

图6-19 点目标仿真结果

过近地0~3时刻，每隔15 min成像中心时刻的点目标成像性能指标见表6-2所列。

表6-2 成像性能指标

过近地点时刻 /h	距离向			方位向		
	分辨率	RSLR/dB	ISLR/dB	分辨率	RSLR/dB	ISLR/dB
0	0.51	−12.97	−9.65	0.56	−13.26	−10.02
0.25	0.52	−12.98	−9.99	0.531	−13.26	−10.16
0.5	1.03	−13.01	−9.81	1.11	−13.26	−10.07
0.75	1.54	−13.01	−9.62	1.58	−13.26	−10.23
1	2.06	−12.99	−9.79	2.12	−13.26	−10.65
1.25	2.53	−13.49	−9.90	2.50	−13.26	−10.55
1.5	3.08	−13.04	−9.56	3.04	−13.28	−10.02
1.75	3.56	−13.15	−9.70	3.57	−13.27	−10.66
2	4.09	−13.01	−9.74	4.02	−13.27	−10.17
2.25	4.52	−13.02	−9.77	4.53	−13.47	−11.79
2.5	5.02	−13.07	−9.87	5.02	−13.25	−9.97
2.75	5.11	−13.01	−9.71	5.09	−13.26	−10.00
3	5.08	−12.98	−9.66	5.31	−13.54	−10.22

6.4 快速时域算法

由于大椭圆轨道SAR的合成孔径时间较长、测绘带宽，如果采用常规的BP算法会导致成像时间长，所以需要研究快速分解后向投影算法（Fast Factorized Back Projection，FFBP）以节省成像所需的时间，提高成像的运算效率。

与BP算法相比，FFBP算法的运行效率可以提高几个量级。FFBP算法的主要流程如图6-20所示。

FFBP算法的处理可划分为四个步骤：孔径划分、子孔径极坐标BP处理、极坐标下子孔径融合、极坐标到直角坐标插值转换。

（1）假定待处理原始回波数据的孔径长度为L_{full}，首先将L_{full}按比例因子n划分成n个子孔径，得到$L_i = L_{max} = L_{full}/n$。然后对$L_i$按比例因子$n$进行$k$次划分，得到$n^k$个子孔径$L_k = L_{min} = n^{-k}L_i$。

（2）子孔径划分完成后，对每个最小的子孔径L_k的回波数据进行极坐标后向投影处理。假定某个子孔径L_k的轨道中心位于q_k，需要以q_k为原点建立局部极坐标系，然后对该子孔径内回波数据进行方位和高度的二维波束形成处理，每个维度上的搜索角度数为L_{min}。

（3）在极坐标格式下对步骤（1）处理得到的子孔径数据进行k步融合，即在新

大椭圆轨道合成孔径雷达技术

的极坐标系下进行波束形成处理。在数据融合过程中，子孔径的数目以比例因子 n 逐渐减少，角度数目以比例因子 n 逐渐增多。

（4）对步骤（3）处理后的 n 个子孔径 L_i 进行融合，即得到极坐标系下的全分辨率SAR图像，然后将该极坐标大椭圆轨道SAR图像转换到地球参考坐标系，即完成大椭圆轨道SAR的成像的快速处理。

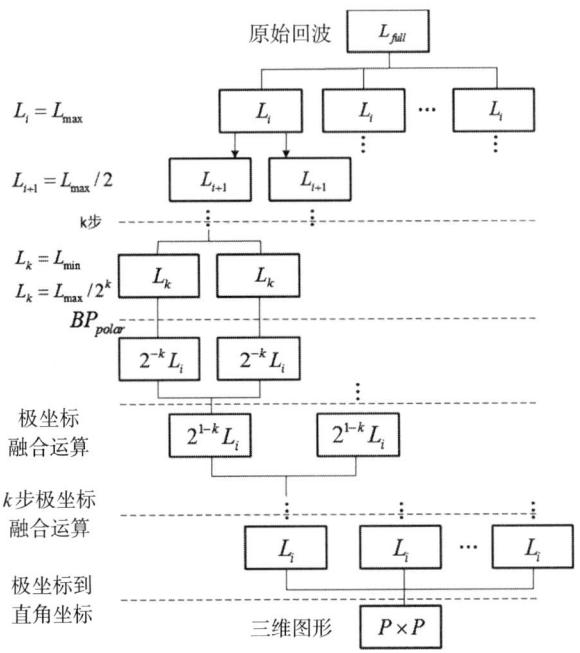

图6-20　大椭圆轨道SAR FFBP算法的基本流程

在对大椭圆轨道SAR的FFBP算法的运算量进行评估时，假设输出图像的格网点数为 $P \times P$，考虑分数坐标插值的运算量，常规BP和FFBP的运算量分别为

$$O(\text{DBP}) \approx L_{full} \cdot P^2 \tag{6-3}$$

$$O(\text{FFBP}) \approx O(\text{BP}) + O(\text{P2P}) + O(\text{P2C}) + O(\text{grid}) \tag{6-4}$$

$$O(\text{BP}) \approx \frac{L_{\max}}{2^k} \cdot \frac{N}{2^k} \cdot M \cdot 2^k \cdot \frac{L_{full}}{L_{\max}} \tag{6-5}$$

$$O(\text{P2P}) \approx \left(2 \cdot \frac{N}{2^{k-1}} \cdot M \cdot 2^k \right) \cdot (k-1) \cdot \frac{L_{full}}{L_{\max}} \tag{6-6}$$

$$O(\text{P2C}) \approx P^2 \cdot \frac{L_{full}}{L_{\max}} \tag{6-7}$$

$$O(\text{grid}) \approx \left(\frac{N}{2^k} \cdot M \cdot 2^k \right) \cdot k \cdot \frac{L_{full}}{L_{\max}} \tag{6-8}$$

其中，N 和 M 分别为角度和距离向的像素数，$k = \log_2(L_{\max}/L_{\min})$，$L_{full}$ 为总的方位脉冲数，$L_{\max}$ 和 $L_{\min}$ 分别为最大和最小的子孔径尺寸。$O(\text{DBP})$ 为常规BP运算量，

$O(\text{BP})$ 为FFBP算法中极坐标后向投影的运算量，$O(\text{P2P})$ 为FFBP算法中极坐标融合运算的运算量，$O(\text{P2C})$ 为后续 k 步极坐标融合的运算量，$O(\text{grid})$ 为极坐标向直角坐标转换的运算量。FFBP比常规BP算法的加速倍数可表示为

$$\frac{O(\text{BP})}{O(\text{FFBP})} \approx \frac{L_{full} \cdot P^2}{N \cdot M \cdot \left(\dfrac{L_{\max}}{2^k} - 4 + 5k\right) \cdot \dfrac{L_{full}}{L_{\max}} + P^2 \cdot \dfrac{L_{full}}{L_{\max}}} \tag{6-9}$$

可见通过分割合成孔径，逐级融合，以"倒金字塔"的计算架构，与BP相比，FFBP大幅减少了插值次数，然而仍然需要 $2N^2\log_2 N$ 次插值操作，插值操作涉及插值核的选取。伴随着计算效率和计算精度的问题，同时，FFBP的多级操作会使得插值误差在一定程度上积累，分级越多，积累误差越大，FFBP的计算效率得益于分级操作，分级越多，效率越高。

由于多级相干积累过程中，不同极坐标系之间进行的图像投影操作往往借助插值实现，插值造成效率和精度的矛盾。因此，西安电子科技大学提出一种在直角坐标系下进行波束形成的新快速BP算法，称之为直角坐标多级后投影成像算法（Cartesian Factorized Back-Projection，CFBP）。该算法突破了子孔径直角坐标系成像对图像采样率要求过高的局限，在图像相干积累的过程中充分利用直角坐标系的优势，即无须插值、逐点操作，与FFBP相比，避免了为提升成像质量进行高倍插值造成的运算负担，解决了FFBP运算负担与图像精度之间的矛盾。

直角坐标多级后投影成像算法（CFBP）在直角坐标系下图像相干积累只需要简单的平移操作即可。通过压缩方位谱，使得该方法既具有传统FFBP的子孔径低采样率成像特点，又能避免图像相干积累中的插值操作。

相比极坐标系，直角坐标系因其对二维空域均匀采样，图像融合在直角坐标系下更容易实现，而直角坐标系下进行子孔径成像的奈奎斯特采样率具有较大冗余，这将拖累算法的运算效率。针对此问题提出了一种谱压缩技术，该算法通过两次压缩方位谱，使得子孔径方位采样率与极坐标系FFBP的采样率处于同等量级，大幅压缩了直角坐标系子孔径成像的方位谱宽度。谱压缩技术使得在直角坐标系下进行多级快速BP融合成为可能，且避免了插值操作，由此解决了插值带来的计算效率和计算精度的问题。

将无模糊的子图像进行方位向两倍上采样处理，以满足图像相干叠加后的采样率需求。由于两幅子图像在叠加前分别用不同的频谱压缩函数进行谱压缩，为保证信号相干性，需用谱压缩函数的共轭函数 $\tilde{F}_{c1} = \exp\left[jK_c x_i^2 / (2y_i)\right]$ 和 $\tilde{F}_{c2} = \exp\left[jK_r x_i^2 / (2R_s)\right]$ 对其进行补偿，恢复原始信号频谱，子孔径图像时域叠加即可得到分辨率提升的图像，再重复上述过程，进行下一级图像融合。

如上所述，算法的流程可总结为如下几点。

第1步：将全孔径划分为多个子孔径，用BP积分得到第一级子孔径图像；

大椭圆轨道合成孔径雷达技术

第2步：使用频谱压缩函数 F_{c1} 和 $\tilde{F}_{c2}$ 对子孔径频谱进行压缩，对其进行2倍上采样，再使用频谱压缩共轭函数 F'_{c1} 和 $\tilde{F}'_{c2}$ 恢复频谱，进行相干叠加，得到分辨率提升的子孔径图像；

第3步：重复第2步，直至得到全分辨率图像（如图6-21所示）。

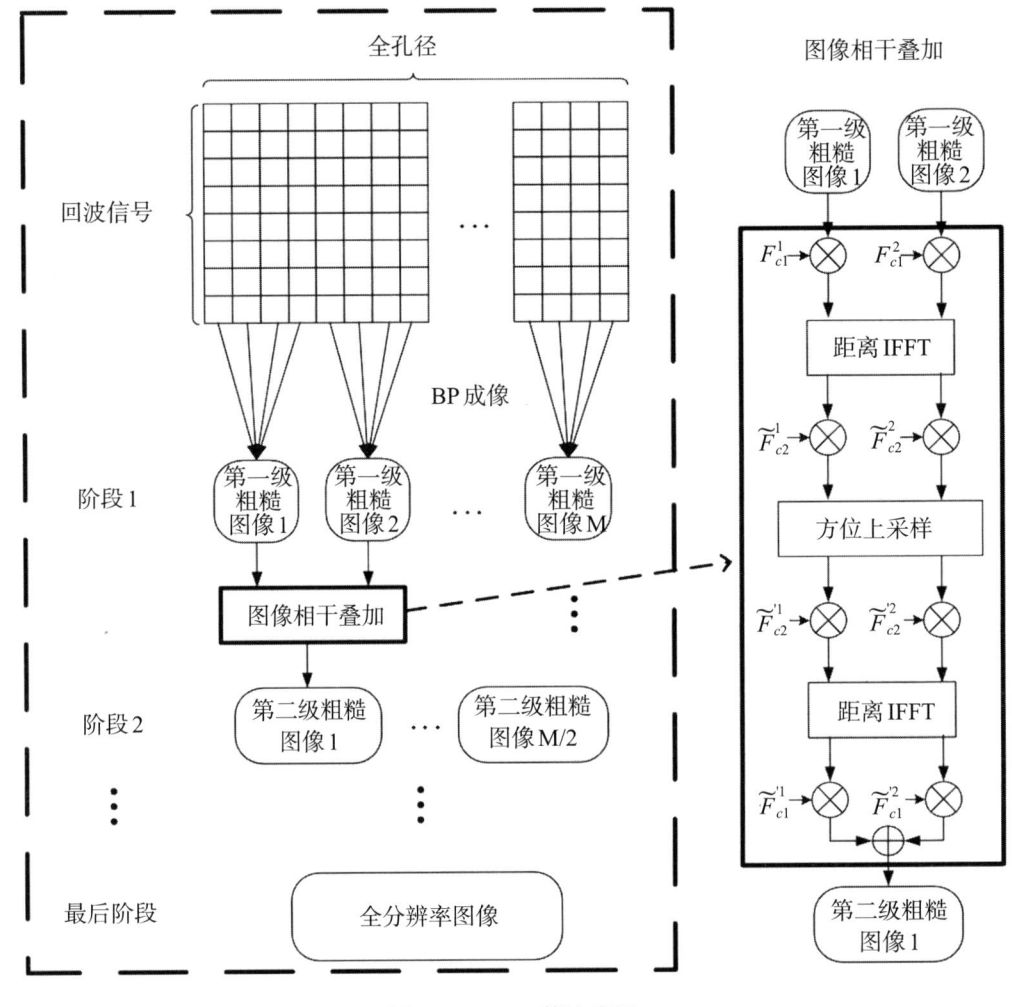

图6-21 CFBP算法流程

下面对CFBP算法的计算量进行分析，并与传统FFBP的计算量进行对比。由于复乘计算比复加计算复杂得多，所以这里主要考虑复乘运算量。为简化计算过程，令SAR全孔径长度为 N，最高分辨率图像包含 $N\times N$ 像素。首先将孔径分为 N/n 个子孔径，每个子孔径长度为 n。那么第一步BP操作需要的插值次数为（子图像数）×（子图像像素）×（子孔径脉冲数）＝ $N/n\times N\times n=nN^2$，这一步与传统FFBP相同。

在图像相干积累过程中假设以2为基数逐级合成，如算法流程图所示，CFBP算法针对每一幅图像进行了以下操作（括号中为复乘计算量）：F_{c1} 补偿，距离FFT（$n \times N\log_2\sqrt{N} = Nn\log_2\sqrt{N}$），$\tilde{F}_{c2}$ 补偿，方位FFT（$N \times n\log_2\sqrt{n} = Nn\log_2\sqrt{n}$），补零，方位IFFT（$N \times 2n\log_2\sqrt{2n} = 2Nn\log_2\sqrt{2n}$）；$\tilde{F}'_{c2}$ 补偿，距离IFFT（$2n \times N\log_2\sqrt{N} = 2Nn\log_2\sqrt{N}$），$F'_{c1}$ 补偿。其中，相位补偿和频域补零操作所需的复乘计算量远小于FFT及IFFT操作，在此将其忽略。因此每一幅图像总的计算量为 $Nn + 3Nn\log_2\sqrt{Nn}$，可近似为 $3Nn\log_2\sqrt{Nn}$。这一级相干积累操作包含的图像总数为 N/n，那么其计算量为 $3N^2\log_2\sqrt{Nn}$。而传统FFBP的计算量与插值倍数有关，假设方位向和距离向采用4倍FFT插值，图像相干积累所需的复乘总计算量为 $(5\log_2 N + 20\log_2 n)N^2$。比较CFBP算法与FFBP的计算量，可以看出，采用4倍FFT插值的FFBP计算量，远大于本章算法的计算量。从另一个角度分析，CFBP算法相当于FFBP只在方位向进行2倍插值，而实际中FFBP采用插值后长度往往大于2。通过减少插值倍数，可以减少FFBP的运算量，但会在一定程度上牺牲成像的质量。

CFBP只需在第一级图像重建过程中采用距离向插值获得低分辨率子图像，之后通过引入补偿函数 F_{c1} 和 $\tilde{F}_{c2}$ 压缩频谱，采样后再构造补偿函数的共轭函数 F'_{c1} 和 $\tilde{F}'_{c2}$ 对信号进行补偿，恢复信号频谱，然后相干叠加。因此，CFBP的误差引入主要集中在第一级BP积分中，而由于BP仅在距离维插值，且距离维本身已具有较高的采样率，误差引入微乎其微，可以忽略，这也是BP高精度的原因。除此之外，另一部分少量的误差引入出现在方位谱2倍采样过程，由于CFBP对信号进行谱压缩后，信号频谱的主要能量集中在Nyquist采样带宽内，而超出采样频率的频谱将被补零操作扰乱，而此部分能量十分微弱，对最终SAR图像质量的评估指标（如分辨率、PSLR和ISLR等）产生的影响可以忽略。综上所述，CFBP是一种精度堪比BP的成像算法。

FFBP以及CFBP在同一台单核计算机上的运行时间见表6-3所列，FFBP耗时约34 h，而CFBP耗时约3 h。

表6-3 成像结果对比

算法	方位PSLR/dB	方位ISLR/dB	距离PSLR/dB	距离ISLR/dB	耗时/h
BP	−13.24	−10.52	−13.39	−10.83	—
FFBP	−11.57	−8.32	−13.57	−9.39	34
CFBP	−13.24	−10.52	−13.39	−10.82	3

图6-22给出了三种算法成像结果的能量等高线图。可以看出，由于多级合成过程中大量的插值操作造成插值误差的积累，FFBP的图像具有较高的无规则副瓣，这将降低图像的信噪比，而CFBP算法成像结果与BP图像类似，进一步说明CFBP算法相比4倍插值的FFBP精度更高。

大椭圆轨道合成孔径雷达技术

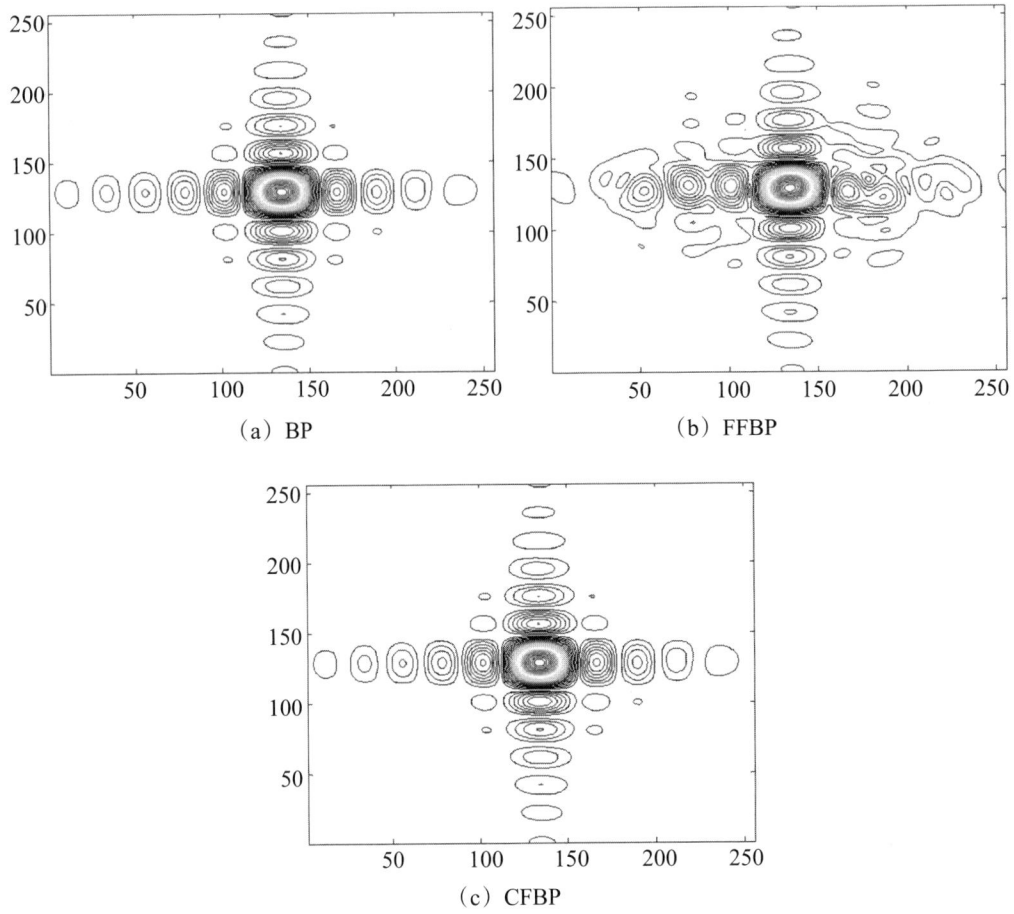

图 6-22　点能量等高线图

6.5　定轨精度对时域算法的影响分析

定轨精度对 BP 算法方位向脉压计算结果有着直接影响，本小节以定轨实测数据为例，分析定轨误差对 BP 算法成像质量的影响。图 6-23 为 ECF 坐标系下的定轨误差三轴实测数据，由于定轨误差和轨道高度没有直接联系，所以选取其中十个数据段作为误差源，分别对大椭圆轨道 SAR 近地点、过近地点 1、2 小时和远地点进行定轨误差定量分析，从分析结果可以看出：定轨误差对方位向脉压结果有一定的影响，如图 6-24～图 6-27 所示。

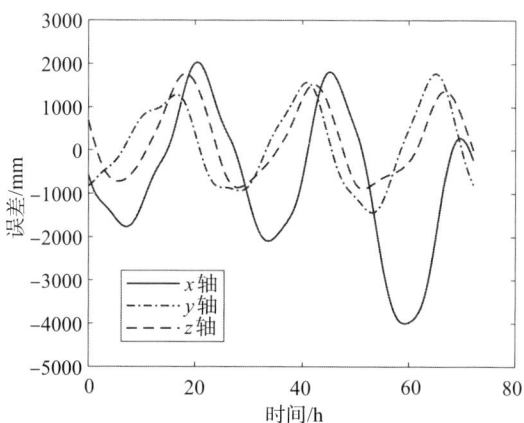

图6-23 ECF坐标系下定轨误差三轴实测数据

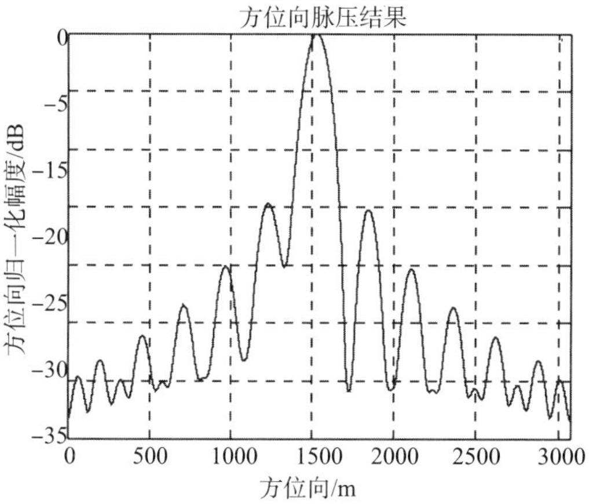

(a)

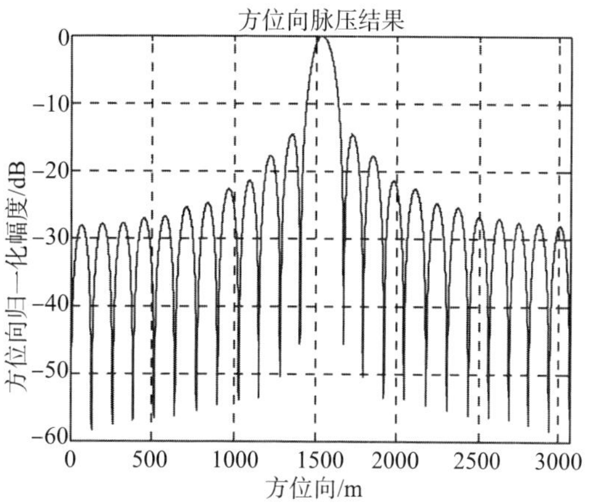

(b)

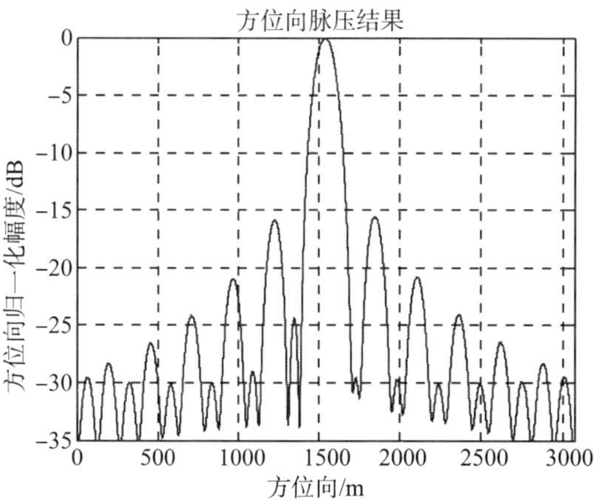

(c)

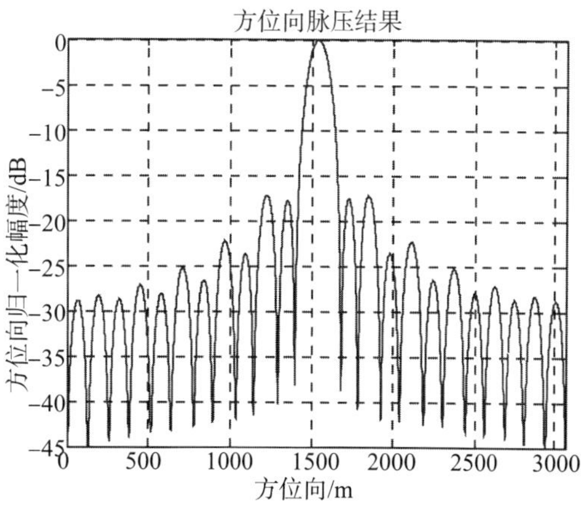

(d)

大椭圆轨道合成孔径雷达技术

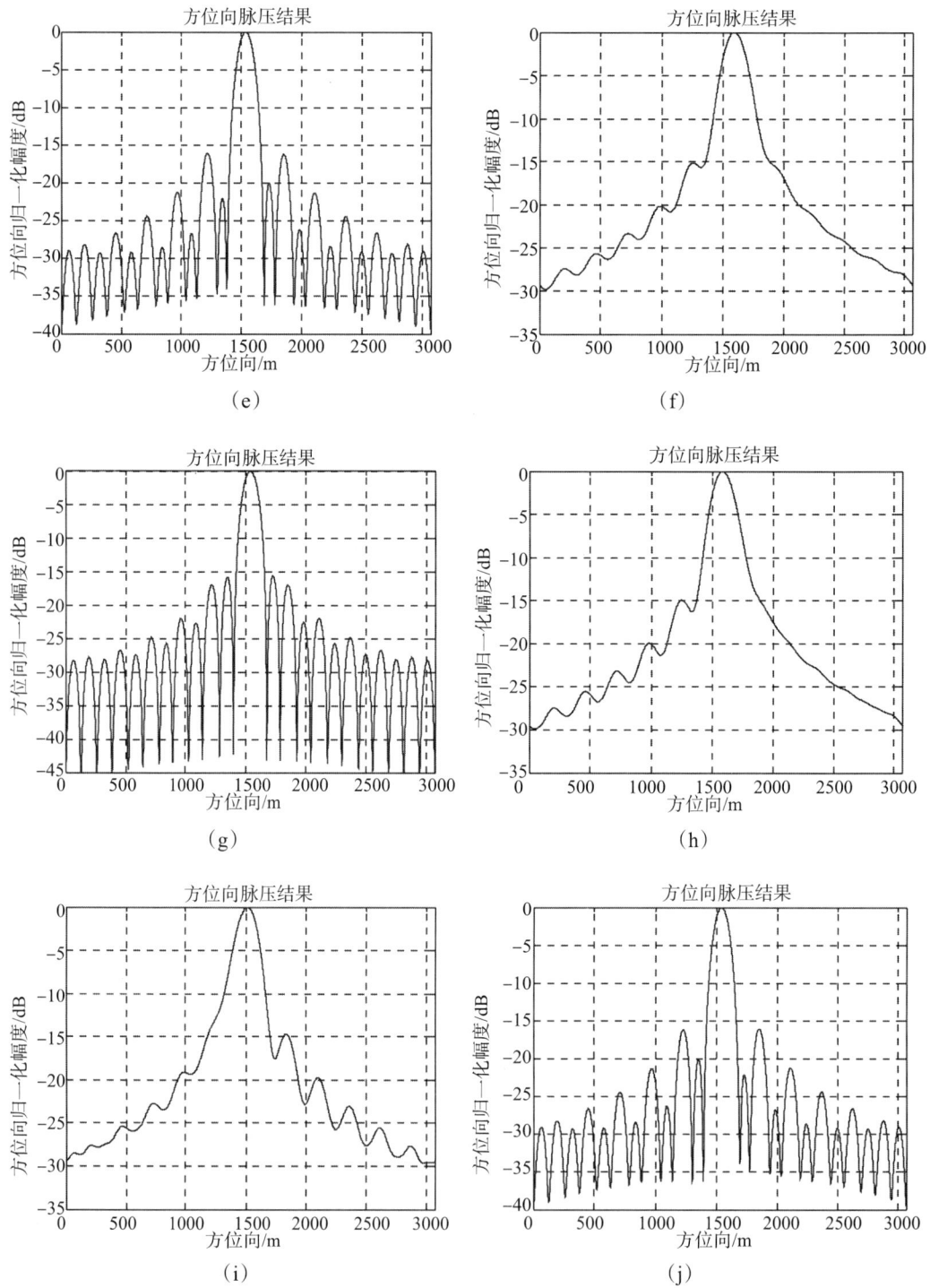

图6-24　近地点定轨误差对BP算法点目标方位向脉压结果的影响

近地点含定轨误差的BP算法点目标方位向脉压结果见表6-4所列。

表6-4 近地点含定轨误差的BP算法点目标方位向脉压结果统计表

展宽	理想	误差1	误差2	误差3	误差4	误差5
	1.00	1.23	1.02	1.14	1.07	1.09
RSLR/dB	−13.21	−14.65	−14.63	−15.55	−17.20	−16.07
ISLR/dB	−9.71	−10.92	−10.75	−11.98	−12.10	−12.08
展宽	误差6	误差7	误差8	误差9	误差10	误差综合平均
	1.70	1.04	1.66	1.54	1.10	1.26
RSLR/dB	−15.13	−15.65	−14.93	−14.68	−16.08	2.35
ISLR/dB	−13.78	−11.12	−13.64	−11.78	−12.10	2.32

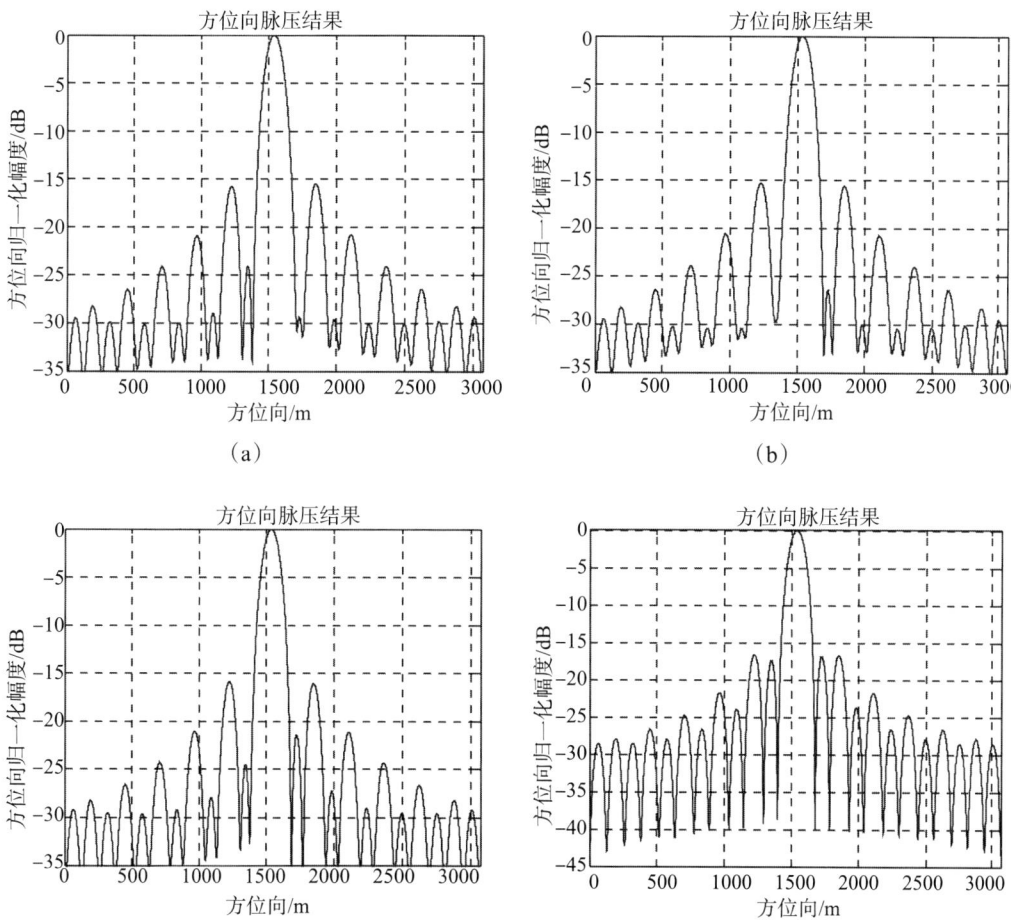

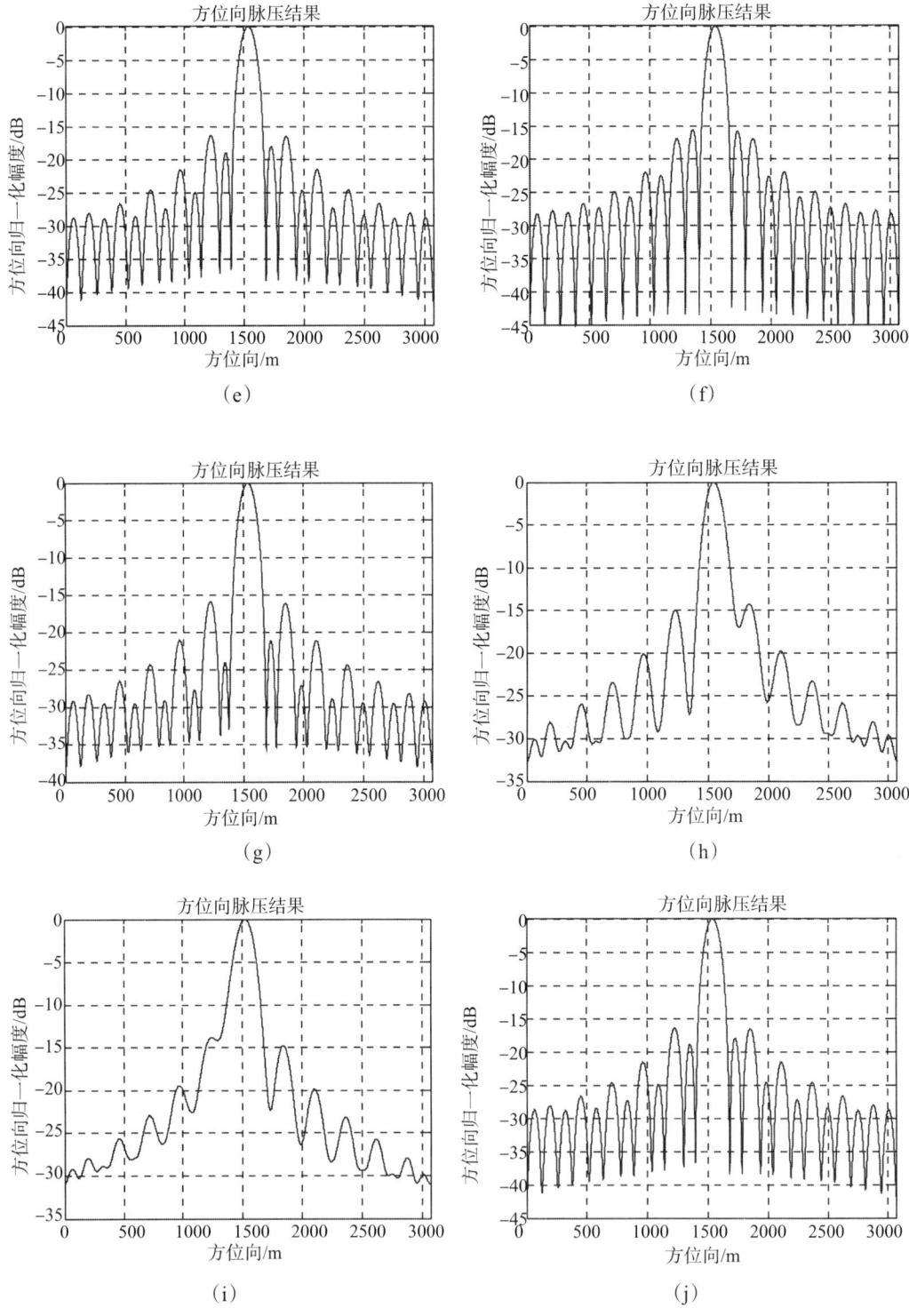

图6-25 过近地点1 h定轨误差对BP算法点目标方位向脉压结果的影响

过近地点1小时含定轨误差的BP算法点目标方位向脉压结果见表6-5所列。

表6-5 过近地点1小时含定轨误差的BP算法点目标方位向脉压结果统计表

展宽	理想	误差1	误差2	误差3	误差4	误差5
	1.00	1.13	1.15	1.11	1.06	1.07
RSLR/dB	−13.21	−15.50	−15.30	−15.85	−16.67	−16.43
ISLR/dB	−9.71	−11.91	−11.72	−12.08	−11.59	−11.88
展宽	误差6	误差7	误差8	误差9	误差10	误差综合平均
	1.04	1.11	1.27	1.36	1.07	1.14
RSLR/dB	−15.59	−15.90	−14.30	−13.82	−16.45	2.39
ISLR/dB	−11.09	−12.09	−10.45	−10.12	−11.85	1.77

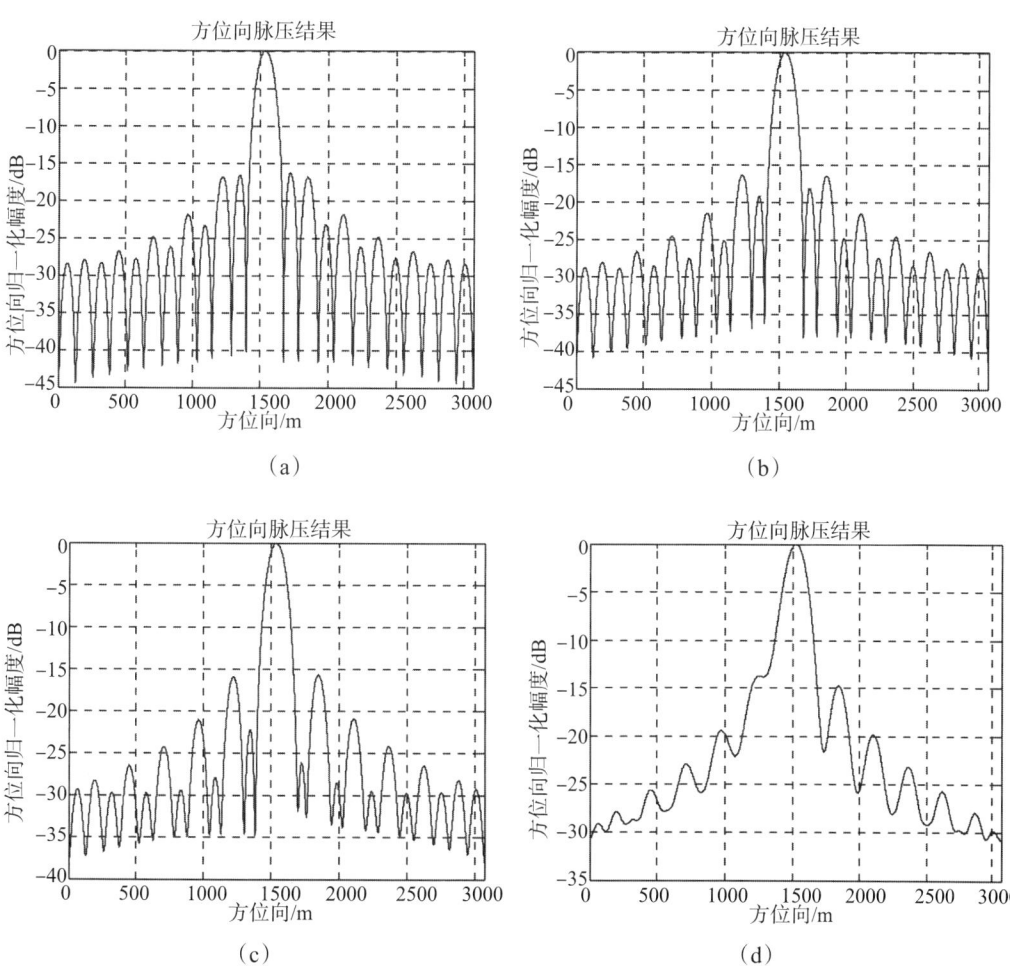

(a) (b) (c) (d)

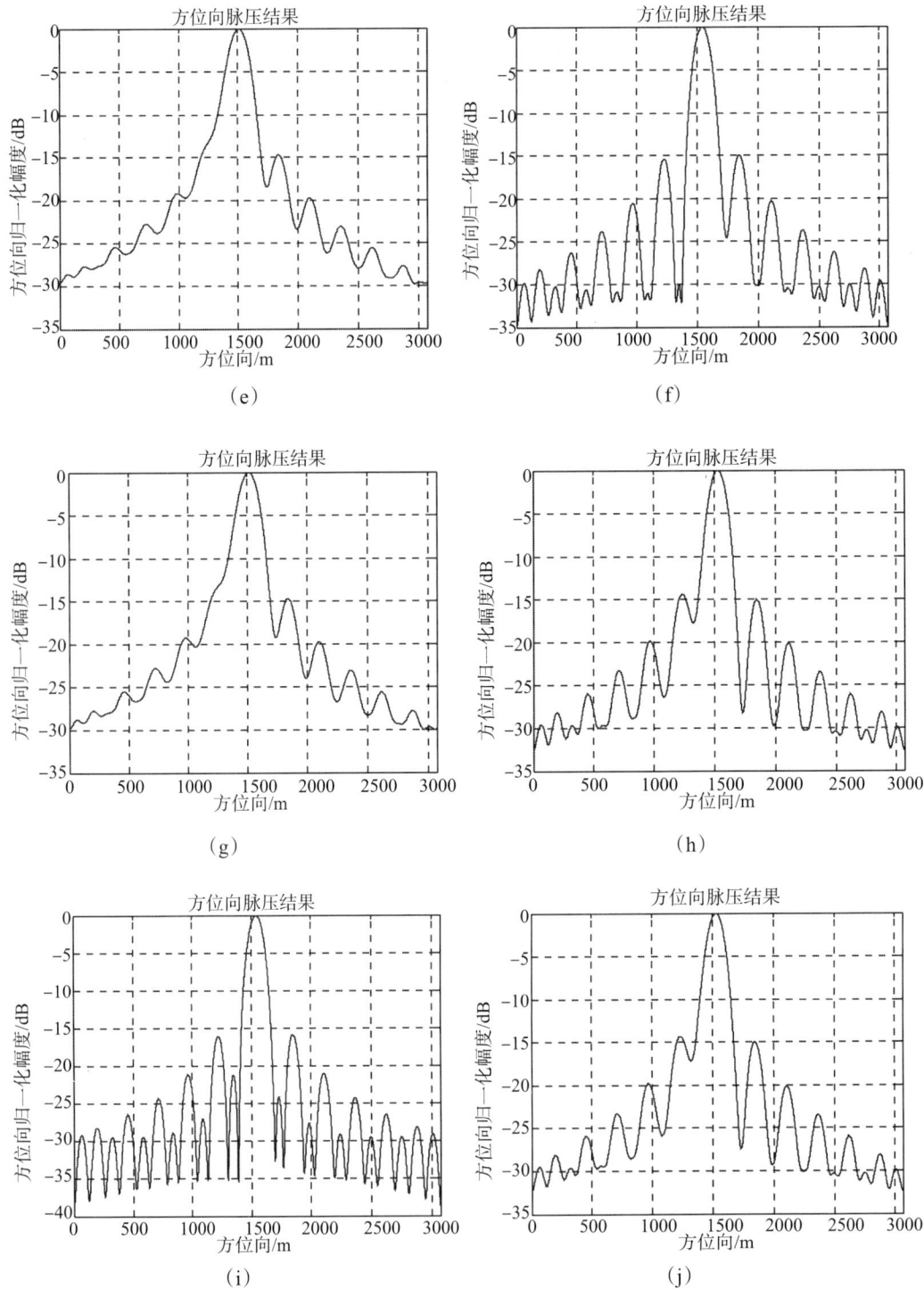

图6-26 过近地点2 h定轨误差对BP算法点目标方位向脉压结果的影响

过近地点2小时含定轨误差的BP算法点目标方位向脉压结果见表6-6所列。

表6-6 过近地点2小时含定轨误差的BP算法点目标方位向脉压结果统计表

展宽	理想	误差1	误差2	误差3	误差4	误差5
	1.00	1.05	1.07	1.12	1.38	1.50
RSLR/dB	−13.21	−16.29	−16.39	−15.74	−13.72	−14.71
ISLR/dB	−9.71	−11.39	−11.91	−12.05	−10.16	−11.79
展宽	误差6	误差7	误差8	误差9	误差10	误差综合平均
	1.18	1.46	1.26	1.11	1.26	1.24
RSLR/dB	−14.98	−14.70	−14.39	−15.87	−14.32	0.26
ISLR/dB	−11.34	−11.84	−10.56	−12.08	−10.48	1.65

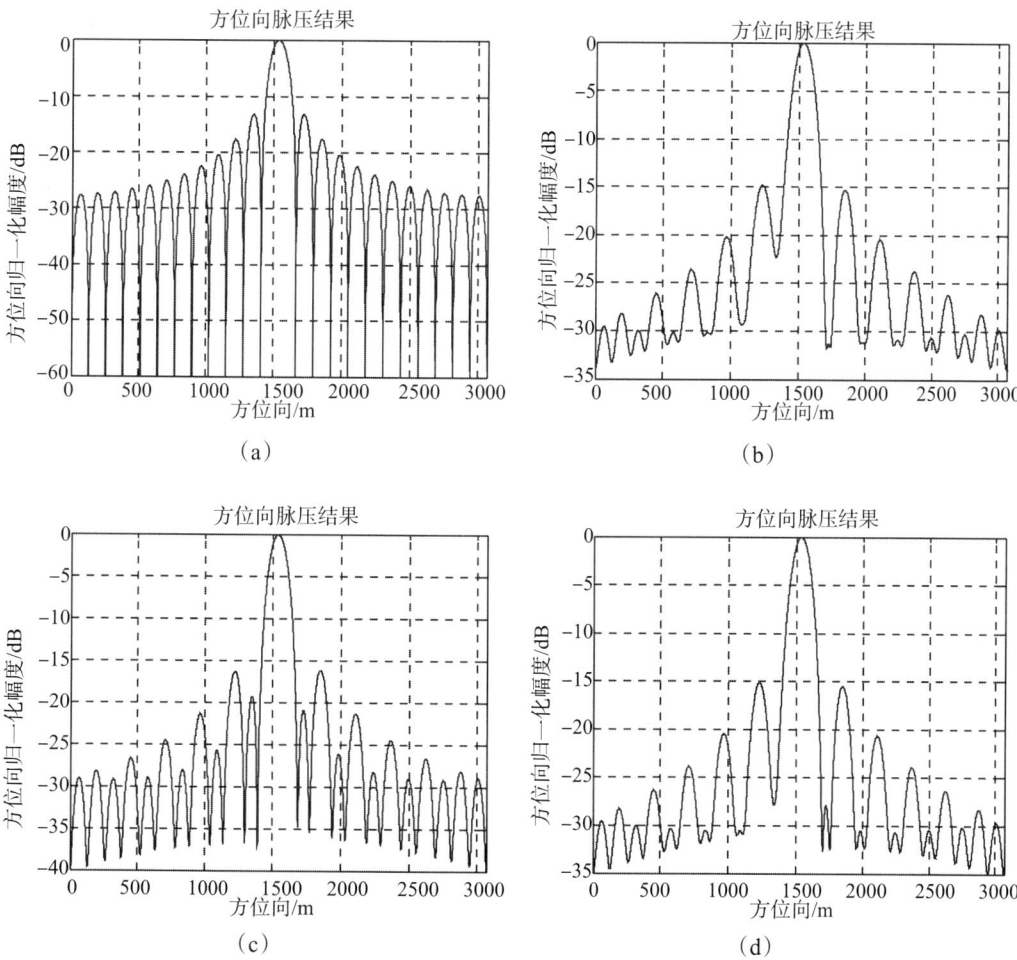

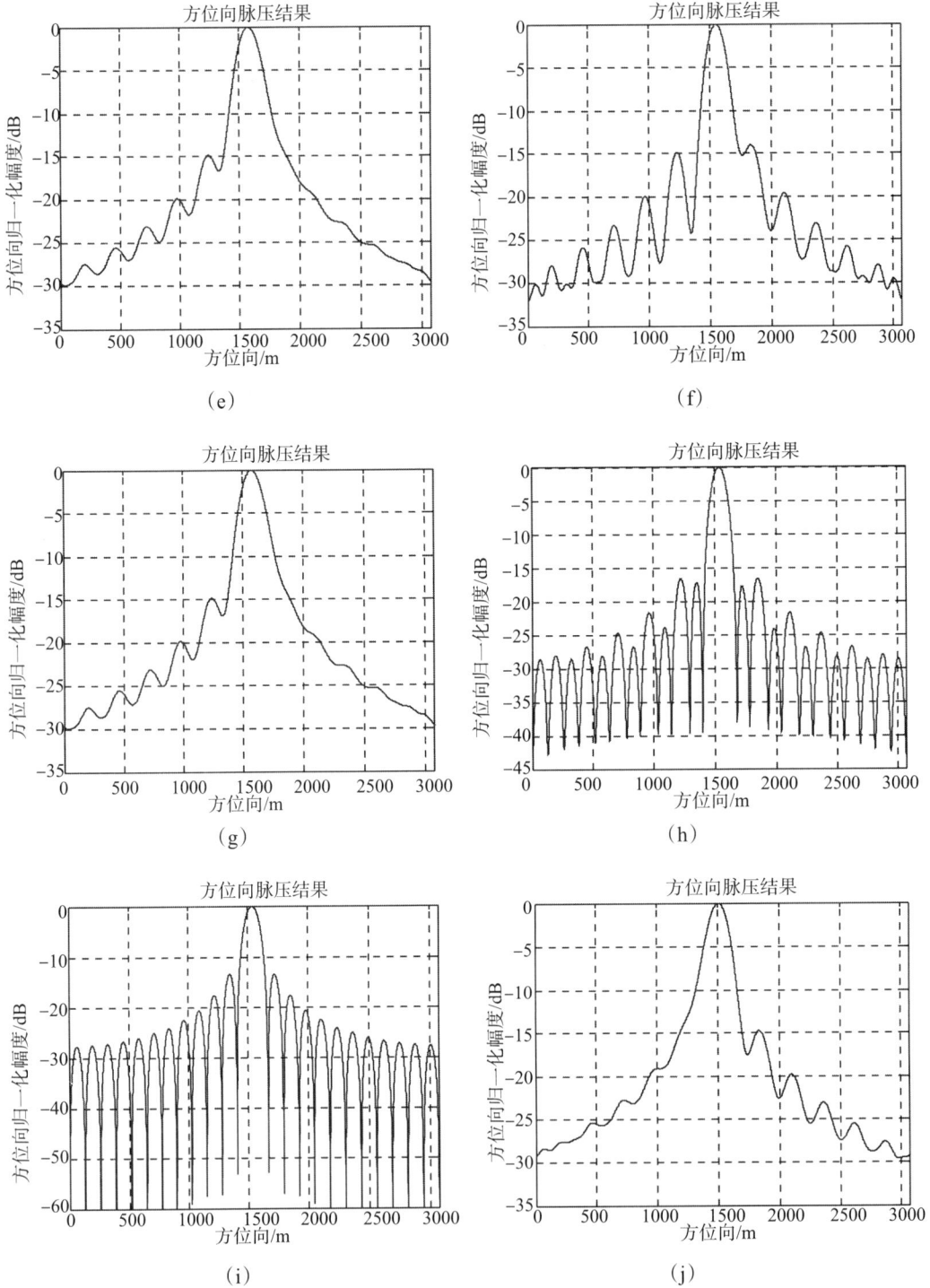

图6-27 远地点定轨误差对BP算法点目标方位向脉压结果的影响

远地点含定轨误差的BP算法点目标方位向脉压结果见表6-7所列。

表6-7 远地点含定轨误差的BP算法点目标方位向脉压结果统计表

展宽	理想	误差1	误差2	误差3	误差4	误差5
	1	1.00	1.20	1.08	1.16	1.62
RSLR/dB	−13.21	−13.61	−14.82	−16.18	−15.16	−14.84
ISLR/dB	−9.71	−9.98	−11.12	−12.04	−11.57	−13.62
展宽	误差6	误差7	误差8	误差9	误差10	误差综合平均
	1.31	1.61	1.07	1.00	1.55	1.26
RSLR/dB	−14.05	−14.82	−16.62	−13.45	−14.75	0.70
ISLR/dB	−10.21	−12.67	−11.67	−9.87	−11.85	0.74

参考文献

[1] Franceschetti G, Lanari R. Synthetic Aperture Radar Processing[M]. Boca Raton London New York Washington, D.C.: crc Press.

[2] 刘永坦.雷达成像技术[M].哈尔滨:哈尔滨工业大学出版社,1999.

[3] 保铮,邢孟道,王彤.雷达成像技术[M].北京:电子工业出版社,2008.

[4] Raney R K, Runge H, Bamler R, et al. Precision SAR processing using chirp scaling[J].IEEE Transactions On Aerospace and Electronic Systems, 1994,32(4):786-799.

[5] 李财品,张洪太,谭小敏.一种适合地球同步轨道SAR的改进CS算法[J]. 宇航学报, 2011(32).

[6] Li C, He M. A Generalized Chirp-Scaling Algorithm for Geosynchronous Orbit SARStaring Observations[J]. Sensors, 2017, 17(5):1058.

[7] Li C, He M. A novel attitude steering strategy for GEO SAR staring imaging[C]. IEEEChina Summit and International Conference on Signal and Information Processing. IEEE, 2015:630-634.

[8] 李财品,何明一.合成孔径雷达马赛克模式成像算法[J].兵工学报, 2015,36(1):111-116.

[9] 李财品,何明一.基于Chirp Z变换与方位变标地球同步轨道SAR成像算法[J]. 电子与信息学报, 2015,37(7):1736-1742.

[10] 李财品,何明一,朱雅琳,等. GEOSAR长合成孔径时间弯曲轨迹成像试验[J]. 中国空间科学技术, 2015V35(4):17-22.

[11] Cumming I. G. and Wong F. H.. Digital Processing of Synthetic Aperture Radar Data: Algorithms and Implementation [M]. Boston, Artech House, 2005.

[12] ROSSUM W.L.V, OTTEN M.P.G, BREE R.J.P.V. Extended PGA for range migrationalgorithms[J]. IEEE Transactions on Aerospace and Electronic Systems, 2006, 42(2):478-488.

[13] Chan H.L, Yeo T.S. Noniterative quality phase-gradient autofocus (QPGA) algorithm forspotlight SAR imagery[J]. IEEE Transactions on Geoscience and Remote Sensing, 1998,36(5):1531-1539.

[14] Eldhuset K. A new fourth-order processing algorithm for spaceborne SAR[J]. IEEE Transactions on Aerospace and Electronic Systems,1998,34（3）:824-835.

[15] Zemin Yang, Mengdao Xing, Yimin D. Zhang, Guangcai Sun, Zheng Bao.Factorised polar-format back-projection algonithm (J) . IET radar sonar andnavigation, 2015,9(7): 875-880.

[16] Yang Zemin, Xing Mengdao, Zhang Lei, Zheng Bao. A coordinate transform based FFBP algorithm for high-resolution spotlight SAR imaging[J]. SCIENCE CHINA Information Sciences, 2015, 58(2): 020303(1-11).

7

空间环境适应性

大椭圆轨道 SAR 星下点轨道高度近地点可达到 1 000 km 以下，远点的可达 20 000 km 以上，横跨低中高轨道。然而从国际上看，1 500～10 000 km 高度上在轨的卫星数量非常有限，根据美国科学家联盟网站（https://www.ucsusa.org/）上发布的在轨工作卫星数据库（截至 2014 年 7 月 31 日），当前长期运行于 1 500～10 000 km 范围仍在轨工作的卫星包括：

（1）俄罗斯于 1996 年 12 月 26 日发射的 Radio-ROSTO 卫星，轨道参数为 1 885 km×2 165 km × 64.59°；

（2）英国于 2013 年 6 月 25 日和 2014 年 7 月 10 日发射的六颗 O3b 通信卫星，轨道高度为 7 800～8 000 km，倾角为 0°。

（3）美国的 ICO 和 Odyssey 两个中轨道通信卫星星座系统。

另外，英国还发射过轨道高度为 10 400 km、倾角为 45°的 ICO 通信卫星星座系统，但最后一颗卫星已于 2012 年 8 月 1 号退役。

针对大椭圆轨道这种可借鉴经验较少却具有重大应用意义的轨道环境，在进行星座或卫星设计时，除根据卫星任务和星座构型进行轨道设计外，还需完成轨道空间环境效应详细分析。设计人员需要对不同高度中的地球轨道的空间环境效应有全面的认识，保证选择的轨道高度与卫星现有的空间环境防护能力相适应。

下面重点分析了大椭圆轨道高度范围内的空间辐射环境及效应的特点和差异，通过与我国卫星广泛应用的中轨（Medium Earth Orbit，MEO）、倾斜地球同步轨道（Inclined Geosynchronous Orbit，IGSO）和地球同步轨道（Geosynchronous Orbit，GEO）等轨道辐射环境及效应特征的对比，识别出影响大椭圆轨道卫星设计的主要空间环境要素，为大椭圆轨道卫星方案论证提供技术支撑。

7.1 空间环境特点

大椭圆地球轨道上遭遇的空间环境要素主要包括带电粒子辐射、真空、太阳电磁辐射、地球磁场、微流星体与空间碎片等环境要素，其中带电粒子辐射环境又分为地球辐射带捕获粒子、太阳爆发产生的短时存在的高能粒子流，以及银河宇宙线和等离子体等不同来源。与国内现有的中高轨卫星相比，大椭圆轨道可能遭遇地球内辐射带的高通量捕获质子，而 MEO 轨道和 GEO/IGSO 轨道基本处于外辐射带范围，遭遇的捕获粒子以电子为主。另外，由于地球辐射带捕获粒子存在显著的空间

大椭圆轨道合成孔径雷达技术

分布差异,大椭圆轨道在不同高度遭遇的粒子通量可能存在数量级的差异,这些因素均造成大椭圆卫星面临的空间辐射效应存在明显的特点。

图 7-1 是利用目前卫星设计中广泛采用的地球辐射带模型 AP8/AE8 得到的质子能量为 10 MeV(左侧)和电子能量为 1 MeV(右侧)的粒子通量分布图,从图中可以看出地球辐射带的强度明显集中于两个区域,即内辐射带和外辐射带。其中内辐射带包含捕获质子和捕获电子,其空间范围为 $L=1.2\sim2.5$(L 为磁壳参数,是地球空间某点的磁力线与赤道面交点处的地心距离与地球半径之比);外辐射带主要是捕获电子,其空间范围为 $L=3.0\sim8.0$。

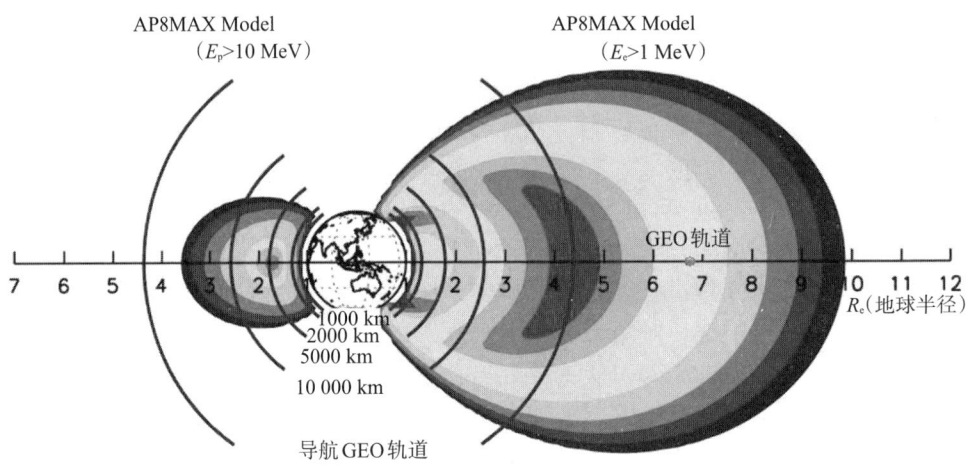

图 7-1 地球辐射带粒子通量分布及不同高度轨道相对位置(粒子通量越高颜色越深)

为了直观地给出大椭圆轨道在地球辐射带中的相对位置,图 7-1 中分别画出了高度为 1 000 km、2 000 km、5 000 km 和 10 000 km 四条轨道,为了便于对比,图中还给出了我国 MEO 轨道以及 GEO 轨道的位置。从图中可以看出,1 000 km 轨道基本处于内辐射带的下边缘,只有在南大西洋异常区上空或高纬度区域会遭遇地球辐射带;而 5 000 km 大致处于内辐射带中心区域,在该条轨道上遭遇的捕获质子和捕获电子通量会显著升高;10 000 km 轨道同样会遭遇内辐射带捕获质子,但由于两个电子带之间的槽区,其遭遇的捕获电子通量较 5 000 km 会有所下降;MEO 轨道大致处于外辐射带中心区域,在该条轨道上遭遇的主要是高通量的捕获电子,而 GEO 轨道处于外辐射带偏边缘位置,其遭遇的捕获电子通量比 MEO 轨道要低。由上述分析可知,大椭圆轨道辐射环境的典型特征是会遭遇内辐射带捕获质子,根据轨道高度的不同,其遭遇的捕获质子通量均存在显著差异,在 5 000 km 附近 10 MeV 的捕获质子通量最高。

图 7-2 和图 7-3 中分别给出了 1 100 km、1 500 km、2 000 km、5 000 km 和 10 000 km 高度上倾角为 0° 条件下的捕获质子和捕获电子能谱对比(具体数据见表 7-1 和表

7-2所列)。从图中可以看出,从捕获电子能谱来看,2 000~10 000 km高度范围内捕获电子通量与GEO轨道基本相当,在能量较高的部分,其通量比MEO轨道要低。但从捕获质子能谱来看,1 500~10 000 km高度上的能量小于10 MeV的质子通量随着高度增加可以增加5个数量级以上,这部分质子由于穿透能力有限,主要对星表的材料或太阳能电池产生辐射损伤,在1 500~10 000 km高度上能量大于10 MeV的质子通量远大于MEO轨道和GEO轨道。

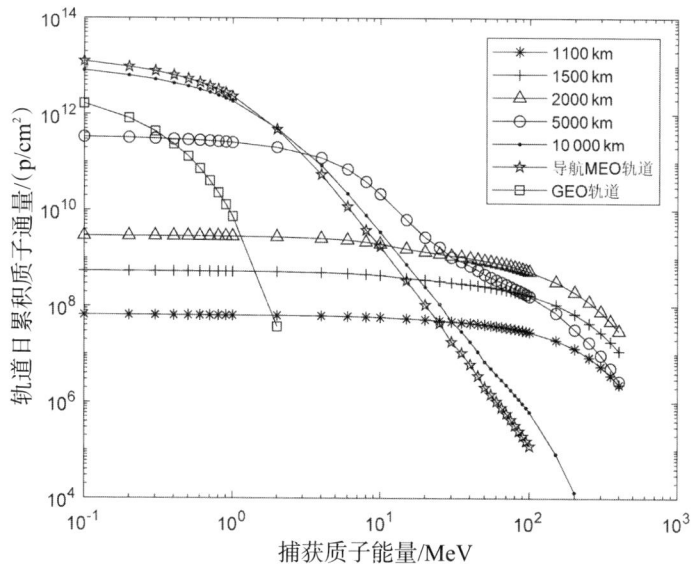

图7-2 不同轨道上的日累积捕获质子能谱对比(数据见表7-1)

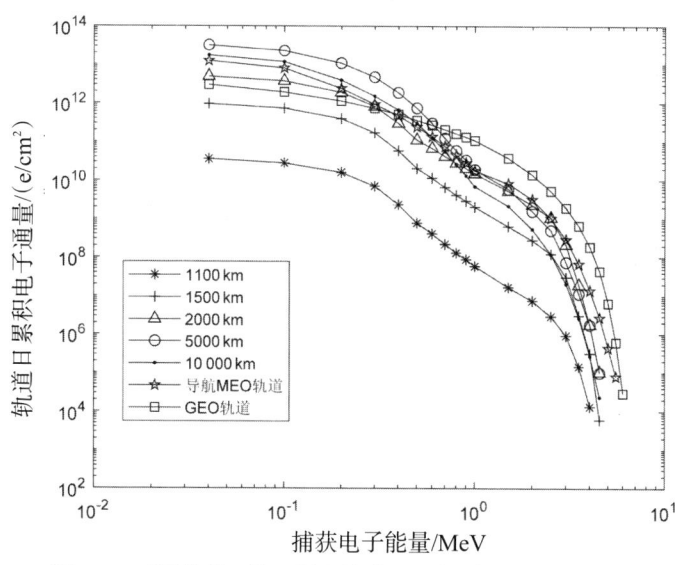

图7-3 不同轨道上的日累积捕获电子能谱对比(数据见表7-2)

大椭圆轨道合成孔径雷达技术

需要强调的是,地球辐射带是由于带电粒子被地磁场捕获产生的,辐射带中带电粒子沿着地球磁力线运动,所以辐射带的位形大体上与地球磁力线一致,这就导致在同一高度不同纬度上捕获粒子通量是不同的。因此,只有倾角小于20°的中地球轨道,尤其是5 000 km高度附近,将会一直处于内辐射带中心区;而对于倾角更大的大椭圆轨道,即使轨道高度在5 000 km附近,其沿轨道运动时也并非总处于内辐射带中心区域,在较高纬度上遭遇的捕获质子通量会有所下降,甚至还会遭遇外辐射带捕获电子。由于地球磁场的偶极子特性,在较高的纬度外辐射带粒子可以到达高度较低的磁力线足点上空,形成所谓的"高纬犄角"区,如图7-4所示。上述分析说明,随着轨道倾角的增大,大椭圆轨道上遭遇的累积捕获质子通量会有所下降。

由于我国在2 000~10 000 km高度范围内的中地球轨道上目前还缺乏应用经验,表7-3中将该轨道范围内的空间环境特征进行了总结,重点与我国广泛应用的MEO轨道和GEO轨道进行了对比。由表7-1~表7-3可知,1 500~10 000 km大椭圆轨道的其他空间环境要素基本与MEO、GEO轨道相当或更为温和,只有地球辐射带捕获粒子环境与其他轨道存在显著差异。因此,下面重点针对捕获粒子环境差异可能对卫星产生的影响进行分析。

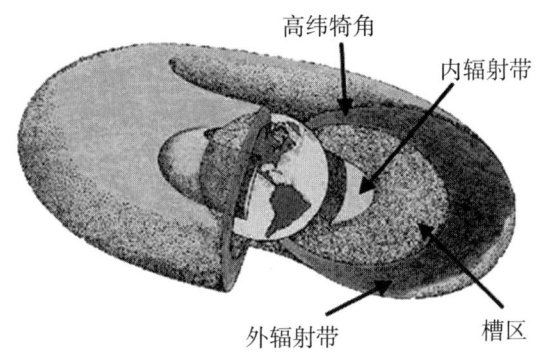

图7-4 地球辐射带结构示意图

7 空间环境适应性

表 7-1 不同轨道上捕获质子通量数据

捕获质子能量/MeV	轨道日累积质子通量/(p/cm²)																
	1100 km	1300 km	1500 km	1600 km	1800 km	2000 km	3000 km	4000 km	5000 km	6000 km	7000 km	8000 km	9000 km	10 000 km	MEO轨道	GEO轨道
0.1	6.59E+07	2.17E+08	5.45E+08	8.12E+08	1.60E+09	2.91E+09	2.58E+10	1.07E+11	3.38E+11	9.18E+11	2.22E+12	4.70E+12	8.13E+12	1.26E+13	1.66E+12	3.02E+11
0.2	6.54E+07	2.16E+08	5.41E+08	8.07E+08	1.59E+09	2.89E+09	2.56E+10	1.06E+11	3.25E+11	8.30E+11	1.93E+12	3.85E+12	6.33E+12	9.59E+12	8.25E+11	6.77E+10
0.3	6.52E+07	2.15E+08	5.40E+08	8.04E+08	1.59E+09	2.88E+09	2.55E+10	1.05E+11	3.13E+11	7.59E+11	1.71E+12	3.28E+12	5.27E+12	7.85E+12	4.40E+11	2.63E+10
0.4	6.49E+07	2.14E+08	5.38E+08	8.02E+08	1.58E+09	2.87E+09	2.53E+10	1.04E+11	3.02E+11	6.93E+11	1.51E+12	2.79E+12	4.38E+12	6.42E+12	2.39E+11	1.02E+10
0.5	6.47E+07	2.14E+08	5.36E+08	7.99E+08	1.58E+09	2.86E+09	2.52E+10	1.02E+11	2.94E+11	6.50E+11	1.36E+12	2.44E+12	3.78E+12	5.39E+12	1.31E+11	3.98E+09
0.6	6.46E+07	2.13E+08	5.34E+08	7.96E+08	1.57E+09	2.85E+09	2.50E+10	1.01E+11	2.86E+11	6.10E+11	1.22E+12	2.13E+12	3.25E+12	4.53E+12	7.26E+10	1.55E+09
0.7	6.43E+07	2.12E+08	5.32E+08	7.93E+08	1.57E+09	2.84E+09	2.48E+10	9.99E+10	2.78E+11	5.76E+11	1.12E+12	1.89E+12	2.82E+12	3.84E+12	4.06E+10	6.11E+08
0.8	6.40E+07	2.11E+08	5.30E+08	7.91E+08	1.56E+09	2.83E+09	2.47E+10	9.86E+10	2.71E+11	5.44E+11	1.02E+12	1.67E+12	2.44E+12	3.26E+12	2.28E+10	2.42E+08
0.9	6.38E+07	2.11E+08	5.29E+08	7.88E+08	1.56E+09	2.82E+09	2.45E+10	9.75E+10	2.64E+11	5.16E+11	9.40E+11	1.49E+12	2.12E+12	2.76E+12	1.29E+10	9.56E+07
1	6.36E+07	2.10E+08	5.27E+08	7.85E+08	1.55E+09	2.81E+09	2.44E+10	9.65E+10	2.57E+11	4.90E+11	8.64E+11	1.33E+12	1.85E+12	2.34E+12	7.30E+09	3.78E+07
2	6.30E+07	2.07E+08	5.18E+08	7.69E+08	1.51E+09	2.72E+09	2.28E+10	8.59E+10	2.02E+11	3.18E+11	4.28E+11	4.86E+11	5.02E+11	4.85E+11	3.70E+07	
4	6.19E+07	2.02E+08	5.01E+08	7.40E+08	1.44E+09	2.55E+09	2.01E+10	6.58E+10	1.21E+11	1.49E+11	1.40E+11	1.14E+11	8.45E+10	5.48E+10		
6	6.06E+07	1.96E+08	4.81E+08	7.07E+08	1.35E+09	2.37E+09	1.67E+10	4.76E+10	7.03E+10	6.84E+10	5.12E+10	3.48E+10	2.19E+10	1.18E+10		
8	5.91E+07	1.90E+08	4.60E+08	6.72E+08	1.26E+09	2.15E+09	1.30E+10	3.17E+10	3.88E+10	3.25E+10	2.26E+10	1.39E+10	7.72E+09	3.80E+09		
10	5.77E+07	1.83E+08	4.40E+08	6.37E+08	1.17E+09	1.96E+09	1.00E+10	2.09E+10	2.16E+10	1.69E+10	1.16E+10	6.56E+09	3.48E+09	1.76E+09		
15	5.45E+07	1.67E+08	3.85E+08	5.46E+08	9.70E+08	1.55E+09	5.56E+09	7.42E+09	6.30E+09	4.35E+09	2.80E+09	1.51E+09	7.39E+08	3.42E+08		
20	5.20E+07	1.57E+08	3.56E+08	5.00E+08	8.67E+08	1.35E+09	3.77E+09	3.84E+09	2.72E+09	1.71E+09	1.03E+09	5.36E+08	2.51E+08	1.06E+08		
25	4.96E+07	1.48E+08	3.33E+08	4.65E+08	7.98E+08	1.23E+09	3.07E+09	2.74E+09	1.69E+09	9.69E+08	5.22E+08	2.50E+08	1.10E+08	4.38E+07		
30	4.73E+07	1.40E+08	3.11E+08	4.32E+08	7.35E+08	1.12E+09	2.50E+09	1.96E+09	1.05E+09	5.49E+08	2.64E+08	1.17E+08	4.81E+07	1.80E+07		

续表

捕获质子能量/MeV	轨道日累积质子通量/(p/cm²)																
	1100 km	1300 km	1500 km	1600 km	1800 km	2000 km	3000 km	4000 km	5000 km	6000 km	7000 km	8000 km	9000 km	10 000 km	MEO轨道	GEO轨道
35	4.56E+07	1.34E+08	2.97E+08	4.11E+08	6.96E+08	1.06E+09	2.26E+09	1.69E+09	8.54E+08	4.13E+08	1.85E+08	7.63E+07	2.96E+07	1.05E+07		
40	4.40E+07	1.29E+08	2.83E+08	3.92E+08	6.59E+08	9.95E+08	2.05E+09	1.45E+09	6.95E+08	3.10E+08	1.29E+08	4.99E+07	1.82E+07	6.07E+06		
45	4.24E+07	1.23E+08	2.70E+08	3.73E+08	6.24E+08	9.38E+08	1.86E+09	1.25E+09	5.67E+08	2.33E+08	9.03E+07	3.27E+07	1.12E+07	3.52E+06		
50	4.09E+07	1.18E+08	2.58E+08	3.55E+08	5.91E+08	8.84E+08	1.68E+09	1.08E+09	4.62E+08	1.76E+08	6.33E+07	2.14E+07	6.91E+06	2.04E+06		
55	3.95E+07	1.14E+08	2.47E+08	3.39E+08	5.62E+08	8.39E+08	1.58E+09	9.73E+08	4.05E+08	1.48E+08	5.06E+07	1.64E+07	5.08E+06	1.46E+06		
60	3.81E+07	1.09E+08	2.36E+08	3.23E+08	5.35E+08	7.96E+08	1.48E+09	8.80E+08	3.55E+08	1.25E+08	4.06E+07	1.25E+07	3.74E+06	1.05E+06		
65	3.68E+07	1.05E+08	2.26E+08	3.09E+08	5.09E+08	7.57E+08	1.39E+09	8.09E+08	3.20E+08	1.09E+08	3.44E+07	1.03E+07	2.94E+06	7.83E+05		
70	3.55E+07	1.01E+08	2.16E+08	2.95E+08	4.85E+08	7.19E+08	1.31E+09	7.43E+08	2.87E+08	9.55E+07	2.91E+07	8.39E+06	2.31E+06	5.86E+05		
75	3.43E+07	9.67E+07	2.07E+08	2.82E+08	4.62E+08	6.83E+08	1.24E+09	6.83E+08	2.58E+08	8.35E+07	2.47E+07	6.87E+06	1.82E+06	4.37E+05		
80	3.32E+07	9.29E+07	1.98E+08	2.69E+08	4.40E+08	6.49E+08	1.17E+09	6.28E+08	2.32E+08	7.31E+07	2.09E+07	5.63E+06	1.43E+06	3.27E+05		
85	3.20E+07	8.93E+07	1.90E+08	2.57E+08	4.19E+08	6.17E+08	1.10E+09	5.83E+08	2.12E+08	6.54E+07	1.83E+07	4.79E+06	1.17E+06	2.49E+05		
90	3.09E+07	8.58E+07	1.82E+08	2.46E+08	3.99E+08	5.86E+08	1.04E+09	5.40E+08	1.94E+08	5.86E+07	1.61E+07	4.07E+06	9.50E+05	1.95E+05		
95	2.98E+07	8.24E+07	1.74E+08	2.35E+08	3.81E+08	5.57E+08	9.82E+08	5.01E+08	1.77E+08	5.24E+07	1.41E+07	3.46E+06	7.75E+05	1.54E+05		
100	2.87E+07	7.92E+07	1.67E+08	2.25E+08	3.63E+08	5.30E+08	9.26E+08	4.64E+08	1.61E+08	4.70E+07	1.24E+07	2.95E+06	6.32E+05	1.22E+05		
150	1.94E+07	5.16E+07	1.07E+08	1.42E+08	2.23E+08	3.20E+08	5.25E+08	2.31E+08	7.25E+07	1.90E+07	4.24E+06	7.79E+05	8.27E+04	0.00E+00		
200	1.31E+07	3.37E+07	6.84E+07	8.95E+07	1.38E+08	1.94E+08	2.98E+08	1.15E+08	3.27E+07	7.68E+06	1.46E+06	2.06E+05	1.32E+04	0.00E+00		
250	8.49E+06	2.16E+07	4.38E+07	5.71E+07	8.71E+07	1.22E+08	1.80E+08	6.67E+07	1.76E+07	3.70E+06	5.50E+05	2.04E+04	0.00E+00	0.00E+00		
300	5.52E+06	1.39E+07	2.81E+07	3.65E+07	5.51E+07	7.64E+07	1.09E+08	3.86E+07	9.44E+06	1.78E+06	2.08E+05	0.00E+00	0.00E+00	0.00E+00		
350	3.59E+06	8.93E+06	1.81E+07	2.33E+07	3.49E+07	4.80E+07	6.56E+07	2.24E+07	5.08E+06	8.56E+05	5.34E+04	0.00E+00	0.00E+00	0.00E+00		
400	2.34E+06	5.74E+06	1.16E+07	1.49E+07	2.21E+07	3.02E+07	3.96E+07	1.30E+07	2.73E+06	4.14E+05	2.46E+04	0.00E+00	0.00E+00	0.00E+00		

表 7-2 不同轨道上捕获电子通量数据

捕获电子能量 /(MeV)	轨道日累积电子通量/(e/cm²)																	
	1100km	1300km	1500km	1600km	1800km	2000km	3000km	4000km	5000km	6000km	7000km	8000km	9000km	10000km	MEO轨道	GEO轨道
0.04	3.59E+10	2.77E+11	9.51E+11	1.49E+12	3.01E+12	4.88E+12	1.63E+13	2.73E+13	3.20E+13	2.88E+13	2.46E+13	2.11E+13	1.72E+13	1.24E+13	2.97E+12	3.58E+12
0.1	2.79E+10	2.15E+11	7.34E+11	1.15E+12	2.30E+12	3.71E+12	1.19E+13	1.95E+13	2.27E+13	2.00E+13	1.69E+13	1.45E+13	1.17E+13	7.99E+12	1.91E+12	2.40E+12
0.2	1.60E+10	1.19E+11	3.94E+11	6.09E+11	1.20E+12	1.90E+12	5.79E+12	9.37E+12	1.08E+13	8.83E+12	6.68E+12	5.23E+12	3.91E+12	2.39E+12	1.13E+12	1.17E+12
0.3	7.01E+09	5.14E+10	1.70E+11	2.62E+11	5.18E+11	8.20E+11	2.52E+12	4.05E+12	4.70E+12	3.74E+12	2.62E+12	2.00E+12	1.51E+12	9.33E+11	7.31E+11	6.21E+11
0.4	2.33E+09	1.72E+10	5.88E+10	9.19E+10	1.86E+11	3.01E+11	9.74E+11	1.57E+12	1.87E+12	1.51E+12	1.02E+12	8.05E+11	6.70E+11	4.74E+11	5.10E+11	3.60E+11
0.5	7.73E+08	5.78E+09	2.04E+10	3.23E+10	6.67E+10	1.11E+11	3.77E+11	6.10E+11	7.45E+11	6.12E+11	3.99E+11	3.25E+11	2.98E+11	2.42E+11	3.56E+11	2.09E+11
0.6	4.11E+08	3.12E+09	1.15E+10	1.86E+10	3.97E+10	6.79E+10	2.43E+11	3.11E+11	3.02E+11	2.16E+11	1.34E+11	1.16E+11	1.29E+11	1.35E+11	2.70E+11	1.40E+11
0.7	2.19E+08	1.69E+09	6.51E+09	1.07E+10	2.38E+10	4.19E+10	1.57E+11	1.59E+11	1.23E+11	7.60E+10	4.47E+10	4.16E+10	5.58E+10	7.56E+10	2.06E+11	9.40E+10
0.8	1.31E+08	1.03E+09	4.11E+09	6.87E+09	1.57E+10	2.82E+10	1.09E+11	9.37E+10	5.88E+10	3.11E+10	1.77E+10	1.70E+10	2.62E+10	4.50E+10	1.62E+11	6.49E+10
0.9	8.78E+07	7.06E+08	2.88E+09	4.86E+09	1.13E+10	2.05E+10	8.07E+10	6.33E+10	3.34E+10	1.48E+10	8.25E+09	7.94E+09	1.33E+10	2.83E+10	1.32E+11	4.62E+10
1	5.90E+07	4.84E+08	2.02E+09	3.44E+09	8.10E+09	1.49E+10	5.99E+10	4.29E+10	1.90E+10	7.04E+09	3.84E+09	3.70E+09	6.81E+09	1.79E+10	1.08E+11	3.29E+10
1.5	1.68E+07	1.44E+08	6.34E+08	1.11E+09	2.72E+09	5.21E+09	2.42E+10	1.55E+10	5.89E+09	1.43E+09	5.95E+08	6.05E+08	2.15E+09	8.22E+09	3.81E+10	8.01E+09
2	7.51E+06	6.31E+07	2.78E+08	4.86E+08	1.19E+09	2.29E+09	1.10E+10	6.25E+09	1.57E+09	3.20E+08	1.33E+08	1.01E+08	5.41E+08	3.19E+09	1.41E+10	2.55E+09
2.5	2.95E+06	2.65E+07	1.23E+08	2.18E+08	5.42E+08	1.06E+09	5.14E+09	2.44E+09	5.02E+08	8.11E+07	3.00E+07	1.78E+07	1.21E+08	1.04E+09	5.23E+09	6.48E+08
3	9.20E+05	7.51E+06	3.07E+07	5.20E+07	1.17E+08	2.12E+08	7.39E+08	3.21E+08	7.48E+07	1.24E+07	3.20E+06	1.31E+06	2.06E+06	2.91E+07	1.93E+09	2.35E+08
3.5	1.45E+05	8.61E+05	3.10E+06	5.10E+06	1.09E+07	1.92E+07	6.21E+07	3.55E+07	1.14E+07	2.33E+06	4.12E+05	1.21E+05	2.73E+05	6.79E+05	6.60E+08	9.80E+07
4	1.33E+04	8.67E+04	3.18E+05	5.07E+05	1.03E+06	1.75E+06	5.24E+06	3.95E+06	1.75E+06	4.49E+05	1.15E+05	2.58E+03	2.75E+05	1.38E+06	1.88E+08	3.01E+07
4.5	0.00E+00	0.00E+00	6.03E+03	1.72E+05	5.31E+04	1.03E+05	4.37E+05	3.26E+05	1.00E+05	0.00E+00	0.00E+00	0.00E+00	2.31E+03	2.72E+05	4.41E+07	7.96E+06
5	0.00E+00	0.00E+00	0.00E+00	0.00E+00	0.00E+00	0.00E+00	0.00E+00	0.00E+00	0.00E+00	4.38E+05	0.00E+00	0.00E+00	0.00E+00	4.38E+05	6.45E+06	2.55E+05
5.5	0.00E+00	0.00E+00	0.00E+00	0.00E+00	0.00E+00	0.00E+00	0.00E+00	0.00E+00	0.00E+00	0.00E+00	0.00E+00	0.00E+00	0.00E+00	7.99E+04	6.14E+05	0.00E+00
6	0.00E+00	0.00E+00	0.00E+00	0.00E+00	0.00E+00	0.00E+00	0.00E+00	0.00E+00	0.00E+00	0.00E+00	0.00E+00	0.00E+00	0.00E+00	0.00E+00	2.92E+04	
6.5	0.00E+00	0.00E+00	0.00E+00	0.00E+00	0.00E+00	0.00E+00	0.00E+00	0.00E+00	0.00E+00	0.00E+00	0.00E+00	0.00E+00	0.00E+00	0.00E+00		
7	0.00E+00	0.00E+00	0.00E+00	0.00E+00	0.00E+00	0.00E+00	0.00E+00	0.00E+00	0.00E+00	0.00E+00	0.00E+00	0.00E+00	0.00E+00	0.00E+00		

表7-3 1 500~10 000 km大椭圆轨道空间环境特征及与MEO、GEO轨道对比

空间环境要素		1 500~10 000 km大椭圆轨道	MEO轨道	GEO轨道
带电粒子辐射环境	地球辐射带	会遭遇内辐射带捕获质子和捕获电子,在3 000~5 000 km高度范围内,处于内辐射带中心区域。轨道倾角增大后,遭遇的累积捕获质子通量会有所下降。高倾角轨道还会遭遇外辐射带捕获电子	处于外辐射中心区域附近,主要遭遇高通量捕获电子	处于外辐射偏边缘位置,主要遭遇捕获电子,通量低于MEO轨道
	银河宇宙线	持续遭遇,地球磁场可以屏蔽部分低能粒子,但对高能粒子屏蔽作用微弱。通量低于MEO轨道和IGSO轨道	持续遭遇,地球磁场可以屏蔽部分低能粒子,但对高能粒子屏蔽作用微弱	持续遭遇,地球磁场可以屏蔽部分低能粒子,但对高能粒子屏蔽作用微弱
	太阳能量粒子	太阳爆发性活动期间短时遭遇,一般持续数小时至数天。地球磁场可以屏蔽部分低能粒子,但对高能粒子屏蔽作用微弱。通量低于MEO轨道和IGSO轨道	太阳爆发性活动期间短时遭遇,一般持续数小时至数天。地球磁场可以屏蔽部分低能粒子,但对高能粒子屏蔽作用微弱。通量低于MEO轨道和IGSO轨道	太阳爆发性活动期间短时遭遇,一般持续数小时至数天。地球磁场可以屏蔽部分低能粒子,但对高能粒子屏蔽作用微弱。通量低于MEO轨道和IGSO轨道
	等离子体	以能量为eV量级的冷等离子体为主。高倾角轨道可能遭遇keV量级的热等离子体。引发充放电效应的环境没有GEO轨道恶劣	地磁活跃时,可能遭遇通量较大的热等离子体	地磁活跃时,可能遭遇通量较大的热等离子体
太阳电磁辐射环境		无大气衰减作用,与MEO轨道和GEO轨道相当	无大气衰减作用,光照条件下持续遭遇	无大气衰减作用,光照条件下持续遭遇
真空环境		10^{-8}~10^{-11}Pa的极高真空	10^{-11}Pa的极高真空	10^{-12}Pa的极高真空
地球磁场环境		地球磁场随高度增加呈R-3快速下降,对来自外太空的低能带电粒子有一定屏蔽作用	地球磁场比较微弱,对带电粒子屏蔽作用非常有限	地球磁场比较微弱,对带电粒子屏蔽作用非常有限
微流星体与空间碎片环境		有低碰撞概率	有低碰撞概率	有低碰撞概率

7.2 空间环境效应分析

由空间带电粒子辐射作用于卫星上不同功能的元器件、材料或部件上,会产生

电离总剂量效应、位移损伤效应、单粒子效应和充放电效应（包括表面充放电效应和内带电效应）。对于大椭圆轨道卫星，引发充放电效应的环境条件没有MEO轨道和GEO轨道恶劣，现有卫星开展的充放电效应防护设计可以应用于大椭圆轨道卫星。而电离总剂量效应、位移损伤效应是一种累积性效应，与卫星在轨寿命期内累积遭遇的带电粒子通量和能谱均有关。单粒子效应是一种瞬时性效应，可引发该效应的辐射源包括银河宇宙线和太阳能量粒子以及辐射带捕获质子等高能粒子。对于大椭圆轨道，银河宇宙线和太阳能量粒子的通量没有MEO轨道和GEO轨道恶劣，因此引发单粒子效应的差异集中在高能的捕获质子上。由于空间质子只会在传能线密度（Linear Energy Transfer，LET）阈值低于15 MeV/mg/cm^{2}的器件中引发单粒子效应，重点关注单粒子敏感度较高的大规模集成电路，如现场可编程门阵列(Field-Programmable Gate Array，FPGA)、数字信号处理器（Digital Signal Processin，DSP）和静态随机存取储存器（Static Random-Access Memory，SRAM）等。

7.2.1 电离总剂量效应

空间带电粒子与航天器上采用的元器件和材料发生撞击时，可通过电离作用将部分甚至全部能量传递给元器件和材料，使其性能发生变化，这就是所谓的"电离总剂量效应"。

通常以辐射剂量来描述电子元器件和材料的电离辐射剂量损伤程度，其国际单位是Gy（戈瑞），1 kg物质在被辐射时吸收1 J的能量称为1 Gy。常用的辐射剂量单位是rad（拉德），1 g物质在被辐射时吸收100 erg能量称为1 rad，Gy与rad之间的换算关系为1 Gy = 100 rad。通常，辐射剂量与吸收体的物质类型有关，即Gy或rad均需指明针对何种物质才具有实际意义。在航天工程中，通常采用硅材料吸收剂量来评价卫星元器件与材料的辐射剂量水平，因此常记为Gy（Si）或rad（Si）。

随着接受剂量的增加，电子元器件、材料和电路的性能将会发生漂移，功能出现衰退。当累积剂量超过元器件或材料所能承受的最大剂量时，其性能就会完全失效或损坏，从而对在轨航天器造成严重威胁。电子元器件和材料的电离总剂量损伤的典型表现如下：

（1）双极晶体管电流放大系数降低、漏电流升高、反向击穿电压降低；

（2）单极型器件［金属氧化物半导体（Metal-Oxide-Semiconductor，MOS）器件］跨导变低、阈电压漂移、漏电流升高；

（3）运算放大器输入失调变大、开环增益下降、共模抑制比变化；

（4）光电器件及其他半导体探测器暗电流增加、背景噪声增加；

（5）中央处理器（Central Processing Unit，CPU）及其外围芯片等逻辑器件的电性能参数偏移，并最终导致器件的逻辑功能错误乃至丧失；

（6）导线、微波馈线、高分子材料等绝缘介质材料强度降低、开裂、粉碎；

（7）温控涂层开裂、脱落、热学参数（发射率和吸收率）衰退。

对于1 000～20 000 km高度范围内的轨道卫星，其遭受的太阳能量粒子环境比导航MEO轨道和GEO轨道均要温和，且太阳能量粒子产生的总剂量对长寿命卫星累积

大椭圆轨道合成孔径雷达技术

总剂量的贡献是一个小量。故这里重点分析不同轨道上由于捕获粒子环境的差异对电离总剂量的影响。

对大椭圆轨道SAR卫星产生电离总剂量效应的空间带电粒子辐射,来自3种辐射源:地球辐射带捕获电子、地球辐射带捕获质子和太阳耀斑质子。

太阳宁静期间,卫星所遭遇的电离总剂量,来自地球辐射带捕获电子和捕获质子。在太阳耀斑爆发期间,将会增加由于太阳耀斑质子造成的总剂量,如果任务期内没有发生任何太阳耀斑,则不会产生此部分总剂量。

为了分析卫星上应用的元器件或材料遭受的电离总剂量,选择不同等效铝屏蔽厚度的屏蔽状态,同时考虑到卫星遭受的捕获粒子环境与轨道倾角也密切相关,这里分别选择0°、50°、63.4°和90°四类典型轨道倾角进行分析,具体分析结果见表7-4~表7-8所列。

表7-4 4种倾角下轨道高度为1 000 km卫星在轨深度剂量表(8年)

等效铝厚度/mm	屏蔽面密度/(g/cm²)	总剂量/[rad(Si)]			
		0°	50°	63.4°	90°
0.015	0.004	9.68E+05	9.43E+06	8.13E+06	6.81E+06
0.04	0.011	6.87E+05	6.07E+06	5.16E+06	4.47E+06
0.1	0.027	3.75E+05	2.68E+06	2.33E+06	2.04E+06
0.2	0.054	1.82E+05	9.74E+05	9.13E+05	7.99E+05
0.3	0.081	1.00E+05	5.06E+05	5.01E+05	4.37E+05
0.4	0.108	5.94E+04	3.10E+05	3.21E+05	2.79E+05
0.5	0.135	3.79E+04	2.03E+05	2.19E+05	1.89E+05
0.6	0.162	2.69E+04	1.43E+05	1.59E+05	1.37E+05
0.7	0.189	2.12E+04	1.09E+05	1.25E+05	1.07E+05
0.8	0.216	1.77E+04	8.76E+04	1.03E+05	8.74E+04
0.9	0.243	1.55E+04	7.27E+04	8.66E+04	7.33E+04
1	0.27	1.40E+04	6.22E+04	7.46E+04	6.29E+04
1.5	0.405	1.08E+04	3.52E+04	4.24E+04	3.55E+04
2	0.54	9.46E+03	2.31E+04	2.73E+04	2.28E+04
2.5	0.675	8.73E+03	1.70E+04	1.92E+04	1.61E+04
3	0.81	8.30E+03	1.37E+04	1.46E+04	1.24E+04
3.5	0.945	7.94E+03	1.15E+04	1.17E+04	9.99E+03
4	1.08	7.65E+03	9.92E+03	9.69E+03	8.34E+03
4.5	1.215	7.39E+03	8.73E+03	8.23E+03	7.15E+03
5	1.35	7.18E+03	7.87E+03	7.20E+03	6.31E+03
6	1.62	6.90E+03	6.94E+03	6.07E+03	5.40E+03

续表

等效铝厚度/mm	屏蔽面密度/(g/cm²)	总剂量/[rad(Si)]			
		0°	50°	63.4°	90°
7	1.89	6.60E+03	6.36E+03	5.42E+03	4.85E+03
8	2.16	6.45E+03	6.07E+03	5.11E+03	4.59E+03
9	2.43	6.23E+03	5.71E+03	4.79E+03	4.30E+03
10	2.7	6.04E+03	5.41E+03	4.53E+03	4.07E+03
11	2.97	5.97E+03	5.26E+03	4.41E+03	3.96E+03
12	3.24	5.80E+03	5.04E+03	4.22E+03	3.79E+03
13	3.51	5.56E+03	4.78E+03	4.00E+03	3.59E+03
14	3.78	5.47E+03	4.67E+03	3.91E+03	3.50E+03
15	4.05	5.40E+03	4.58E+03	3.83E+03	3.44E+03
16	4.32	5.17E+03	4.33E+03	3.63E+03	3.25E+03
17	4.59	5.05E+03	4.19E+03	3.52E+03	3.15E+03
18	4.86	5.09E+03	4.22E+03	3.54E+03	3.17E+03
19	5.13	4.87E+03	3.98E+03	3.34E+03	2.99E+03
20	5.4	4.67E+03	3.76E+03	3.16E+03	2.82E+03

表7-5　4种倾角下轨道高度为5 000 km卫星在轨深度剂量表（8年）

等效铝厚度/mm	屏蔽面密度/(g/cm²)	总剂量/[rad(Si)]			
		0°	50°	63.4°	90°
0.015	0.004	1.69E+09	7.47E+08	6.02E+08	5.23E+08
0.04	0.011	1.26E+09	4.34E+08	3.60 E+08	3.16E+08
0.1	0.027	6.61E+08	1.97E+08	1.67E+08	1.47E+08
0.2	0.054	2.94E+08	8.18E+07	6.96E+07	6.11E+07
0.3	0.081	1.69E+08	4.51E+07	3.86E+07	3.38E+07
0.4	0.108	1.06E+08	2.82E+07	2.41E+07	2.11E+07
0.5	0.135	6.95E+07	1.84E+07	1.58E+07	1.38E+07
0.6	0.162	4.77E+07	1.26E+07	1.09E+07	9.47E+06
0.7	0.189	3.51E+07	9.25E+06	8.01E+06	6.95E+06
0.8	0.216	2.67E+07	7.06E+06	6.12E+06	5.31E+06
0.9	0.243	2.14E+07	5.69E+06	4.94E+06	4.28E+06
1	0.27	1.80E+07	4.80E+06	4.17E+06	3.61E+06
1.5	0.405	7.41E+06	2.03E+06	1.78E+06	1.53E+06
2	0.54	3.24E+06	9.26E+05	8.18E+05	6.94E+05

续表

等效铝厚度/mm	屏蔽面密度/(g/cm²)	总剂量/[rad(Si)]			
		0°	50°	63.4°	90°
2.5	0.675	1.88E+06	5.43E+05	4.80E+05	4.07E+05
3	0.81	1.35E+06	3.87E+05	3.40E+05	2.90E+05
3.5	0.945	9.54E+05	2.73E+05	2.38E+05	2.04E+05
4	1.08	6.61E+05	1.90E+05	1.65E+05	1.42E+05
4.5	1.215	4.89E+05	1.40E+05	1.21E+05	1.04E+05
5	1.35	4.07E+05	1.14E+05	9.81E+04	8.51E+04
6	1.62	3.36E+05	9.00E+04	7.67E+04	6.73E+04
7	1.89	2.78E+05	7.20E+04	6.11E+04	5.39E+04
8	2.16	2.45E+05	6.21E+04	5.26E+04	4.66E+04
9	2.43	2.02E+05	5.03E+04	4.26E+04	3.78E+04
10	2.7	1.57E+05	3.88E+04	3.29E+04	2.92E+04
11	2.97	1.33E+05	3.26E+04	2.77E+04	2.46E+04
12	3.24	1.20E+05	2.92E+04	2.48E+04	2.20E+04
13	3.51	1.11E+05	2.70E+04	2.29E+04	2.03E+04
14	3.78	1.07E+05	2.59E+04	2.20E+04	1.95E+04
15	4.05	1.03E+05	2.49E+04	2.11E+04	1.88E+04
16	4.32	9.37E+04	2.26E+04	1.92E+04	1.71E+04
17	4.59	8.85E+04	2.13E+04	1.81E+04	1.61E+04
18	4.86	8.86E+04	2.13E+04	1.81E+04	1.61E+04
19	5.13	8.07E+04	1.93E+04	1.64E+04	1.46E+04
20	5.4	7.38E+04	1.76E+04	1.50E+04	1.33E+04

表7-6 4种倾角下轨道高度为10 000 km卫星在轨深度剂量表（8年）

等效铝厚度/mm	屏蔽面密度/(g/cm²)	总剂量/[rad(Si)]			
		0°	50°	63.4°	90°
0.015	0.004	1.56E+10	4.70E+09	3.95E+09	3.50E+09
0.04	0.011	3.94 E+9	1.07 E+09	9.02E+08	7.99E+08
0.1	0.027	6.98E+08	1.87E+08	1.57E+08	1.38E+08
0.2	0.054	1.10E+08	3.73E+07	3.09E+07	2.66E+07
0.3	0.081	3.66E+07	1.64E+07	1.34E+07	1.13E+07
0.4	0.108	1.97E+07	1.04E+07	8.38E+06	7.03E+06

续表

等效铝厚度/mm	屏蔽面密度/(g/cm²)	总剂量/[rad(Si)]			
		0°	50°	63.4°	90°
0.5	0.135	1.21E+07	7.29E+06	5.79E+06	4.84E+06
0.6	0.162	7.74E+06	5.38E+06	4.23E+06	3.52E+06
0.7	0.189	5.37E+06	4.25E+06	3.31E+06	2.74E+06
0.8	0.216	3.94E+06	3.51E+06	2.70E+06	2.24E+06
0.9	0.243	3.07E+06	2.97E+06	2.27E+06	1.88E+06
1	0.27	2.48E+06	2.56E+06	1.95E+06	1.61E+06
1.5	0.405	9.41E+05	1.38E+06	1.03E+06	8.49E+05
2	0.54	4.04E+05	8.08E+05	5.92E+05	4.90E+05
2.5	0.675	2.01E+05	4.96E+05	3.60E+05	2.99E+05
3	0.81	1.10E+05	3.15E+05	2.28E+05	1.89E+05
3.5	0.945	6.10E+04	2.05E+05	1.48E+05	1.23E+05
4	1.08	3.51E+04	1.35E+05	9.70E+04	8.07E+04
4.5	1.215	2.14E+04	9.07E+04	6.50E+04	5.41E+04
5	1.35	1.45E+04	6.15E+04	4.43E+04	3.70E+04
6	1.62	8.53E+03	2.92E+04	2.14E+04	1.80E+04
7	1.89	5.65E+03	1.38E+04	1.04E+04	8.82E+03
8	2.16	4.34E+03	6.63E+03	5.13E+03	4.43E+03
9	2.43	3.15E+03	3.35E+03	2.68E+03	2.35E+03
10	2.7	2.27E+03	1.96E+03	1.61E+03	1.43E+03
11	2.97	1.81E+03	1.37E+03	1.14E+03	1.02E+03
12	3.24	1.54E+03	1.12E+03	9.38E+02	8.42E+02
13	3.51	1.34E+03	9.81E+02	8.19E+02	7.33E+02
14	3.78	1.22E+03	9.05E+02	7.55E+02	6.76E+02
15	4.05	1.10E+03	8.39E+02	7.00E+02	6.27E+02
16	4.32	9.65E+02	7.74E+02	6.43E+02	5.73E+02
17	4.59	8.74E+02	7.26E+02	6.02E+02	5.36E+02
18	4.86	8.30E+02	6.96E+02	5.78E+02	5.15E+02
19	5.13	7.40E+02	6.59E+02	5.44E+02	4.83E+02
20	5.4	6.72E+02	6.34E+02	5.20E+02	4.58E+02

表7-7 4种倾角下轨道高度为15 000 km卫星在轨深度剂量表（8年）

等效铝厚度/mm	屏蔽面密度/(g/cm^2)	总剂量/[rad(Si)]			
		0°	50°	63.4°	90°
0.015	0.004	1.30E+10	3.04E+09	2.56E+09	2.28E+09
0.04	0.011	1.47 E+09	3.86 E+08	3.18E+08	2.80E+08
0.1	0.027	9.65E+07	5.85E+07	4.38E+07	3.74E+07
0.2	0.054	2.10E+07	2.79E+07	2.00E+07	1.69E+07
0.3	0.081	1.32E+07	1.95E+07	1.38E+07	1.17E+07
0.4	0.108	9.80E+06	1.45E+07	1.04E+07	8.80E+06
0.5	0.135	7.59E+06	1.12E+07	8.00E+06	6.82E+06
0.6	0.162	6.13E+06	8.97E+06	6.43E+06	5.49E+06
0.7	0.189	5.18E+06	7.47E+06	5.39E+06	4.61E+06
0.8	0.216	4.49E+06	6.38E+06	4.63E+06	3.96E+06
0.9	0.243	3.94E+06	5.51E+06	4.02E+06	3.45E+06
1	0.27	3.51E+06	4.82E+06	3.53E+06	3.03E+06
1.5	0.405	2.27E+06	2.77E+06	2.07E+06	1.78E+06
2	0.54	1.52E+06	1.69E+06	1.27E+06	1.10E+06
2.5	0.675	1.03E+06	1.06E+06	8.05E+05	6.99E+05
3	0.81	7.14E+05	6.83E+05	5.25E+05	4.57E+05
3.5	0.945	5.00E+05	4.52E+05	3.50E+05	3.05E+05
4	1.08	3.53E+05	3.03E+05	2.36E+05	2.07E+05
4.5	1.215	2.55E+05	2.05E+05	1.61E+05	1.41E+05
5	1.35	1.89E+05	1.40E+05	1.11E+05	9.73E+04
6	1.62	1.08E+05	6.60E+04	5.29E+04	4.66E+04
7	1.89	5.72E+04	3.00E+04	2.43E+04	2.15E+04
8	2.16	2.74E+04	1.30E+04	1.06E+04	9.43E+03
9	2.43	1.20E+04	5.80E+03	4.73E+03	4.21E+03
10	2.7	5.22E+03	3.07E+03	2.48E+03	2.21E+03
11	2.97	2.53E+03	2.08E+03	1.66E+03	1.48E+03
12	3.24	1.68E+03	1.74E+03	1.37E+03	1.23E+03
13	3.51	1.37E+03	1.57E+03	1.23E+03	1.10E+03
14	3.78	1.27E+03	1.47E+03	1.16E+03	1.03E+03
15	4.05	1.19E+03	1.38E+03	1.09E+03	9.69E+02
16	4.32	1.13E+03	1.31E+03	1.02E+03	9.11E+02
17	4.59	1.08E+03	1.24E+03	9.74E+02	8.65E+02
18	4.86	1.03E+03	1.20E+03	9.38E+02	8.34E+02
19	5.13	1.00E+03	1.16E+03	9.03E+02	8.01E+02
20	5.4	9.77E+02	1.13E+03	8.80E+02	7.79E+02

表 7-8　4 种倾角下轨道高度为 20 000 km 卫星在轨深度剂量表（8 年）

等效铝厚度/mm	屏蔽面密度/(g/cm²)	总剂量/[rad(Si)]			
		0°	50°	63.4°	90°
0.015	0.004	1.38E+09	4.45E+08	3.70E+08	3.29E+08
0.04	0.011	2.06E+08	1.40E+08	1.10E+08	9.50E+07
0.1	0.027	8.61E+07	7.40E+07	5.77E+07	4.98E+07
0.2	0.054	5.20E+07	4.50E+07	3.53E+07	3.06E+07
0.3	0.081	3.79E+07	3.18E+07	2.51E+07	2.17E+07
0.4	0.108	2.96E+07	2.38E+07	1.89E+07	1.64E+07
0.5	0.135	2.38E+07	1.83E+07	1.46E+07	1.27E+07
0.6	0.162	2.00E+07	1.47E+07	1.18E+07	1.02E+07
0.7	0.189	1.76E+07	1.22E+07	9.84E+06	8.57E+06
0.8	0.216	1.59E+07	1.04E+07	8.43E+06	7.35E+06
0.9	0.243	1.44E+07	9.02E+06	7.30E+06	6.38E+06
1	0.27	1.30E+07	7.86E+06	6.38E+06	5.58E+06
1.5	0.405	7.84E+06	4.39E+06	3.59E+06	3.15E+06
2	0.54	4.90E+06	2.58E+06	2.12E+06	1.87E+06
2.5	0.675	3.14E+06	1.55E+06	1.28E+06	1.13E+06
3	0.81	2.05E+06	9.58E+05	7.93E+05	6.99E+05
3.5	0.945	1.38E+06	6.09E+05	5.06E+05	4.47E+05
4	1.08	9.46E+05	3.95E+05	3.29E+05	2.91E+05
4.5	1.215	6.43E+05	2.57E+05	2.14E+05	1.90E+05
5	1.35	4.23E+05	1.64E+05	1.37E+05	1.22E+05
6	1.62	1.72E+05	6.51E+04	5.46E+04	4.86E+04
7	1.89	6.60E+04	2.50E+04	2.10E+04	1.87E+04
8	2.16	2.44E+04	9.87E+03	8.31E+03	7.43E+03
9	2.43	1.01E+04	4.82E+03	4.05E+03	3.63E+03
10	2.7	5.78E+03	3.27E+03	2.74E+03	2.45E+03
11	2.97	4.54E+03	2.77E+03	2.32E+03	2.08E+03
12	3.24	4.12E+03	2.54E+03	2.12E+03	1.90E+03
13	3.51	3.85E+03	2.37E+03	1.97E+03	1.76E+03
14	3.78	3.62E+03	2.22E+03	1.85E+03	1.65E+03
15	4.05	3.40E+03	2.09E+03	1.74E+03	1.55E+03
16	4.32	3.21E+03	1.97E+03	1.64E+03	1.46E+03
17	4.59	3.06E+03	1.87E+03	1.56E+03	1.39E+03
18	4.86	2.93E+03	1.80E+03	1.50E+03	1.34E+03
19	5.13	2.85E+03	1.74E+03	1.45E+03	1.29E+03
20	5.4	2.81E+03	1.71E+03	1.42E+03	1.26E+03

大椭圆轨道合成孔径雷达技术

选取星上应用典型屏蔽厚度值，等效铝屏蔽厚度分别为 0.04 mm（星表热控多层）、1 mm（卫星舱板内部）、2 mm（卫星舱板内部）条件下的电离总剂量对比如图 7-5～图 7-7 所示。

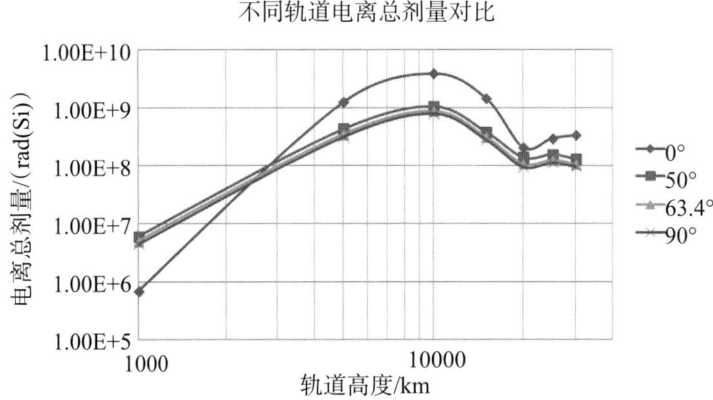

图 7-5　等效铝屏蔽厚度为 0.04 mm（星表热控多层）的不同轨道条件下电离总剂量

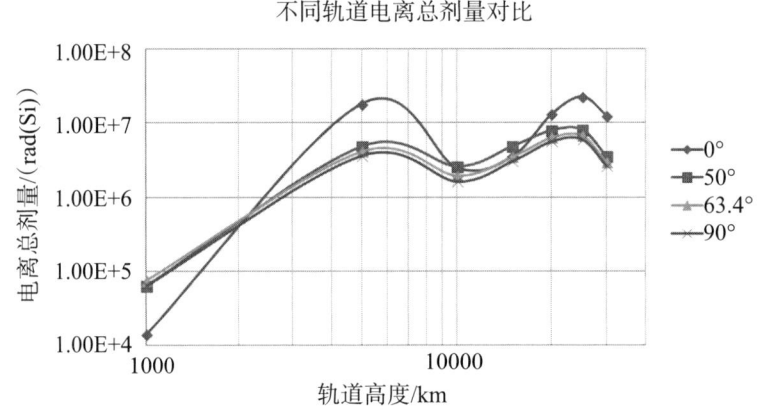

图 7-6　等效铝屏蔽厚度为 1 mm（卫星舱板内部）的不同轨道条件下电离总剂量

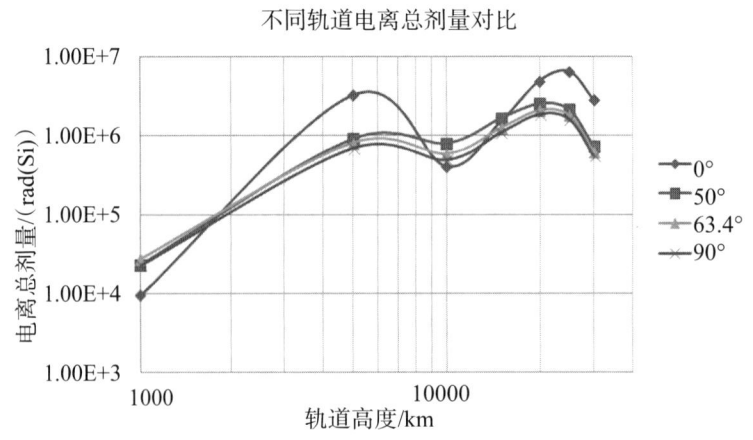

图 7-7　等效铝屏蔽厚度为 2 mm（卫星舱板内部）的不同轨道条件下电离总剂量

下面给出了 1 000～20 000 km 电离总剂量能力的指标要求，见表 7-9 所列。

表 7-9 大椭圆轨道 SAR 的电离总剂量

轨道高度/km	总剂量/[rad(Si)]			
	0°	50°	63.4°	90°
1000	1.45E+06	1.41E+07	1.22E+07	1.02E+07
5000	2.54E+09	1.12E+09	9.03E+08	7.85E+08
10000	2.34E+10	7.05E+09	5.93E+09	5.25E+09
15000	1.95E+10	4.56E+09	3.84E+09	3.42E+09
20000	2.07E+09	6.68E+08	5.55E+08	4.94E+08

从表中可以看出，在 1 000～20 000 km 高度范围内，随着轨道倾角的增加，总剂量效应呈减少趋势，其中 0°倾角总剂量状况最为严重，这一点是由于辐射带是呈"月牙形"分布（内辐射带在南北纬 40°之间，外辐射带在南北纬 70°之间），不同倾角的卫星遭受的捕获粒子环境不同而造成的。

对于星表材料，遭受的电离总剂量的峰值出现在 10 000 km 左右：

➢ 0°倾角轨道，其量值比当前最恶劣的 GEO 轨道卫星还要高 15 倍以上；

➢ 50°倾角轨道，其量值比当前最恶劣的 GEO 轨道卫星要高 5 倍左右；

➢ 90°倾角轨道，其量值比当前最恶劣的 GEO 轨道卫星要高 3 倍左右。

对于只经过舱板屏蔽的材料（如舱内电缆），遭受的电离总剂量的峰值出现在 20 000 km 左右：

①对于舱内设备内部使用的元器件或材料：

➢ 0°倾角轨道，其量值比当前最恶劣的导航 MEO 卫星高 2 倍左右；

➢ 50°和 90°倾角轨道，其量值比当前最恶劣的导航 MEO 卫星低一半左右。

②对于舱内设备内部使用的元器件或材料：

➢ 0°倾角的轨道，遭受的电离总剂量的峰值出现为 3 000～4 000 km，其量值比当前最恶劣的导航 MEO 卫星高 2 倍左右；

➢ 50°和 90°倾角的轨道，遭受的电离总剂量的峰值出现在 10 000 km，其量值低于当前最恶劣的导航 MEO 卫星。

基于以上的分析，对于 1 500～10 000 km 高度范围的大椭圆轨道卫星，其遭受的电离总剂量状态是：对于星表材料，低倾角卫星面临的总剂量状况非常严重，剂量峰值出现在 10 000 km 高度附近，总剂量量值要比当前最恶劣的 GEO 卫星高一个数量级。对于舱内元器件及材料，剂量峰值出现在 3 000～5 000 km 高度范围，总剂量量值要比当前最恶劣的 MEO 卫星高 2 倍左右。另外，随着轨道倾角的增加，中地球轨道遭受的电离总剂量状况会有所好转，除了屏蔽状态较差的星表材料以外，采用高的轨道倾角可以保证中地球轨道卫星遭受电离总剂量低于当前最恶劣的导航MEO卫星。

7.2.2 位移损伤效应

高能粒子与材料的相互作用过程中除了通过电离相互作用交换能量外，还可以通过非电离相互作用交换能量，即产生非电离能量损失，简称非电离能损。非电离能量损失是高能粒子与原子核的相互作用，产生原子的移位即所谓的移位效应，通常称为位移效应。

受位移效应影响最大的主要是利用少数载流子工作的器件，例如双极结型晶体管、太阳电池、电荷耦合器件和光电耦合器等。其典型表现如下：

（1）双极器件的电流增益下降，尤其在小电流情况下（PNP器件比NPN器件对位移损伤更敏感）；

（2）二极管漏电流增加，正向导通压降增加；

（3）电荷耦合器件（Charge Coupled Device，CCD）器件的电荷迁移效率下降，暗电流、热点增加；

（4）发光二极管的输出功率下降；

（5）太阳能电池片（Si、GaAs等）的短路电流、开路电压及最大输出功率下降；

（6）光学材料的传输系数下降。

地球辐射带质子和太阳质子是对航天器电子元器件和材料产生位移损伤效应的主要辐射环境。位移损伤效应可以采用下述两种方式之一进行表述：①位移损伤等效单能粒子通量，如等效1 MeV电子通量或等效10 MeV质子通量；②非电离能量损伤或非电离总剂量，即带电粒子通过位移效应在单位质量材料中沉积的能量，与电离总剂量采用Gy（材料）或rad（材料）不同，非电离总剂量的单位通常为MeV/g。

位移损伤（又称为非电离剂量损伤）效应是一种由能量粒子引发的长期累积损伤效应，它会对光电器件、双极器件和太阳能电池片等器件的性能产生影响。地球辐射带捕获质子和太阳耀斑质子是对卫星电子元器件和材料产生位移损伤效应的主要辐射环境。而对于太阳能电池片，由于覆盖在其表面的玻璃盖片厚度很薄，所以地球辐射带捕获电子也可以对太阳能电池片造成位移损伤。

为了定量评估太阳能电池在轨遭受的位移损伤，20世纪80年代，美国JPL实验室发展了等效注量法。该方法通过采用不同能量的质子和电子进行辐照试验，利用获得的试验数据，将不同能量的空间带电粒子对太阳能电池造成的位移损伤，与一定通量的1 MeV电子对太阳能电池的损伤进行等效，获得不同能量和种类的粒子与1 MeV电子产生同样损伤的等效系数，把太阳能电池在轨期间由连续能谱的空间带电粒子辐射导致的位移损伤，等效为1 MeV电子损伤通量，来定量描述太阳能电池遭受的位移损伤。

当前国内中高轨卫星已广泛采用三结GaAs太阳能电池，对于三结GaAs太阳能电池，由于国外没有公开不同能量粒子之间的等效系数，从目前国外的文献资料报道来看，普遍认为三结GaAs太阳能电池的抗辐射能力优于单结GaAs太阳能电池，国内也开展过单结 GaAs 太阳能电池和三结 GaAs 太阳能电池的辐照对比试验，结论与国外文献报道的基本一致。因此，我国近年来型号中逐渐推广采用的三结 GaAs 太阳能电池开展功率预算时，均依据对单结 GaAs 太阳能电池的辐射损伤分析结果。

当前卫星采用的太阳能电池玻璃盖片的厚度通常为 90～120 μm，对应的质量面密度（厚度与密度乘积）为 0.02～0.026 g/cm²。下面选择玻璃盖片质量面密度为 0.023 g/cm² 的典型值，对不同轨道高度上单结 GaAs 太阳能电池片遭受的位移损伤等效 1 MeV 电子通量进行分析和对比。图 7-8 中给出了具体结果，从图中可以看出，在 1 500～10 000 km 的高度范围内，太阳能电池遭受的位移损伤非常严重，峰值出现在 8 000 km 左右。在同样寿命的前提下，中地球轨道单结 GaAs 太阳能电池遭受的等效 1 MeV 电子通量比目前最恶劣的导航 MEO 轨道要高接近 3 个数量级，即达到 1×10^{17} e/cm² 每年。另外，随着轨道倾角的增加，尽管太阳能电池遭受的位移损伤有所下降，但仍远高于导航 MEO 轨道，说明想通过调整卫星轨道倾角不足以缓解太阳能电池遭受的位移损伤的程度。

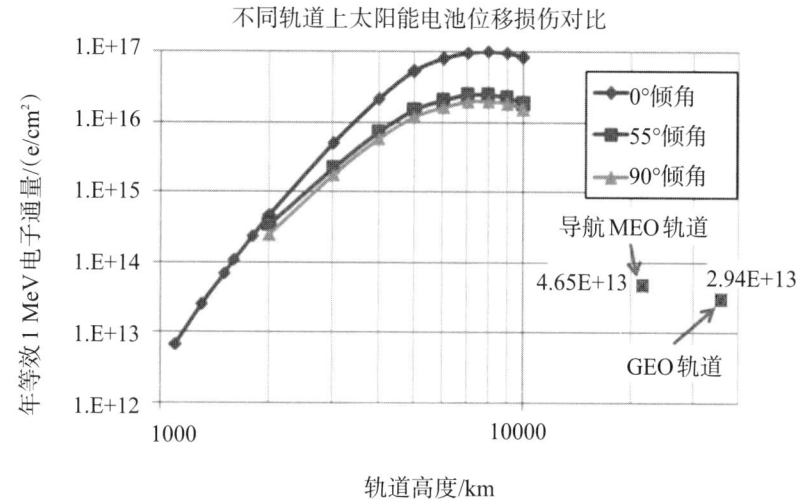

图 7-8　卫星经 0.023 g/cm² 盖片玻璃屏蔽后单结 GaAs 太阳能电池最大输出功率 P_{max} 损伤等效 1 MeV 电子通量随轨道高度的变化关系

对太阳能电池产生位移损伤的辐射源包括空间质子和电子，图 7-9 中给出了空间不同能量的质子和电子在 GaAs 材料中沉积的非电离能损，而非电离能损是描述位移损伤程度的物理量。从图中可以看出，质子产生的位移损伤比电子要高 1～3 个数量级，尤其是低能质子产生的非电离能损最为严重。由于中地球轨道会连续或间歇穿越内辐射带，会遭遇高通量的捕获质子。而导航 MEO 和 GEO 轨道处于外辐射带中，主要以捕获电子为主，所以大椭圆轨道遭受的位移损伤要比导航 MEO 和 GEO 轨道严重得多。

大椭圆轨道合成孔径雷达技术

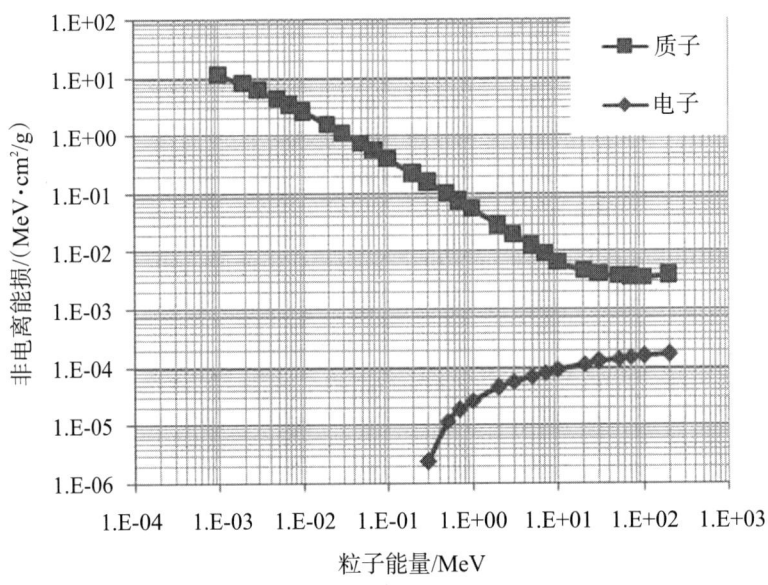

图7-9 质子和电子在GaAs材料中的非电离能损数据

目前,太阳能电池辐射损伤问题最为严重的是15年寿命的GEO通信卫星,其在太阳能电池阵功率预算中采用的等效1 MeV电子通量为1.25×10^{15} e/cm^2。表7-10中给出了某单位生产的三结GaAs太阳能电池的输出功率随等效1 MeV电子通量的变化数据。从表中可以推算,在1.25×10^{15} e/cm^2通量的1 MeV电子辐照下,三结GaAs太阳能电池的输出功率将下降约17%。对于5 000 km的中地球轨道卫星,按照5年寿命期考虑,遭受的等效1 MeV通量达到$6 \times 10^{16} \sim 2.6 \times 10^{17}$ e/cm^2,如果不采取防护措施,太阳能电池的末期输出功率将严重衰减。

表7-10 某单位所生产的三结GaAs太阳能电池输出功率随辐射损伤的变化数据

等效1 MeV电子通量	性能退化	
	P/P_0	衰降因子
3×10^{13}	97.03%	2.97%
1×10^{14}	96.19%	3.81%
5×10^{14}	90.72%	9.28%
1×10^{15}	85.11%	14.89%
3×10^{15}	74.85%	25.15%

考虑采用增厚玻璃盖片的方式对太阳能电池辐射损伤进行防护,图7-10中给出了采用5倍于当前常用玻璃盖片厚度时,太阳能电池辐射损伤电子通量随轨道高度的辩护数据。从图中可以看出,采用该措施后10 000 km圆轨道上的太阳能电池辐射损伤通量与MEO和GEO轨道的数据已经比较接近。因此,要保证10 000 km中圆轨道卫星上的三结GaAs太阳能电池在任务末期的输出功率仍达到最初的75%以上时,盖

片玻璃的厚度必须在 600 μm 左右，是目前常用盖片玻璃厚度的 5 倍以上。

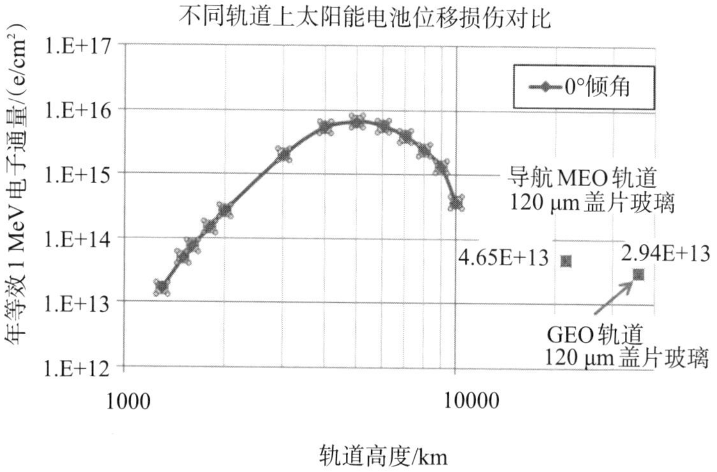

图 7-10　卫星经 0.112 g/cm² 盖片玻璃（约是当前常用玻璃盖片厚度的 5 倍）屏蔽后单结 GaAs 太阳能电池最大输出功率 P_{max} 损伤等效 1 MeV 电子通量随轨道高度的变化关系（数据见表 7-11 所列）

表 7-11　采用 5 倍常用厚度的玻璃盖片后单结 GaAs 太阳能电池最大输出功率 P_{max} 损伤等效 1 MeV 通量

轨道高度/km	经 0.112 g/cm² 盖片玻璃屏蔽后的等效 1 MeV 电子通量/(e/cm² 每年)
	0°倾角
1100	1.48E+14
1300	1.62E+13
1500	4.90E+13
1600	7.42E+13
1800	1.48E+14
2000	2.65E+14
3000	1.99E+15
4000	5.31E+15
5000	6.58E+15
6000	5.54E+15
7000	3.87E+15
8000	2.37E+15
9000	1.32E+15
10 000	3.72E+14

从国际上看，轨道高度在 1 500～20 000 km 的中高度轨道卫星非常少。目前，可借鉴的主要是美国的 ICO 和 Odyssey 两个中轨道通信卫星星座系统。表 7-12 中列出了

大椭圆轨道合成孔径雷达技术

两个中轨道卫星系统的基本参数。

表7-12 中圆轨道通信卫星星座基本参数

卫星系统	卫星基本参数	卫星外形图
ICO通信卫星星座系统	轨道高度：10 390 km 轨道倾角：45° 卫星总数：10颗（均匀分布在2个轨道面） 设计寿命：12年 太阳能电池类型：单结GaAs 太阳阵末期功率：9 000 W	（C-Band Transmit Array, S-Band Transmit Array, C-Band Receive Array, s-Band Receive Array）
Odyssey通信卫星星座系统	轨道高度：10 354 km 轨道倾角：50° 卫星总数：12颗（均匀分布在3个轨道面） 设计寿命：15年 太阳能电池类型：双结GaAs 太阳阵末期功率：4 300 W	（GaAs solar array, Battery 1/2 pack, L-band reflector, Bus electronics panel, Omni, Payload panel, S-band reflector, Omni, Ka-band spot feed systems）

从卫星外形图中可以看出两类卫星具有一个类似的特征，即太阳能电池阵的尺寸非常大，这可能与中轨道上太阳能电池辐射损伤非常严重有关。实际上，对于ICO卫星，为了确保卫星在轨12年的寿命末期仍能够提供9 000 W的输出功率，卫星设计时主要通过增厚太阳能电池玻璃盖片厚度以及增加太阳能电池阵初期功率设计来保障。同样地，对于Odyssey卫星，为了确保太阳能电池阵在轨15年的末期输出功率达到4 500 W，在太阳能电池阵的初期设计输出功率为9 000 W，为此太阳能电池阵的设计尺寸要增大1倍，这也是通过增加太阳能电池盖片玻璃厚度的方式来减少空间粒子对太阳能电池的损伤。

7.2.3 单粒子效应

单个的空间高能质子或重离子轰击航天器上的微电子器件时，在其运动路径上通过电离作用产生大量的电子空穴对，这些电子空穴在器件内部重新分布后，有时会造成数据错误、电路功能混乱甚至计算机系统瘫痪，引发卫星在轨异常和故障，这种由单个高能粒子引发的微电子器件突发异常就是所谓的单粒子效应。单粒子效应分为单粒子翻转（Single Event Upset，SEU）、单粒子锁定（Single Event Latch-up，SEL）、单粒子烧毁（Single Event Burnout，SEB）、单粒子栅击穿（Single

Event Gate Rupture，SEGR）等多种类型。SEU态可以恢复的"软"错误，不损伤硬件。如发生SEL时，通过器件的电流过大可将器件烧毁，造成设备损毁，这是硬错误。

通常用LET（线性能量传输）值和单粒子效应截面（如翻转截面、锁定截面、烧毁截面等）来描述电子器件的单粒子效应特性。

LET值描述了入射粒子在器件中能量沉积的特性。高能重粒子在材料中的LET值，与粒子能量和材料类型有关，LET值的物理含义：高能粒子在材料中输运时，在单位距离上沉积的能量，即$LET=dE/dx$，量纲为 $MeV·cm^2/mg$ 或 $MeV·cm^2/g$。

单粒子效应截面描述了器件在一定LET值的高能粒子轰击下的单粒子效应特性。以单粒子翻转截面为例，SEU是器件翻转次数N_{seu}与入射粒子总数N_p之比，量纲为 cm^2。

空间中可引发单粒子效应的辐射源包括银河宇宙线高能粒子、太阳宇宙线高能质子和重离子以及地球辐射带中的高能质子。其中银河宇宙线和太阳宇宙线均来自地球外空间，其向地球空间传播过程中受到地球磁场的偏转作用影响，低能粒子较容易被偏转到两极区，而轨道高度越低，地磁场强强度越大，磁场偏转作用也明显。因此，对于引发单粒子效应的银河宇宙线和太阳宇宙线环境，中轨道卫星面临的环境条件要比GEO卫星温和。下面重点分析辐射带高能质子可能对敏感微电子器件单粒子效应的影响。由于空间质子的直接电离作用比较弱，其在Si材料中的最大LET值只有 $0.54\ MeV·cm^2/mg$，一般足以引发单粒子事件；但高能质子入射到Si材料中可以通过核反应，产生电离作用更强的次级重离。根据理论分析，高能质子在Si材料中通过核反应产生的次级重离子的最大LET值不超过 $15\ MeV·cm^2/mg$，因此其只会在LET阈值低于 $15\ MeV·cm^2/mg$ 的器件中引发单粒子效应，重点关注单粒子敏感度较高的大规模集成电路，如FPGA、DSP和SRAM等。

对于大椭圆轨道SAR卫星，卫星在轨遇到的高能质子主要来自突发性的太阳粒子事件。由于单粒子效应是瞬时性效应，在分析器件单粒子效应风险时常采用历史上发生的强太阳粒子事件的峰值能谱作为最恶劣环境条件。为了分析高能质子环境的恶劣程度，这里采用将不同轨道高度上可能遭遇的最恶劣瞬时高能质子能谱与1989年10月强太阳粒子事件的能谱进行对比。

图7-11中给出了 $1\ 000\sim 10\ 000\ km$ 轨道高度上的捕获质子能谱与1989年10月强太阳质子事件发生过程中最恶劣5 min的太阳质子能谱的对比。对于大椭圆轨道SAR卫星，可引发单粒子效应的通常是能量超过 $100\ MeV$ 的高能质子。从图中可以看出，在 $2\ 000\sim 3\ 000\ km$ 轨道高度，高能捕获质子通量甚至超过1989年强太阳质子事件的水平，在这些轨道高度上运行的卫星上采用的LET阈值小于 $15\ MeV·cm^2/mg$ 的敏感器件，其遭遇的因高能质子引发的单粒子事件率将明显高于目前所有的轨道。特别需要强调的是，对于中高轨道，遭遇强太阳粒子时间的持续时间在一个太阳活动周约11年时间内，也就出现1~3次；而对于运行于 $2\ 000\sim 3\ 000\ km$ 高度的卫星，将连续遭遇高通量高能质子。对于高度超过 $8\ 000\ km$ 的中轨道卫星，能量大于 $100\ MeV$ 的质子通量比1989年10月强太阳质子事件发生过程中最恶劣5 min的质子通量低2个数量级以上，说明在这些轨道高度运行的卫星，因捕获带高能质子引发的单粒子事

件率不会明显增加。

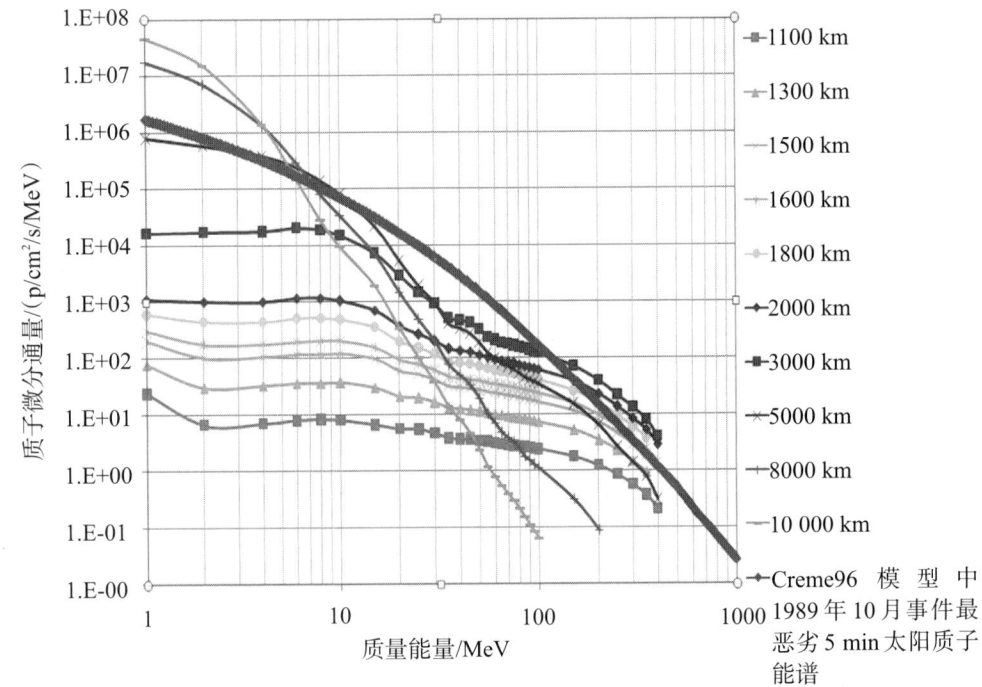

图7-11 不同轨道高度上最恶劣捕获质子能谱与强太阳质子事件能谱对比

基于上述分析可知,运行于2 000~3 000 km轨道上的卫星,星上采用的 LET 阈值小于 15 MeV·cm²/mg 的敏感器件,其发生因空间高能质子引发的单粒子事件率明显高于当前其他轨道的卫星(通俗地讲,即这些轨道上的卫星一直处于强太阳质子事件的轰击之下)。对于高度超过 8 000 km 的中轨道卫星,因高能捕获质子通量已较低,其引发的单粒子事件率不会明显增加。

7.2.4 表面充放电效应

航天器充电是指航天器从环境积累电荷的过程。航天器充电情况取决于空间环境特性,包括航天器光照条件、太阳活动和地磁活动情况等,同时还与航天器表面材料导电特性及接地方式等密切相关。航天器充电可以用绝对充电和相对充电来表征。绝对充电是指航天器作为一个整体相对周围的等离子体环境的电位差;相对充电是指航天器上不同部位之间存在电位差,通常对航天器危害较为严重的是相对充电。航天器表面不同材料间或表面材料与结构地间形成相对电位差,当其超过材料击穿阈值时产生静电放电(ESD)。航天器表面静电放电可能会产生具有瞬时高压和强电流特征的电磁脉冲,导致星上敏感电子元器件及组件损坏或误动作,干扰卫星与地面通信,甚至造成航天器任务的失败。静电放电还可引起航天器表面材料的物理损伤,并诱发材料表面污染增强效应等。

在空间等离子体环境中,电子和离子的密度和能量大致相同。但离子质量是电子的一千多倍,因此其运动速度远小于电子,导致电子电流占主导作用,负电流大于正电流。一般情况下，航天器表面电位为负值，且负电位近似于电子温度。具体而言，航天器表面充电过程中存在电子电流、离子电流、光电子电流以及二次电子电流等不同电流源，航天器的最终充电电位由总充电电流为零决定。

由于高轨航天器和低轨航天器在轨遭遇的等离子体环境特性具有明显差异，导致其面临的表面充放电效应具有各自的特点。图7-12给出了不同轨道上等离子体的典型特征参数。

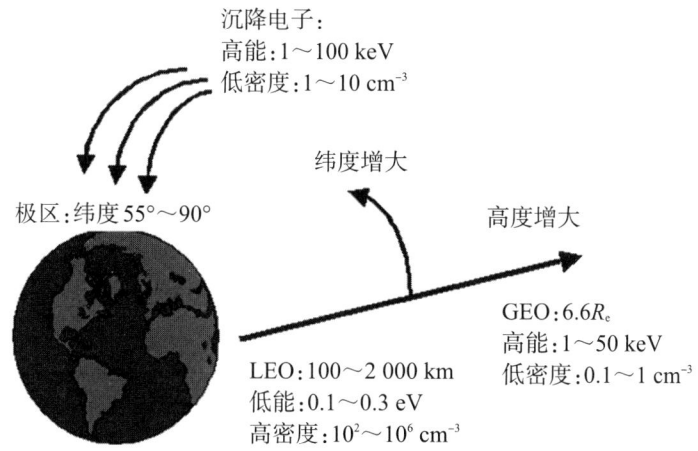

图7-12　不同航天器轨道上的空间等离子体特性

由于地磁亚暴活动产生的热等离子体注入事件是从磁尾向内磁层方向注入，影响区域一般是在高度20 000 km以上以及两极区，所以，对于高度范围为2 000～10 000 km的中高轨道卫星，一般不会遭遇热等离子体注入事件的影响。即使对于倾角较大的极轨卫星，其可能遭遇的极光沉降电子也与太阳同步轨道卫星差异不大。换言之，大椭圆轨道遭遇的表面充放电效应的风险没有当前的导航MEO和GEO卫星恶劣。

7.2.5　内带电效应

当出现大的辐射环境扰动事件如地磁暴时，地球同步轨道甚至高度较低的太阳同步轨道上能量大于1 MeV的电子（相对论电子）的通量大幅度增加。倘若高通量的电子长时间地持续存在，这些电子将可直接穿透卫星的蒙皮（包括外层导电表面和热绝缘材料等）、卫星结构和仪器设备外壳，嵌入卫星内部的电路板、导线绝缘层等深层绝缘介质中，导致绝缘介质如电路板、同轴电缆等深层处的电荷堆积，造成介质深层带电，也就是所谓的内带电效应。

引发深层介质内带电的电子能量范围为100 keV到几个MeV。对于能量2 MeV电子，其射程便能穿透5 mm的铝。当高能电子连续不断地入射，嵌入绝缘材料中并快速地堆积电荷，一旦电荷累积速率超过绝缘材料的自然放电率，便可造成绝缘材料击穿，引起深层静电放电（ESD），直接对电子系统产生干扰，严重时可造成航天器故障和灾害。

图7-13是NASA-HDBK-4002《避免航天器在轨内带电效应问题》给出的地球轨

道航天器内带电风险水平。从图中可以看出，在 2 000～7 000 km 的低倾角轨道上也存在发生内带电效应的高通量高能电子环境，但与外辐射带电子环境存在显著动态变化不同，内辐射带中的高能电子通量受地磁活动的影响程度更低，而内带电效应通常发生在地磁暴活动引发的高能电子暴持续期间。所以，从发生风险来看，1 000～20 000 km 地球轨道卫星发生内带电效应的风险仍低于导航 MEO 和 GEO 卫星。

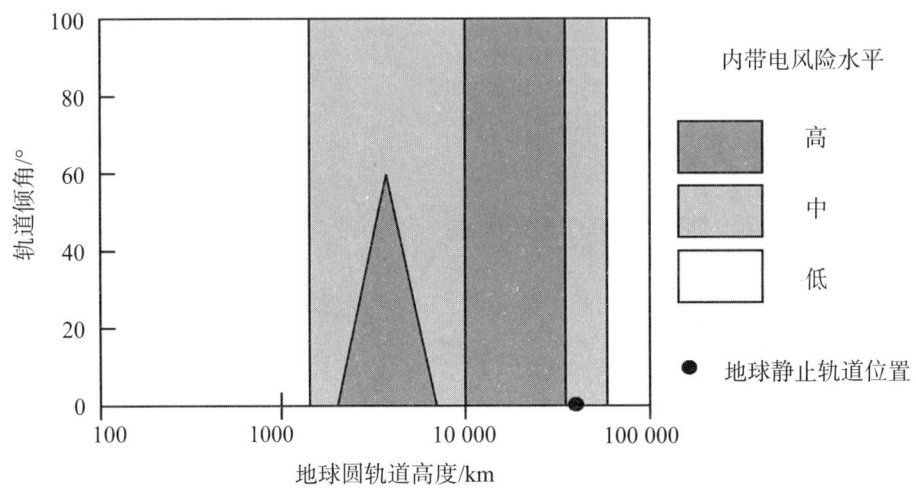

图 7-13　需考虑在轨内带电风险的地球圆轨道航天器的轨道区域

7.3　空间环境效应防护

7.3.1　总剂量效应防护设计

首先，应对任务、产品进行空间辐射危害评估，主要包括任务总体的空间辐射及效应的分析和评估、分系统/单机的空间辐射危害分析评估、元器件的空间辐射危害评估和试验、单机（组件）的空间辐射危害试验。其次，对产品进行空间辐射防护设计，规定任务总体的空间辐射防护设计指标、要求、规范，以及元器件的选用，还有产品的硬件、软件的防护设计等。在产品空间辐射防护设计后，还应对产品的空间辐射防护进行检验，包括空间辐射防护分析、模拟、试验，并对空间辐射防护进行评估和审查。

7.3.2　单粒子效应防护设计

大椭圆轨道 SAR 的单粒子效应防护措施如下。

1. 元器件选择

大椭圆轨道 SAR 卫星所选择的所有逻辑器件（如 CPU、DSP、SRAM、FPGA 等）的抗单粒子翻转（SEU）要求如下：

（1）原则上需选用具有较高抗 SEU 的 LET 阈值和较低饱和翻转截面的元器件；

（2）SEU 的 LET 大于阈值的器件，可直接选用，但仍需在系统设计方面做好防护措施；

(3) SEU 的 *LET* 小于阈值，或没有 *LET* 阈值数据的器件，设计师需进行充分的系统抗单粒子翻转防护设计，并对防护效果进行评估，经产品主任设计师批准后，可以选用；不允许中断功能的关键设备对防护效果评估后，还需报总体批准后方可选用。

(4) 关键单机的关键互补金属氧化物半导体（Complementary Metal Oxide Semiconducto，CMOS），可选用无锁定的 SOS（Silicon-On-Sapphire）或 SOI（Silicon-On-Insulator）工艺 CMOS 器件。

2. 单粒子效应辐照试验

(1) 大椭圆轨道 SAR 卫星关键的大规模集成电路，如 CPU、FPGA、SRAM 等，当无法确认其 SEU 和 SEL 阈值及事件截面时，必须通过单粒子效应辐照试验予以测定。

(2) 测定 *LET* 阈值及事件截面的单粒子效应辐照试验必须采用重离子加速器进行，重离子在 Si 中的射程不得小于 30 μm。

3. 采取软件加固措施

SRAM 型 FPGA 大规模数字处理器件应用防护技术需分析底层结构，有针对性地进行防护。在对器件进行二次开发应用时缓解特定设计功能的单粒子效应能力的防护技术，定义为软防护技术。可编程核心处理器件应用软防护技术成为目前通用的解决单粒子翻转问题的技术路线。

软件防护技术的主要思想是纠错和容错。国外已经出现多样的防护技术，同时国内也已经对其中一些技术进行实现应用。针对器件的架构特点，防护技术主要分为两大类：基于重配置思想和冗余思想。前者出现错误进行纠错，后者实现出现错误时进行容错。其他防护技术都是在两种思想上的演变。

(1) 冗余技术

改进的冗余防护措施可将电路划分为多层次。如图 7-14 所示，针对 FPGA 而言，三模冗余技术针对不同对象，在不同层面实施，分为局部三模冗余技术、分布式三模冗余及全局三模冗余技术。

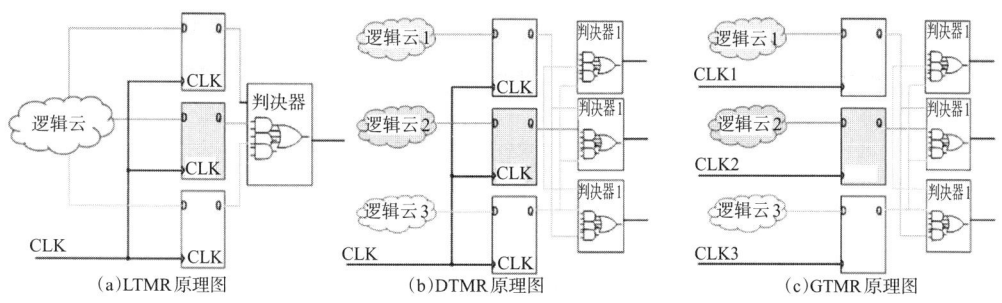

图 7-14 三模冗余错层次实施图

(2) 判决机制改进趋势

传统冗余技术中使用多数表决器对设计输出进行判决，将正确输出以得到容错

大椭圆轨道合成孔径雷达技术

效果。同时判决器插入也造成了多个敏感点,降低防护效果。改进的冗余措施实施,可利用该次判决结果对输入进行反馈纠错,如果冗余设计中有一路出错,判决结果可反馈回输入进行纠错。同时可以将判决器结果作为一种看门狗监控信号,对寄存器状态进行监控。

(3)时间冗余技术

冗余技术的资源开销问题成为限制其应用的主要因素。时间冗余技术可降低资源开销,利用不同时间点的输出结果进行表决达到容错效果。

(4)重配置技术

对于SRAM型FPGA,实现重配置需要对配置数据进行存储,一般选用片外可靠性高的可编程序只读存储器(Programmable Read-Only Memory,PROM)进行存储。优化的实现方式只需要单组PROM进行配置/刷新数据存储。改变传统的分别采用存储配置、刷新数据的实现方式。

同时由于配置数据大小影响外部硬件结构的使用,因此在越高等级SRAM型FPGA使用重配置技术,需要越大的外部存储容量,对于配置数据的压缩存储技术的研究成为新的方向。

重配置技术实现向细粒度的方式转化,不是改变传统的整体配置数据重加载的实现方式,而是采用单帧配置数据加载,那么加载时机和加载方式非常重要。目前,可采取对配置数据回读校验、出错加载,或者使用纠检错技术对配置数据进行纠错加载。

由于SRAM型FPGA器件存在控制部分,如SRAM型FPGA的selectmap口等。这些部分发生单粒子翻转问题会造成功能中断或者程序严重"跑飞",此时需要对整个器件进行全局性的整体重加载。加载时机可以利用外部高可靠性器件进行对器件状态定时监控,出现问题即上电重配置,完成整体重加载。

(5)其他技术发展趋势

防护技术的主要核心思想是利用冗余、刷新纠错及错误检测和恢复。纠检错码技术、特殊电路防护技术、布局布线规划技术等其他技术都是这些思想的应用。技术的应用需针对设计的具体特征来进行,在可靠性和技术实施代价中需找平衡点。如图7-15所示,对于各项防护技术应用有以下发展趋势。

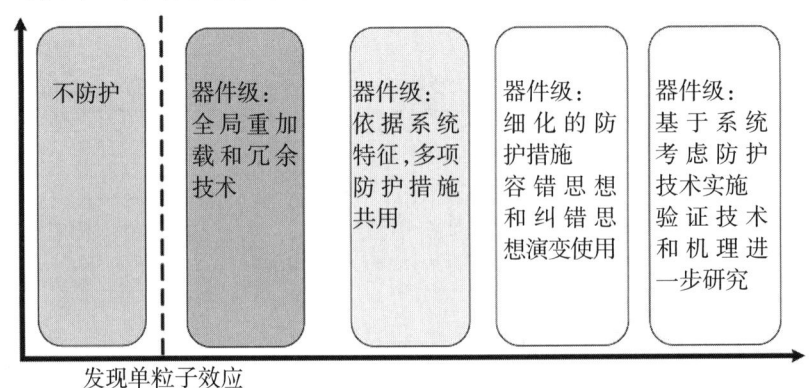

图7-15 软防护技术路线应用趋势图

星载大规模数字处理系统具有高性能、高可靠的要求，同时基于数字处理系统的卫星产品发展呈现出需具备继承性、通用性、在轨可重构的要求，从而实现可扩展、廉价的快速响应型产品。在这种发展趋势下星载大规模处理系统的单粒子防护技术呈现以下特点。

①星载大规模数字处理系统中核心可编程器件应用需求仍十分广阔，单粒子效应问题是解决可编程逻辑器件应用可靠性问题的关键。应用防护技术和抗辐射专用集成电路（Application Specific Integrated Circuit，ASIC）器件成为缓解单粒子效应的并行技术途径。

②应用防护技术从单纯器件应用转变为结合系统架构设计、实施"点"技术的综合方向发展。同时随着可编程器件的工艺线条越来越小，新型效应如单粒子多位翻转（Multi-Bit Upset，MBU）表现逐渐加剧，成为新技术的防护对象。

③抗辐射ASIC研制技术随着数字电路设计技术普及、设计流程和技术已经相对成熟，具备推广的基础条件。

典型FPGA器件单粒子翻转效应防护措施见表7-13所列。

表7-13　典型FPGA器件单粒子翻转效应防护措施

模块名称	电路组成	应采取的措施
时钟管理	查找表、触发器、BUFG	三模冗余设计 时钟上BUFG之前应利用触发器拍一拍，防止竞争和冒险，这一级触发器无法进行三模冗余设计
信号产生模块	查找表、触发器	三模冗余设计、定时刷新和重构技术
AD采集器	查找表、触发器	三模冗余设计、定时刷新和重构技术
CPU数据总线接口	查找表	组合逻辑电路，无法进行三模冗余设计
数据存储	查找表、触发器	—
低通滤波器	查找表、触发器、乘法器	去Half-Latch
数字下变频	查找表、触发器	去Half-Latch
输出接口转换	查找表、触发器	去Half-Latch

7.3.3　静电放电防护设计

在综合考虑技术经济指标的前提下，选用能获得的最高静电放电（Electro-Static discharge，ESD）敏感度等级的元器件。对所选用的静电敏感元器件内部有无ESD防护网络及其有效性充分了解的基础上，设计元器件外部的ESD防护网络。静电敏感元器件组装后，仍要采取正确的ESD防护设计，印制板组装件输入/输出（Input/Output，I/O）端口应视为静电敏感元器件引脚的延伸。ESD防护设计及措施应在实际可行的最低一级的组装件上实施，可以更有效地达到组装件和设备级ESD加固的目的。进行电路分析,有助于确定含有静电敏感元器件的组装件和设备,是否因加固而获得符合要求的 ESD 防护能力。

1. 电路设计上采取的措施

(1) 在电源入口处采用了电源滤波电路,消除从电源输入口的 ESD 干扰。

(2) CMOS 电路输入端信号电压 V_i(包括瞬态电压)限制在 $V_{SS} \leq V_i \leq V_{DD}$ 的范围内,通过电阻分压实现。

(3) CMOS 电路的工作电压建立在先,输入信号建立在后。反之,要先切断输入信号,然后断开工作电压。

(4) CMOS 传输门(模拟开关)电路,多余输入端不悬空,根据具体情况按逻辑状态串联电阻接 V_{DD} 或 V_{SS}。

(5) 在靠近 CMOS 电路封装的电源端和接地端引脚安装了去耦电容。

(6) 测试用输出端,串联——电阻与外部监测设备相连(通常串联 330 Ω 的电阻),避免 ESD 干扰引入,造成元器件受损。

(7) 设备与其他设备间传送差分信号,接口电路串接电阻器限流严格按照器件手册要求设计,克服长线传输干扰。

(8) 大面积孤立导体的接地处理。

(9) LVDS 芯片是静电敏感器件,对负压敏感,严禁在测试等各种情况下在芯片管脚上施加负电压。尽量避免在芯片管脚上测试,严禁带电插拔电缆组件。不能使用万用表等直接测试器件管脚或接插件引脚 LVDS 信号的导通性和搭接电阻等。

2. 结构设计上采取的措施

为了防止箱壳体产生静电感应电荷,采取以下措施:

(1) 机壳制成密闭的金属壳体,内部金属件间导通,使其内部电路得到完整连续的屏蔽,应按照要求设计搭接接缝,屏蔽效能可以通过减小紧固件的间距来实现,保证直流搭接电阻一般应小于 10 mΩ;

(2) 内部电路板与电源模块之间共地,并与外壳地搭接良好;

(3) 壳体上设专门镀金接地桩。

3. 电缆上采取的措施

(1) 内部电缆有护套保护,因 ESD 电压过高而击穿;

(2) 电缆设计尽可能短,满足要求即可,同一根电缆中有正信号和回线的,电缆制作时正信号和回线双绞。电缆中为单一正线或单一回线的,电缆使用时进行双绞,保证最小回路。

参考文献

[1] 熊皓. 电磁波传播与空间环境[M]. 北京:电子工业出版社,1998.

[2] 黄本诚. 空间环境工程学[M]. 北京:宇航出版社,1993.

[3] 黄本诚,马有礼. 航天器空间环境试验技术[M]. 北京:国防工业出版社,2002.

[4] Lawrence R.S, Little C.G, Chivers H.J.A. A survey of ionospheric effects upon Earth-Space radio propagation[J]. Proceeding of the IEEE,1964:4-11.

[5] 童靖宇. 航天器可靠性与空间特殊环境试验[J]. 航天器环境工程,2005,22(1):9-18.
[6] 朱光武,李保权.空间环境对航天器的影响及其对策研究[J]. 上海航天,2002(4):1-7.
[7] 朱光武,李保权. 空间环境对航天器的影响及其对策研究(续)[J]. 上海航天,2002(5):9-16.
[8] 罗霄. 重视空间环境条件对航天器的作用[J]. 现代防御技术,2007,35(1):1-9.
[9] 恂叔. 航天器在轨故障与空间环境的关系[J]. 航天器环境工程,2004,21(3):1-6.
[10] 黄本诚,陈金明.空间真空环境与真空技术[M]. 北京:国防工业出版社,1993.
[11] 林元章. 太阳风暴及其影响[J]. 科技术语研究,2001:2(2):38.
[12] 解妍琼. 太阳风暴的综合研究[D]. 北京:中国科学院研究生院,2007:25-26.
[13] 李毅,李瑞. 基于COTS的空间信息处理系统单粒子闭锁保护技术实现[J]. 宇航学报,2007,28(05):1284.
[14] 赵雪,蔡震波. 空间环境与卫星在轨异常分析[C],乌鲁木齐:中国空间科学学会空间探测专业委员会第十七次学术会议论文集,2004:50-56.
[15] 常峥,王咏梅,田天,等. 地球同步轨道卫星在轨异常与空间环境相关性分析[J]. 宇航学报,2017,4(4):435-442.
[16] 曾喻江. 基于遗传算法的卫星星座设计[D]. 武汉:华中科技大学,2007.
[17] 吴峰. 空间高能粒子探测器望远镜系统电子学研究[D]. 合肥:中国科学技术大学,2013.
[18] 袁国火,杨怀民,徐曦,等. 微电路FPGA的γ电离总剂量效应与加固技术[J]. 强激光与粒子束,2006,18(003):487-490.
[19] 刘韵,赵尚弘,杨生胜,等. 基于光探测器位移损伤效应的卫星光通信误码率特性研究[J]. 半导体光电,2013,34(006):1039-1042,1062.
[20] 李国政. 单粒子效应模拟实验研究[J].原子能科学技术,1997,1(3):258-265.
[21] 王俊,李得天,杨生胜,等. 1.5 MeV电子辐照下高压电缆内带电效应研究[J]. 真空与低温,2015,21(5):269-272.